站在巨人的肩上
Standing on Shoulders of Giants

TURING
图灵教育

iTuring.cn

站在巨人的肩上
Standing on Shoulders of Giants

iTuring.cn

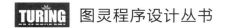
图灵程序设计丛书

Hands-On Data Science and
Python Machine Learning

Python

数据科学与机器学习

从入门到实践

[美] 弗兰克·凯恩◎著　　陈光欣◎译

人民邮电出版社
北　京

图书在版编目（CIP）数据

Python数据科学与机器学习：从入门到实践／（美）
弗兰克·凯恩（Frank Kane）著；陈光欣译. -- 北京：
人民邮电出版社，2019.6
（图灵程序设计丛书）
ISBN 978-7-115-51241-3

Ⅰ. ①P… Ⅱ. ①弗… ②陈… Ⅲ. ①软件工具－程序
设计②机器学习 Ⅳ. ①TP311.561②TP181

中国版本图书馆CIP数据核字(2019)第087642号

内 容 提 要

本书介绍了使用 Python 进行数据分析和高效的机器学习，首先从一节 Python 速成课开始，然后回顾统计学和概率论的基础知识，接着深入讨论与数据挖掘和机器学习相关的 60 多个主题，包括贝叶斯定理、聚类、决策树、回归分析、实验设计等。

本书适合有一定 Python 编程基础，想要了解数据分析和机器学习的读者阅读。

◆ 著　　　　　[美] 弗兰克·凯恩
　　译　　　　陈光欣
　　责任编辑　张海艳
　　责任印制　周昇亮

◆ 人民邮电出版社出版发行　　　北京市丰台区成寿寺路11号
　　邮编　100164　电子邮件　315@ptpress.com.cn
　　网址　http://www.ptpress.com.cn
　　北京鑫正大印刷有限公司印刷

◆ 开本：800×1000　1/16
　　印张：17.75
　　字数：420千字　　　　　　　2019年6月第1版
　　印数：1－3 500册　　　　　　2019年6月北京第1次印刷
　　　　著作权合同登记号　图字：01-2017-7476号

定价：69.00元

读者服务热线：(010)51095183转600　印装质量热线：(010)81055316
反盗版热线：(010)81055315

广告经营许可证：京东工商广登字 20170147 号

前　言

当今世界，高科技行业的数据科学家是回报最为丰厚的职业之一。我仔细地研究了高科技公司中数据科学家的职位描述，并根据其职位要求确定了本书内容。

本书内容非常全面，从一节 Python 速成课开始，然后回顾统计学和概率论的基础知识，接着深入讨论与数据挖掘和机器学习相关的 60 多个主题。这些主题包括贝叶斯定理、聚类、决策树、回归分析、实验设计等，其中有些内容非常有意思。

我们将使用真实的电影评分数据创建一个电影推荐系统，还会创建一个能实际运行的维基百科数据搜索引擎。此外，我们还将构建一个垃圾邮件分类器，它可以对邮件账户中的垃圾邮件和正常邮件进行正确的分类。本书还会专门用一章介绍如何将这个分类器扩展到使用 Apache Spark 的大数据集群系统上。

如果你是希望转型为数据科学家的软件开发人员或程序员，那么从本书中可以学到当下最热门的技能，掌握这些技能并不需要你具有高深的数学背景，当然你也就不能以数学不好作为托词了。我们会解释相关的概念，并提供一些确实有效的 Python 代码。你可以仔细研究这些代码，也可以任意修改，以此来领悟书中概念。如果你是金融行业的数据分析师，本书也可以帮你转型进入高科技行业。只需一些程序开发和脚本编写经验，你就可以开始学习本书了。

本书通常会先介绍概念，然后用几节文字和图形化示例对其进行解释。我会介绍数据科学家喜欢使用的一些表示方法和时髦术语，让你和他们有共同语言，这些概念本身是非常简单易懂的。之后，我会提供一些可以实际运行的 Python 代码供你执行和修改，这样你就可以知道如何将所学的概念应用到真实的数据上了。这些代码是以 IPython Notebook 文件的形式提供的，这种文件可以将代码和注释集成在一起，其中注释可以对代码做出解释。学完本书之后，你可以将这些文件作为工作中的快速参考。介绍完每个概念之后，我都会鼓励你仔细研究一下 Python 代码，并随意进行修改。通过这些实际的练习和修改，你会对代码更熟悉，并且更加清楚它们的作用。

目标读者

如果你是崭露头角的数据科学家，或是想使用 Python 对数据进行分析并获取实用知识的数据分析师，那么本书正是你需要的。对于那些具有 Python 编程经验并想进入数据科学领域淘金的程序员来说，本书也会使他们受益匪浅。

排版约定

本书使用了不同的文本样式来区分不同种类的信息。下面给出了几种样式示例，并对其含义进行了解释。

文本中的代码、数据库表名、虚拟 URL 和用户输入都表示为："我们可以使用 `sklearn.metrics` 中的 `r2_score()` 函数来对其进行测量。"

以下是一段代码：

```
import numpy as np
import pandas as pd
from sklearn import tree

input_file = "c:/spark/DataScience/PastHires.csv"
df = pd.read_csv(input_file, header = 0)
```

如果我们想让你特别注意代码段中的某个部分，就会将相关的行或项目用粗体表示：

```
import numpy as np
import pandas as pd
from sklearn import tree

input_file = "c:/spark/DataScience/PastHires.csv"
df = pd.read_csv(input_file, header = 0)
```

所有命令行输入和输出都如下所示：

```
spark-submit SparkKMeans.py
```

新名词和重点词会以黑体显示。显示器屏幕（比如菜单或对话框）上的词在文本中表示为："在 Windows 10 系统中，你需要打开 Start 菜单，然后使用 Windows System | Control Panel 来打开 Control Panel。"

警告或重要的注意事项。

提示或小技巧。

读者反馈

十分欢迎读者提供反馈意见。请让我们知道你对本书的看法：喜欢哪些部分，不喜欢哪些部分。读者反馈对我们非常重要，因为这可以帮助我们编写出真正对大家有所裨益的图书。

要想提供反馈，只需发送邮件到 feedback@packtpub.com，并在邮件标题中注明书名即可。

如果你有擅长的领域，想参与图书编写或出版，请参阅我们的作者指南：www.packtpub.com/authors。

客户支持

现在你已经拥有了这本由 Packt 出版的图书，我们将提供一系列服务来使你获得最大收益。

下载示例代码

你可以到图灵社区本书页面下载代码文件，网址是 http://ituring.cn/book/2426。

文件下载结束之后，请确定使用以下软件的最新版本来解压或提取文件。

- ❑ Windows 系统：使用 WinRAR 或 7-Zip
- ❑ Mac 系统：使用 Zipeg、iZip 或 UnRarX
- ❑ Linux 系统：使用 7-Zip 或 PeaZip

下载本书彩色图片

我们还提供了一个 PDF 文件，里面有本书所使用的屏幕截图和图表的彩色图片。彩色图片可以帮助你更好地理解输出的变化。你同样可以从图灵社区本书页面下载，网址是：http://ituring.cn/book/2426。

勘误

尽管我们做了各种努力来保证内容的准确性，但错误终难避免。如果你在我们的任何一本书中发现了错误，不论是正文中的还是代码中的，都请提交给我们，我们将非常感谢。通过提交勘误，不仅可以提升其他读者的阅读体验，还能帮助我们在本书的后续版本中做出改进。不管你发现了什么错误，都可以通过 http://www.packtpub.com/submit-errata 这个网址告诉我们。首先选择相应的图书，然后点击 Errata Submission Form 这个链接，输入勘误的具体细节即可。[①]一旦勘误校验通过，你提供的信息将被接受，勘误信息将上传到我们的网站，或者添加到相应图书的勘误表中。

① 本书中文版勘误请到 http://ituring.cn/book/2426 查看和提交。——编者注

要想查看以前提交的勘误信息，请访问 https://www.packtpub.com/books/content/support，在搜索框中输入书名，相应信息就会出现在 Errata 部分。

举报盗版

所有正版内容在互联网上都面临的一个问题就是侵权。Packt 严格保护版权和授权。如果你在网上发现我社图书的任何形式的盗版，请立即将地址或网站名称提供给我们，以便我们采取进一步的措施。

请将疑似侵权的网站链接发送至 copyright@packtpub.com。

非常感谢你对保护作者知识产权所做的工作，我们将竭诚为读者提供有价值的内容。

问题

对本书有任何疑问，都可以联系 question@packtpub.com，我们会尽最大努力来解决问题。

电子书

扫描如下二维码，即可购买本书电子版。

目　　录

第 1 章 入 门 *1*

因为本书中有很多代码和样本数据，所以我首先要告诉你如何获取它们，然后再进行下一步。我们需要做一些准备工作。当务之急就是获取学习本书所需的代码和数据，这样你就可以"愉快地开始玩耍了"。获取代码和数据最简单的方法就是按照本章的指示去做。

在本章中，我们首先要安装并准备好 Python 工作环境：

❑ 安装 Enthought Canopy；
❑ 安装 Python 库文件；
❑ 使用 IPython/Jupyter Notebook；
❑ 使用、读取和运行本书中的代码文件。

然后，我们将通过一节速成课来学习如何理解 Python 代码：

❑ Python 基础——第一部分；
❑ 理解 Python 代码；
❑ 导入模块；
❑ 使用列表；
❑ 元组；
❑ Python 基础——第二部分；
❑ 运行 Python 脚本。

通过这一章的学习，你可以搭建 Python 工作环境，熟悉 Python 语言，然后就可以使用 Python 开始数据科学的奇妙之旅了。

1.1 安装 Enthought Canopy

本节介绍如何在你的计算机上安装 Python 环境，以开发数据科学所需的代码。我们将安装一个称为 Enthought Canopy 的软件包，其中既包括开发环境，也包括你需要预先安装的所有 Python 包，它可以使你的工作更加容易。但是，如果你之前使用过 Python，那么你的计算机上可能已经存在 Python 环境了，如果你想继续使用这个环境，或许也可以。

最重要的是，你的 Python 环境应该是能够支持 Jupyter Notebook 的 Python 3.5 或更高版本（因为本书使用的就是 Jupyter Notebook），而且环境中安装了本书需要的关键软件包。我会通过几个简单的步骤，精确地介绍如何进行完整的安装，这种安装是非常简单的。

首先来看一下关键的软件包，Canopy 会自动为我们安装其中的大部分。它将会安装 Python 3.5 以及我们需要的一些软件包：`scikit_learn`、`xlrd` 和 `statsmodels`。我们还需要使用 `pip` 命令，手动安装一个名为 `pydot2plus` 的包。这就行了，使用 Canopy 就是这么简单！

如果完成了以下安装步骤，那么所需的准备工作就全部就绪，可以打开一个小示例文件，进行真正的数据科学工作了。下面，让我们尽快完成所需的准备工作。

(1) 首先，我们需要一个 Python 集成开发环境，又称 IDE。本书中将使用 Enthought Canopy。这是一种科学计算环境，非常适合本书。

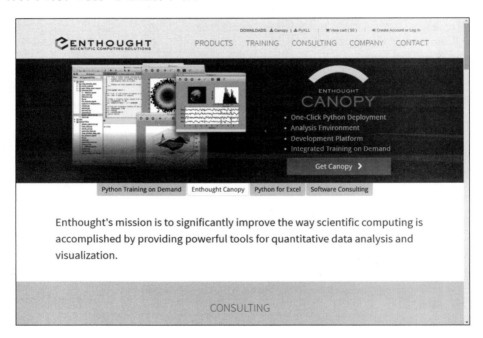

(2) 若要安装 Canopy，请访问 www.enthought.com，点击 DOWNLOADS:Canopy。

(3) Enthought Canopy 的 Canopy Express 版本是免费的，本书使用的就是这个版本。你必须选择适合自己操作系统的版本，对我来说是 Windows 64 位版。你应该点击对应你的操作系统和 Python 3.5 版的下载按钮。

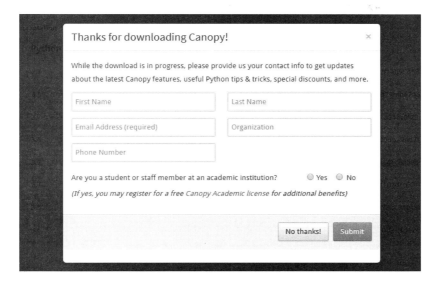

Standard Installers

Platform	Python		Released	Size	MD5
Linux [64-bit]	2.7	⬇ download	2017-06-16	697.8 MB	57b828e913e15a6ec12f1eb964138c82
Linux [64-bit]	3.5	⬇ download	2017-06-16	574.8 MB	7412235d9f72acc603df79bfbe706bee
macOS [64-bit]	2.7	⬇ download	2017-06-16	572.1 MB	d0ee780d2e7541e0c11a84ec9f29cbb2
macOS [64-bit]	3.5	⬇ download	2017-06-16	464.0 MB	d8c15b4763d8c55202c5dba9dd7f3157
Windows [64-bit]	2.7	⬇ download	2017-06-16	513.8 MB	3821c0a63abfe8d13d464ecda58d627c
Windows [32-bit]	2.7	⬇ download	2017-06-16	420.9 MB	895bff89399d5f4b59ef101dcb33edfd
Windows [64-bit]	3.5	⬇ download	2017-06-16	431.3 MB	82c62c8549a9b02a4fe751484e13bb48
Windows [32-bit]	3.5	⬇ download	2017-06-16	350.2 MB	f378349261eeb9d8bc614321d12d0264

(4) 这一步可以不填写任何个人信息。这是一个标准的 Windows 安装程序，开始下载吧。

(5) 下载完成之后，找到 Canopy 安装程序并启动，开始安装。在同意许可条款之前，你或许想仔细地读一下，这由你自己决定，然后只需静待安装完成即可。

(6) 安装过程结束后，点击 **Finish** 按钮，可以自动启动 Canopy。然后你会看到 Canopy 可以自己搭建 Python 环境，这个功能非常好，不过要持续 1~2 分钟。

(7) 安装程序搭建好 Python 环境之后，你会看到类似下图的屏幕显示。这是一个 Canopy 欢迎页面，含有一些用户友好的大按钮。

(8) 最棒的是，本书所需的几乎所有软件包都和 Enthought Canopy 一起预先安装好了，这就是我推荐 Enthought Canopy 的原因。

(9) 我们的准备工作还有最后一项。点击 Canopy 欢迎页面的 **Editor** 按钮，你会看到跳出一个编辑器界面，点击编辑器界面下方的窗口，输入以下代码。

```
!pip install pydotplus
```

(10) 下图是在 Canopy 编辑器窗口中输入上面代码的屏幕显示。别忘了按回车键。

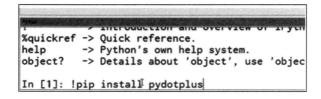

(11) 按下回车键后，就会开始安装一个附加模块，在本书后面讲到决策树和生成决策树时，会用到这个模块。

(12) pydotplus 安装完成后，程序会通知你。恭喜，你已经完成了所有的准备工作！程序安装完成之后，让我们再通过几个步骤确认程序可以顺畅地运行。

程序运行测试

(1) 对安装好的程序进行一下测试。首先，将 Canopy 窗口全部关掉！这是因为我们实际上不会使用 Canopy 编辑器来编写代码，相反，我们要使用的是 IPython Notebook，现在它又称为 Jupyter Notebook。

(2) 让我来告诉你该怎么做。如果你在操作系统中打开了一个窗口，来查看本书附带的文件（文件的下载方法见前言），那么就应该看到下图这个样子，窗口中有一组本书将要用到的.ipynb代码文件。

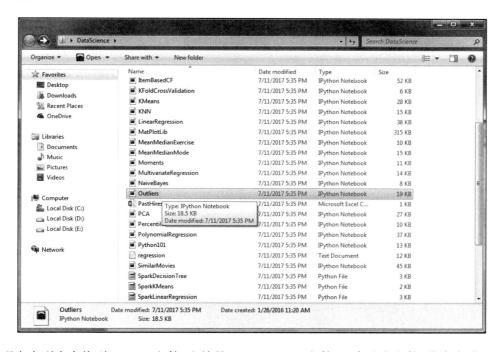

现在在列表中找到Outliers文件，也就是Outliers.ipynb文件。双击这个文件，将先启动Canopy，然后会启动你的 Web 浏览器。这是因为 IPython/Jupyter Notebook 实际上是在 Web 浏览器中运行的。开始时，会有一点小小的停顿，这在第一次使用时可能会有点困惑，但你很快就会习惯这种方式。

你很快就能看到，Canopy 和默认 Web 浏览器（我的是 Chrome）相继启动。因为双击了 Outliers.ipynb 文件，所以会看到以下 Jupyter Notebook 页面。

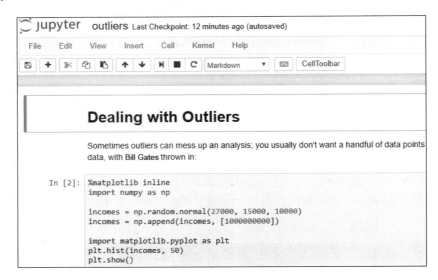

如果你看到了这个页面，就说明安装过程一切正常，你已经做好准备，可以开始学习本书后续的内容了！

如果在打开 IPYNB 文件时出现问题

我发现在双击.ipynb 文件时偶尔会出现一点小问题。别紧张！Canopy 只是偶尔会有一点古怪，有时会要求你输入密码或令牌，有时会显示无法连接。

当出现以上任意一种情况时，不要紧张，这只是偶然现象。有时候，仅仅是因为电脑上的某些程序没有按照正确顺序启动，或者没有及时启动，这都是很正常的。

你能做的就是再次打开文件，有时候需要试两次或三次才能正确加载它。你只要多试几次，Jupyter Notebook 页面总归会出现的，就像前面的 Dealing with Outliers 页面一样。

1.2　使用并理解 IPython/Jupyter Notebook

恭喜你安装完成！下面就开始使用 Jupyter Notebook，也就是 IPython Notebook。眼下，时髦的名称是 Jupyter Noterbook，但很多人还是称其为 IPython Notebook，其实很多开发者是交替使用这两个名称的。IPython Notebook 可以帮助我记住 notebook 文件的后缀.ipynb，本书中会频繁使用这种文件。

下面开始学习如何使用 IPython/Jupyter Notebook。找到本书下载资料中的 DataScience 文件夹，我的文件夹是 E:DataScience。如果你在前面安装部分没有打开任何文件，那么现在请双击打开 Outliers.ipynb 文件。

　　双击文件后，先启动 Canopy，然后启动 Web 浏览器。下面是 Outliers 文件在我的浏览器中的样子。

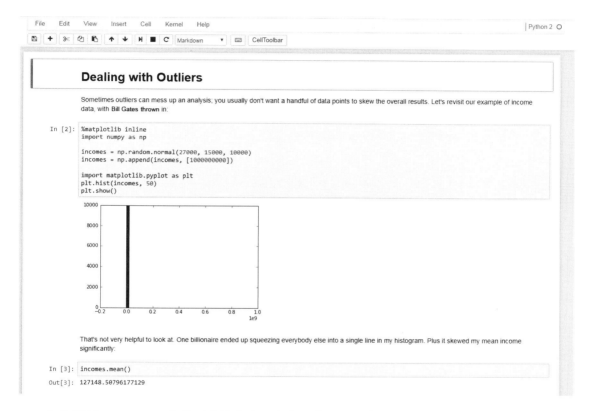

如你所见，notebook 文件可以将文本、注释和代码组织在一起，而且你还可以在 Web 浏览器中运行代码。所以，这是一种非常方便的文件格式，你不仅可以将这种文件作为日后工作的参考，帮助自己回忆起算法是如何运行的，还可以使用这种文件来做实验。

　　IPython/Jupyter Notebook 文件实际上是在浏览器中运行的，就像网页一样，但后台需要 Python 引擎的支持。所以，你会看到和前一个截图相似的页面。

　　当你在浏览器中向下滚动 notebook 时，会看到一个代码段。因为它里面包含着实际的代码，所以很容易看见。请在 Outliers notebook 中找到以下代码，就在上方附近：

```
%matplotlib inline
import numpy as np
```

```
incomes = np.random.normal(27000, 15000, 10000)
incomes = np.append(incomes, [1000000000])

import matplotlib.pyplot as plt
plt.hist(incomes, 50)
plt.show()
```

快速地看一下这段代码。这段代码首先建立了一个简单的正态分布，用来模拟某个人群的收入分布。然后模拟了将高收入者（比如比尔·盖茨）加入这个人群之后，对收入分布的均值所造成的破坏，以此来说明离群点对分布的影响。

可以通过点击鼠标在 notebook 中选择任意代码段。如果你点击了以上代码段，再点击上方的运行按钮，就可以运行这段代码了。下图就是页面上部的区域，你可以在这里找到运行按钮。

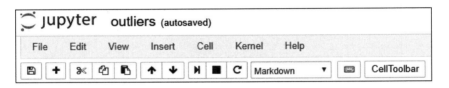

选择代码段并点击运行按钮后，会生成以下图形。

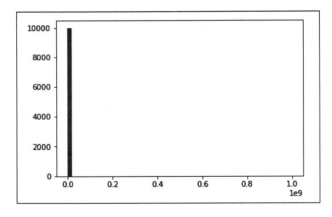

同样，可以点击下一个代码段，这个代码段只有一行代码：

```
incomes.mean()
```

如果你选择了这个代码段，并点击运行按钮，就会看到下面的输出结果。因为离群点的影响，这是一个非常大的值，如下所示：

```
127148.50796177129
```

下面来点有意思的。在后面的代码段中，你将看到以下代码，它找出离群点，并将其从数据集中移除：

```
def reject_outliers(data):
    u = np.median(data)
    s = np.std(data)
    filtered = [e for e in data if (u - 2 * s < e < u + 2 * s)]
    return filtered

filtered = reject_outliers(incomes)
plt.hist(filtered, 50)
plt.show()
```

在 notebook 中选择相应的代码段，再次点击运行按钮，你会看到以下图形。

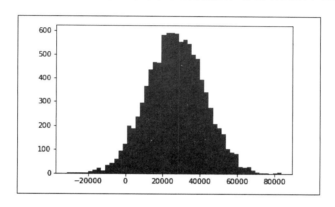

这是一幅更加美观的直方图，代表了更加典型的美国人——已经将那些起破坏作用的离群点剔除了。

现在，你已经做好了学习本书的一切准备，包括所需的全部数据、脚本、Python 开发环境和 Python notebook。行动起来吧！下面我们将学习一堂关于 Python 语言本身的速成课，即使你对 Python 已经很熟悉了，也可以通过这门课程复习一下。所以，无论如何你都要学习一下，马上开始。

1.3　Python 基础——第一部分

如果你使用过 Python，那么可以跳过接下来这两节。但是，如果你需要复习，或者以前根本没有用过 Python，那么就需要好好学习一下了。Python 这门脚本语言有一些独特之处需要你了解，下面我们就通过编写一些实际的代码来学习 Python。

我之前说过，学习本书需要一些编程经验。你应该使用某种语言编写过代码，即使是脚本语言也没问题，不管是 JavaScript、C++、Java 还是其他语言均可。如果你是个 Python 新手，那么我会提供一个快速教程。本节只是给出了几个例子。

与其他语言相比，Python 有一些独特之处，这是你应该了解的。所以，我只会指出 Python

与你用过的其他脚本语言的区别，而通过实际例子展示是最佳方式。下面来看一些 Python 代码。

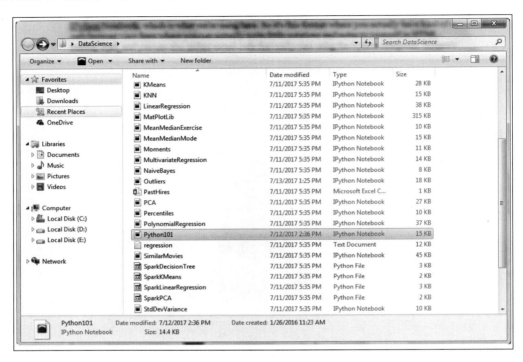

　　如果你打开前面下载过的 DataScience 文件夹，就会看到 Python101.ipynb 文件，双击打开它。如果所有程序都安装正确，那么这个文件会在 Canopy 中打开，如下所示。

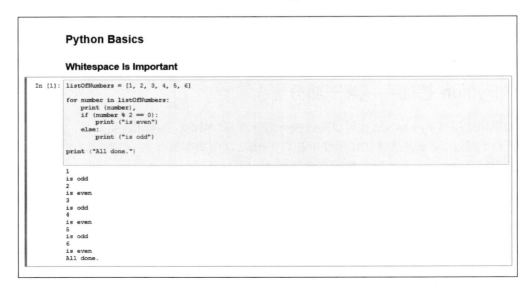

新版本的 Canopy 会在 Web 浏览器中打开这个文件，而不是在 Canopy 编辑器中打开。没关系的！

    Python 的一大优点就是可以用多种方式运行代码。你可以将代码作为脚本运行，就像普通编程语言一样。你还可以将代码写在 IPython Notebook 里，本书就是这样做的。通过这种方式，你可以使用 Web 浏览器查看文件，在文件中使用 HTML 标记加入一些文本和注释，并嵌入可以使用 Python 解释器运行的实际代码。

1.4 理解 Python 代码

    下面就是 Python 代码的一个例子。这个代码段可以在 notebook 页面中运行，我们将其放大一下，看看其中的代码。

Python Basics

Whitespace Is Important

```
In [1]: listOfNumbers = [1, 2, 3, 4, 5, 6]

        for number in listOfNumbers:
            print (number),
            if (number % 2 == 0):
                print ("is even")
            else:
                print ("is odd")

        print ("All done.")
```

```
1
is odd
2
is even
3
is odd
4
is even
5
is odd
6
is even
All done.
```

代码中有一个数值列表。Python 中的列表与其他语言中的数组很相似，用中括号表示。

Whitespace Is Important

```
In [4]: listOfNumbers = [1, 2, 3, 4, 5, 6]
```

    这个列表中包含从 1 到 6 的数值，如果要迭代其中的每个数值，可以使用 `for number in listOfNumbers:`，这就是在列表中进行迭代的 Python 语法，后面要加上一个冒号。

 制表符与空白在 Python 中有实际意义，所以你不能使用它们来随意地格式化代码，这一点需要注意。

我要强调的是，在其他语言中，经常使用小括号或大括号来表示 for 循环、if 代码块或其他代码块中的内容，但在 Python 中，这是使用空白来实现的。制表符确实非常重要，它可以使 Python 识别出每个代码块中的内容：

```
for number in listOfNumbers:
    print number,
    if (number % 2 == 0):
        print ("is even")
    else:
        print ("is odd")
print ("All done.")
```

在这个 for 代码块中，所有代码行的前面都有一个制表符，对于每个 number in listOfNumbers，都会执行这些由一个制表符缩进的代码。先打印出这个数值，逗号表示随后的内容不会另起一行。在数值后面还要打印出一些东西。如果 (number % 2 = 0)，就打印出 even，否则就打印出 odd。所有数值都打印完成后，打印出 All done。

```
1 is odd
2 is even
3 is odd
4 is even
5 is odd
6 is even
All done.
```

在代码后面，你可以看到输出结果。在将这段代码放到 notebook 文件中之前，我已经实测过了，如果你想亲自试一下，只需点击选中这段代码，然后按运行按钮，就可以将这段代码重新运行一遍。为了确认这段代码确实有效，把 print 语句修改一下，改为输出 Hooray! We're all done. Let's party!。再运行一次，你可以看到输出的信息已经改变了。

```
Python Basics

Whitespace Is Important

In [9]: listOfNumbers = [1, 2, 3, 4, 5, 6]

        for number in listOfNumbers:
            print (number),
            if (number % 2 == 0):
                print ("is even")
            else:
                print ("is odd")

        print ("Hooray! We're all done. Let's party!")

1
is odd
2
is even
3
is odd
4
is even
5
is odd
6
is even
Hooray! We're all done. Let's party!
```

再强调一下，空白是非常重要的。使用缩进或制表符产生的空白可以表示出代码块，比如 `for` 循环或 `if then` 语句，这一点请一定注意。还要注意一下，很多子句都是由冒号引导的。

1.5 导入模块

和所有语言一样，Python 本身的功能是相当有限的。Python 在机器学习、数据挖掘和数据科学领域的真正威力在于，它具有可以完成这些工作的大量外部程序库。例如，NumPy 就是这样的程序库之一。这个程序库包括在 Canopy 中，这里可以将 NumPy 包导入为 np。

这意味着可以使用 np 来引用 NumPy 包。实际上可以使用任何名称来引用这个包，比如 `Fred` 或 `Tim`，但最好使用一个有实际意义的名称。既然已经将 NumPy 包导入为 np，就可以使用 np 来引用它：

```
import numpy as np
```

这个例子将使用 NumPy 包中的 `random` 功能，调用其中的正态分布函数，使用所给参数生成一组符合正态分布的随机数值，并将这些数值打印出来。因为这些数值是随机的，所以每次生成的结果都不一样：

```
import numpy as np
A = np.random.normal(25.0, 5.0, 10)
print (A)
```

上述代码的输出如下。

```
[ 23.50119237  28.3470395   27.68512972  27.43957344  22.66626262
  25.98055199  27.87395644  25.99525487  20.36318406  22.77226693]
```

我的结果肯定与你的不一样，这很正常。

1.5.1 数据结构

下面学习数据结构。对于这部分内容，如果你想多花一些时间仔细研究的话，完全没问题。学习数据结构的最佳方法就是马上开始并多做实际练习。我之所以提供了实用的 IPython/Jupyter Notebook，就是想让你马上开始，随意地进行修改，进行各种各样的练习。

例如，我们已经有了一个 25.0 附近的分布，那么可以将其修改为 55.0 附近的分布：

```
import numpy as np
A = np.random.normal(55.0, 5.0, 10)
print (A)
```

所有的数值都改变了，它们都在 55 附近，不错吧？

```
[ 48.79441876   63.77818473   61.24157056   47.38182128   52.5623337
  55.80574543   55.16594437   53.59688042   50.57639509   60.44058303]
```

对于数据结构，这里会多介绍一些。在第一个例子中，我们使用了一个列表，下面就介绍列表的用法。

1.5.2 使用列表

```
x = [1, 2, 3, 4, 5, 6]
print (len(x))
```

这个例子中创建了一个列表 x，并为其赋予了从 1 到 6 的数值。中括号表示这里使用的是 Python 列表。列表是可变对象，我们可以向里面随意地添加元素或重新排列元素。Python 中有一个可以确定列表长度的内置函数 len。如果输入 len(x)，就会返回数值 6，因为这个列表中有 6 个数值。

同样，为了确定这些代码确实可以运行，我们向列表中添加一个新的数值，比如 4545。如果重新运行这段代码，那么结果就是 7，因为现在列表中有 7 个数值：

```
x = [1, 2, 3, 4, 5, 6, 4545]
print (len(x))
```

上述代码的输出如下：

```
7
```

回到最初的例子，你还可以对列表进行切片操作。如果想对列表取子集，那么语法非常简单，如下所示：

```
x[:3]
```

上述代码的输出如下：

```
[1, 2, 3]
```

1. 前冒号

如果你想取出列表的前 3 个元素，即元素 3 前面的所有元素，可以使用:3，即取出 1、2 和 3。为什么会这样呢？因为和大多数语言一样，Python 中的索引是从 0 开始的，所以元素 0 是 1，元素 1 是 2，元素 2 是 3。因为我们需要的是元素 3 前面的所有元素，所以结果是这样的。

注意，在大多数语言中，计数是从 0 开始的，不是 1。

这有点令人迷惑，但在这个例子中，它的意义还是很直观的。你可以认为冒号的意义是所有元素，比如前 3 个元素。还可以将这个例子修改为取出前 4 个元素，以证明这段代码确实可以运行：

```
x[:4]
```

上述代码的输出如下：

```
[1, 2, 3, 4]
```

2. 后冒号

如果将冒号放在 3 的后面，就能取出 3 后面的所有元素，即 x[3:] 可以返回 4、5 和 6。

```
x[3:]
```

上述代码的输出如下：

```
[4, 5, 6]
```

你可以保留这个 IPython/Jupyter Notebook 文件。这是个很好的参考，因为有时候会搞不清分片操作符是否包括某个元素。这时最好的方法就是做一些实际的测试。

3. 反向语法

你还可以使用反向语法：

```
x[-2:]
```

输出如下：

```
[5, 6]
```

x[-2:] 表示取出列表中的后两个元素，这意味着从列表最后向前数两个元素，即 5 和 6，因为它们就是列表中的最后两个元素。

4. 向列表中加入列表

你还可以修改列表。假设我们想向列表中加入另一个列表。可以使用 extend 函数来完成这个操作，如下所示：

```
x.extend([7,8])
x
```

上述代码的输出如下：

```
[1, 2, 3, 4, 5, 6, 7, 8]
```

原列表中的元素是 1、2、3、4、5、6。假设我们用新列表 [7, 8] 来扩展这个列表，其中方括号表示这是一个新的列表。这里直接写出了列表，其实也可以隐式地使用一个变量来引用一个列表。你可以看到，一旦扩展完成，列表 [7, 8] 就被追加到原列表的最后。使用列表来扩展列表会得到一个新列表。

5. append 函数

如果你只想向列表中加入一个元素，可以使用 append 函数。如果想向列表中加入数值 9，可以这样做：

```
x.append(9)
x
```

上述代码的输出如下：

```
[1, 2, 3, 4, 5, 6, 7, 8, 9]
```

6. 复杂的数据结构

使用列表还可以实现比较复杂的数据结构。你不但可以在列表中包括数值，还可以在列表中包括字符串，甚至包括其他列表，都是没问题的。Python 是一种弱类型语言，只要你愿意，可以在列表中包括任意类型的数据。以下代码完全没有问题：

```
y = [10, 11, 12]
listOfLists = [x, y]
listOfLists
```

上面例子创建了另一个列表 y，其中包含 10、11、12。我们又创建了一个包含两个列表的列表，惊不惊喜？意不意外？列表 listofLists 中包含列表 x 和列表 y，这是完全可以的。你可以看到，一个中括号用来表示列表 listofLists，其中还有另外两个中括号，表示作为列表元素的列表：

```
[[ 1, 2, 3, 4, 5, 6, 7, 8, 9 ], [10, 11, 12]]
```

有时候这种数据结构是非常方便的。

7. 引用单个元素

如果你想引用列表中的单个元素，可以这样使用中括号：

```
y[1]
```

上述代码的输出如下：

```
11
```

y[1]会返回元素 1。请注意 y 中包含 10、11、12。从上个例子可知，索引是从 0 开始的，所以元素 1 实际上是列表的第二个元素，即数值 11，明白了吗？

8. 排序函数

最后来看一下内置的排序函数：

```
z = [3, 2, 1]
z.sort()
z
```

如果使用列表元素是 3，2，1 的列表 z，那么对这个列表进行排序后，结果如下：

```
[1, 2, 3]
```

9. 反向排序

```
z.sort(reverse=True)
z
```

上述代码的输出如下：

```
[3, 2, 1]
```

如果你要进行反向排序，可以在 sort 函数中设置参数 reverse = True，这样就可以对 3，2，1 进行反向排序了。

如果你想把这部分内容好好消化一下，可以花点时间进行复习。

1.5.3 元组

元组与列表很相似，但它是不可变的，所以你不能对元组进行扩展、追加和排序。除了不能修改之外，元组和列表的工作方式非常相似。与列表的另一个不同是，元组使用小括号来表示，而不是中括号。除了以上两点，元组操作基本上和列表一样：

```
#元组就是不可变的列表，它使用()来表示，而不是[]
x = (1, 2, 3)
len(x)
```

上述代码的输出如下：

```
3
```

如果 x = (1, 2, 3)，那么还是可以使用 len 函数来说明这个元组中有 3 个元素。如果你对 tuple（元组）这个单词不太熟悉，那么只要知道元组中可以包含任意多的元素就行了。尽管这个单词的发音与拉丁语中的 3 很相似，但并不是说其中只有 3 个元素。通常，元组中只有两个元素，但实际上，其中可以有任意多的元素。

1. 引用元素

同样，我们可以引用元组中的元素。因为从 0 开始计数，所以元素 2 还是第三个元素。以下代码会返回数值 6：

```
y = (4, 5, 6)
y[2]
```

上述代码的输出如下：

```
6
```

2. 元组列表

和列表一样，元组也可以作为列表的元素。

```
listOfTuples = [x, y]
listOfTuples
```

上述代码的输出如下：

```
[(1, 2, 3), (4, 5, 6)]
```

我们可以创建一个包含两个元组的列表。前面的示例已经创建了值为(1, 2, 3)的元组 x 和值为(4, 5, 6)的元组 y。接下来可以使用这两个元组创建一个列表，并看一下这个列表的值。可以看到，中括号表示这是一个列表，其中有两个元素，分别是由小括号表示的元组。当进行数据科学或者进行某种数据管理或数据处理时，常常使用元组来将输入值赋给变量。对于下面的例子，我会介绍得详细一些：

```
(age, income) = "32,120000".split(',')
print (age)
print (income)
```

上述代码的输出如下：

```
32
120000
```

假设有一行来自于逗号分隔值文件的输入数据，其中包含年龄，比如是 32，以及由逗号分隔开的对应年龄的收入，比如是 120000。我们要做的是对于每行输入都调用 split 函数，将其拆分为由逗号分隔的一对数值，然后定义一个由年龄和收入组成的元组，并让这个由 age 和 income 组成的元组等于拆分后的结果元组，这样就可以一次性地为两个变量赋值了。

当需要将多个域一次性地赋给多个变量时，这是一种非常常见的快捷操作。如果运行上面的代码，就会看到由于这个小技巧，age 变量确实被赋给了 32，而 income 变量确实被赋给了 120000。在进行这种操作时，你需要非常仔细，因为如果没有相应数量的域，或者结果元组中没有相应数量的元素，代码就会引发异常。

1.5.4　字典

最后一种在 Python 中常用的数据结构是字典，你可以将字典看作其他语言中的映射或散列表。字典是 Python 内置的一种建立微型数据库或某种键/值对数据的方法。例如，我们可以建立一个《星际迷航》中战舰与舰长的小型字典：

```
In [8]:   # Like a map or hash table in other languages
          captains = {}
          captains["Enterprise"] = "Kirk"
          captains["Enterprise D"] = "Picard"
          captains["Deep Space Nine"] = "Sisko"
          captains["Voyager"] = "Janeway"

          print (captains['Voyager'])

          Janeway

In [9]:   print (captains.get("Enterprise"))

          Kirk

In [10]:  print (captains.get("NX-01"))

          None

In [11]:  for ship in captains:
              print (ship + ":" + captains[ship])

          Deep Space Nine:Sisko
          Enterprise:Kirk
          Voyager:Janeway
          Enterprise D:Picard
```

首先，使用大括号可以创建一个空字典 captains = { }。然后，可以使用上图中的语法向字典中添加条目。对于字典 captains，Enterprise 号战舰的舰长是 Kirk，Enterprise D 号战舰的舰长是 Picard，Deep Space Nine 号战舰的舰长是 Sisko，Voyager 号战舰的舰长是 Janeway。这样就建立了一个战舰和舰长的对应表，如果使用代码 print captains["Voyager"]，就可以得到 Janeway。

字典就是建立这种对应关系的一种非常有用的工具。如果在数据集中有某种标识符可以映射为某种有实际意义的名称，你就可以使用字典来实现这种映射，并输出有意义的名称。

从上图中也可以看到，如果想访问不存在的字典条目会发生什么情况。使用字典的 get 方法，可以安全地返回一个条目。在我们的字典中，确实存在 Enterprise 这个条目，所以代码返回了 Kirk。对于 NX-01，字典中则没有这个条目，因为我们没有定义这艘战舰的舰长，所以会返回 None。返回 None 比抛出一个异常更好，但是你确实需要意识到这是一种可能性。

```
print (captains.get("NX-01"))
```

上述代码的输出如下：

```
None
```

舰长是 Jonathan Archer，但你知道，我现在有点太古怪了。

在条目中迭代

```
for ship in captains:
    print (ship + ": " + captains[ship])
```

上述代码的输出如下。

```
Enterprise D: Picard
Deep Space Nine: Sisko
Enterprise: Kirk
Voyager: Janeway
```

下面来看一个在字典条目中迭代的小例子。如果想在字典中的所有战舰之间迭代，并输出舰长的名字，那么可以使用 for ship in captains，它可以在字典的所有键之间迭代。然后可以输出与每个键对应的舰长名字，这就是上面的输出。

好了，以上就是我们将在 Python 中见到的基本数据结构。还有一些其他的数据结构，比如集合，但本书中不会使用。所以，这些就足够我们开始学习了。本书后面的章节中将会介绍 Python 语言的更多内容。

1.6　Python 基础——第二部分

本节将详细介绍更多的 Python 概念。

1.6.1　Python 中的函数

下面介绍 Python 中的函数。和其他语言一样，你可以使用带有不同参数的函数来多次重复一组操作。在 Python 中，函数的语法如下：

```
def SquareIt(x):
    return x * x
print (SquareIt(2))
```

上述代码的输出如下：

```
4
```

你可以使用关键字 def 来声明一个函数，它表示一个函数定义，函数的名称是 SquareIt，后面的括号中是参数列表，这个函数只有一个参数 x。再次强调，在 Python 中空白是非常重要的。函数体不是用大括号或其他符号括起来的，而是通过空白来表示的。我们使用冒号表示函数声明行结束，一个或多个制表符的缩进则告诉解释器，缩进的代码就是 SquareIt 函数的内容。

所以，这个函数会返回 x 的平方。我们可以测试一下。我们称这个函数为 print SquareIt(2)。和其他语言一样，这行代码会返回 4。运行这行代码，结果也确实如此。这就是函数，非常简单。

显然，如果我们愿意，可以使用任意多的参数。

下面来使用 Python 中的函数做一些很酷的事情。你可以将函数名作为参数，如下所示：

```
#你可以将函数作为参数传递
def DoSomething(f, x):
    return f(x)
print (DoSomething(SquareIt, 3))
```

上述代码的输出如下：

```
9
```

函数的名称为 DoSomething，它有两个参数，分别为 f 和 x。可以将函数作为其中一个参数的值。请理智地看看这个例子。DoSomething(f, x) 会返回 f(x)，即以 x 作为参数的函数 f 的值。因为 Python 中没有强类型检查，所以可以为第一个参数传递一个函数名称。

如果我们调用 DoSomething，并将函数名 SquareIt 传递给第一个参数，将 3 传递给第二个参数，这样实际上就是使用参数 3 来调用函数 SquareIt，即 SquareIt(3)，最后会返回 9。

把函数作为参数来传递对你来说可能是一个新概念，有些难以理解，所以好好思考一下。

1. lambda 函数——函数式编程

相比于其他语言，Python 中特有的一个概念是 lambda 函数，这是一种**函数式编程**。你可以在函数中再包括一个简单的函数。来看一个例子：

```
#lambda 函数可以让你直接在代码中定义简单的函数
print (DoSomething(lambda x: x * x * x, 3))
```

上述代码的输出如下：

```
27
```

下面再次调用 DoSomething 函数，它的第一个参数是个函数，所以除了传递给它一个函数名称外，我们还可以使用 lambda 关键字在代码行内定义这个函数。lambda 的含义就是定义一个临时的未命名函数，这个函数有一个参数 x。这里的语法是，lambda 定义了一个行内函数，后面是其参数列表。这个函数有一个参数 x，冒号后面是函数的具体内容，它将参数 x 自身相乘 3 次，返回 x 的三次方。

在这个例子中，DoSomething 将 lambda 函数传递给第一个参数，它计算 x 的三次方，并将 3 传递给第二个参数。那么这次函数调用的功能是什么呢？lambda 函数被传递给 DoSomething 的第一个参数 f，3 被传递给 x，所以会返回参数为 3 的 lambda 函数值。lambda 函数会将 3 相乘 3 次，返回 27。

当开始使用 MapReduce 或 Spark 时，要经常进行这种操作。所以如果我们以后要使用 Hadoop，就要搞清楚这个重要的概念。我再次建议你们花些时间，深刻理解这种操作。

2. 理解布尔表达式

布尔表达式的语法有点奇怪，至少在 Python 中是这样的：

```
print (1 == 3)
```

上述代码的输出如下：

```
False
```

通常，我们使用两个等号来测试两个值是否相等。因为 1 不等于 3，所以结果为 False。False 表示测试结果为假。请记住，当进行布尔测试时，True 表示结果为真，False 表示结果为假。这和我们使用过的其他语言不太一样，所以要注意一下。

```
print (True or False)
```

上述代码的输出如下：

```
True
```

True or False 的结果是 True，因为其中有一个 True。你可以运行一下这行代码，结果肯定是 True。

● if 语句

```
print (1 is 3)
```

上述代码的输出如下：

```
False
```

我们还可以使用 is，它和等号的作用是一样的，却是一种更加 Python 化的表示。1 == 3 和 1 is 3 是等价的，只是后者更具 Python 风格。因为 1 不等于 3，所以 1 is 3 的值是 False。

● if-else 循环

```
if 1 is 3:
    print "How did that happen?"
elif 1 > 3:
    print ("Yikes")
else:
    print ("All is well with the world")
```

上述代码的输出如下：

```
All is well with the world
```

上面例子中使用了 if-else 和 else-if 代码块，这样可以使程序更复杂一些。如果 1 is 3，就打印出 How did that happen?。当然，1 不是 3，所以我们将进入 else-if 代码块，继续测试是否 1 > 3。同样，这个条件也为假。如果这个条件为真，就打印出 Yikes。最后进入 else 子句，打印出 All is well with the world。

实际上，1 不是 3，1 也不大于 3，所以肯定会打印出 All is well with the world。其他语言也有类似的语法，但是 Python 中的语法更强大。请保存好这个 notebook，它以后会是很好的参考。

1.6.2　循环

最后要介绍的一项 Python 基础知识是循环。前面我们已经见过了几种循环，下面是另一个例子：

```
for x in range(10):
print (x),
```

上述代码的输出如下：

```
0 1 2 3 4 5 6 7 8 9
```

例如，可以使用 range 操作符来自动定义一个位于某个范围之内的数值列表，比如 range(10) 会生成一个从 0 到 9 的列表。使用 for x in range(10)，可以在这个列表的所有元素之间迭代，并打印出每个元素。同样，print 语句后面的逗号表示不用另起一行，而是继续输出。所以，列表中的每个元素都打印在了一行上。

为了让代码更复杂一些，下面来看一下 continue 和 break 的作用。和其他语言一样，在循环迭代中，你可以选择跳过某些操作，也可以完全结束循环：

```
for x in range(10):
    if (x is 1):
continue
if (x > 5):
    break
print (x),
```

上述代码的输出如下：

```
0 2 3 4 5
```

上面的例子中对从 0 到 9 的数值进行了处理。如果遇到 1，就不进行处理，而是继续下一次迭代，所以 1 将被跳过。如果数值大于 5，就跳出循环，完全结束操作。我们预期的结果是输出从 0 到 5 的数值，除了 1 之外。如果是 1，就跳过去。结果也正是如此。

while 循环

还有一种循环是 while 循环，很多语言中都将 while 循环作为标准的语法：

```
x = 0
while (x < 10):
    print (x),
    x += 1
```

上述代码的输出如下：

```
0 1 2 3 4 5 6 7 8 9
```

我们从 x = 0 开始，只要 x < 10，就打印出 x，并将 x 增加 1。这个过程不断重复，不断增加 x，直到 x 不再小于 10，就结束循环。这个例子和前面的第一个例子功能相同，只是实现的方式不同，它使用 while 循环打印出了 0~9 的数值。这些例子都非常简单，如果你之前有过一些编程或脚本经验，那么理解它们轻而易举。

要想真正理解这些例子，最好的方式就是动手去做，实际运行这些代码。下面就来实际练习一下吧。

1.6.3   探索活动

下面是一个稍微有些难度的练习。

这是一个很好的小代码段，你可以在里面编写 Python 代码并运行测试。你的任务是编写代码来创建一个整数列表，在列表元素之间迭代，并打印出其中的偶数。

这个练习并不难，在 notebook 文件中能找到示例，你需要做的只是将示例代码组织在一起并让它们运行起来。我们的目的不是给你一个难题，而是让你建立起信心，去编写、调试和运行自己的 Python 代码。我强烈建议你动手练习。所以，祝你好运，也欢迎你来到 Python 世界。

我们的 Python 速成课到此为止，很显然，它只包含了一些最基础的内容。在后续章节中，我们还会介绍更多的例子，也会介绍更多的概念。如果你觉得现在学习起来有点困难，那么也许是因为你在编程或脚本方面的经验太少了。在继续学习之前，最好再复习一下 Python 基础知识。如果你没有问题，那么我们继续。

1.7   运行 Python 脚本

本书从头至尾都使用 IPython/Jupyter Notebook 格式的文件（即.ipynb 文件），这种文件非常适合本书，因为我们既可以在文件中写代码，又可以写一些文字来解释这些代码，读者还可以使用这种文件来进行实际的练习。

当然，这种文件只是一个很好的起点。在实际工作中，你可能不会使用 IPython/Jupyter Notebook 来运行 Python 代码，所以本书也会简单地介绍一下运行 Python 代码的其他方式，以及交互地运行 Python 代码的其他方式。Python 是非常灵活的。来看一下吧。

1.7.1　运行 Python 代码的其他方式

你应该清楚，有多种方式可以运行 Python 代码，本书中会采用 IPython/Jupyter Notebook 这种格式。但在实际工作中，你不会通过 notebook 来运行代码，而是会使用独立的脚本来运行。下面将介绍如何运行 Python 代码。

回到本书的第一个例子，说明一下空白的重要性。在 notebook 文件中选中并复制代码，然后粘贴到一个新文件中。

点击最左边的 New 按钮，创建一个新文件，粘贴代码，并将文件保存为 test.py，这里的 py 是 Python 脚本的常用扩展名。现在可以使用多种方式来运行这个脚本。

1.7.2　在命令行中运行 Python 脚本

可以在命令行中运行 Python 脚本。在 Tools 菜单中选择 Canopy Command Prompt，就可以打开一个命令行窗口，并且所有运行 Python 代码需要的环境变量已经设置好了。我们只需要

输入 `python test.py` 就可以运行脚本，得到需要的结果。

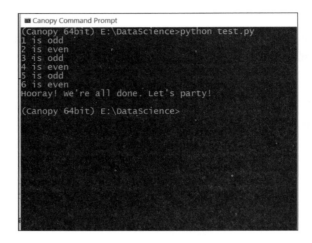

　　在实际工作中，你可能需要像上面这样运行脚本，也许是在 Crontab 中，也许是在其他什么地方。运行实际的脚本就是这么简单。现在你可以关闭命令行窗口了。

1.7.3 使用 Canopy IDE

　　还可以使用 IDE 来运行脚本。在 Canopy 中，可以使用 Run 菜单中的 Run File 菜单项，或者点击播放图标来运行脚本。运行结果会显示在底部的输出窗口中，如下面的屏幕截图所示。

最后，还有另外一种方式。你也可以在底部窗口中以交互的方式来运行脚本。可以每次输入一条 Python 命令，然后在下图所示的环境中运行。

```
Python                                          C:\Users\joeld ▼ ×
In [1]: %run "C:/Users/joeld/Desktop/Data Science/DataScience/test.py"
1 is odd
2 is even
3 is odd
4 is even
5 is odd
6 is even
Hooray! We're all done. Let's party!

In [2]: |
```

例如，可以先创建一个列表 stuff，其中的元素为 1，2，3，4，然后输入 len(stuff)，就可以得到 4。

```
Python                                          C:\Users\joeld ▼ ×
In [9]: stuff= [1, 2, 3, 4]

In [10]: len(stuff)
Out[10]: 4
```

输入 for x in stuff: print x，可以得到 1 2 3 4。

```
Python
In [7]: for x in stuff:
   ...:        print (x),
   ...:
1
2
3
4

In [8]:
```

所以，在交互式命令行中，你可以每次输入一条命令，并依次运行。在这个例子中，stuff 是一个新创建的变量，是驻留在内存中的一个列表，有点像其他语言中的全局变量。

如果想重启这个环境，去掉变量 stuff 并重新开始，那么可以使用 Run 菜单中的 Restart Kernel 功能，这会给我们一个完全整洁的环境。

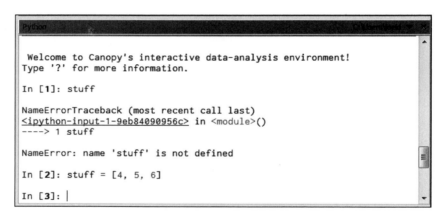

现在我们有了一个整洁且全新的 Python 环境。如果再次输入 stuff，就会发现它根本不存在，因为这是一个全新的环境。但是可以重新定义 stuff，将它的值修改为[4，5，6]。

这样，我们就有了 3 种运行 Python 代码的方式：IPython/Jupyter Notebook（本书所采用的方式，因为它是一种非常好的学习工具）；以独立的脚本文件方式来运行；在交互式的命令行环境中运行。

你应该记住这 3 种方式。本书后面内容中使用的都是 IPython/Jupyter Notebook。但再次强调，在实际工作中，还有其他两种方式可以选择。

1.8　小结

本章先介绍了学习本书的基础——安装 Enthought Canopy。然后安装了一些程序库和扩展包。此外还通过一些 Python 代码介绍了 Python 基础知识，包括模块、列表和元组，以及 Python 中的函数和循环。最后运行了几个简单的 Python 脚本。

下一章将开始学习统计和概率的相关知识。

第 2 章

统计与概率复习以及 Python 实现

本章将复习几个与统计学和概率相关的基本概念,这些概念对于数据科学家是非常重要的。我们将通过几个例子来说明这些概念,并介绍如何使用真正的 Python 代码来实现这些例子。

本章将介绍以下内容:

- □ 数据类型以及相应的操作;
- □ 均值、中位数、众数、标准差和方差等统计概念;
- □ 概率密度函数和概率质量函数;
- □ 数据分布类型以及相应的统计图形;
- □ 百分位数与矩。

2.1 数据类型

如果你想成为一名数据科学家,就必须了解数据类型,知道如何对数据进行分类,并对不同类型的数据采取不同的处理方式。下面来看看你可能遇到的不同“风味”的数据。

数据类型非常基本，但就是从这个简单概念开始，我们才能逐步学习更复杂的数据挖掘和机器学习方法。知道要处理的数据是什么类型是非常重要的，因为数据类型不同，需要采用的处理技术也不同。本章主要讨论以下三种特定数据类型：

- ❑ 数值型数据；
- ❑ 分类数据；
- ❑ 定序数据。

再次强调，对于不同类型的数据，需要采用不同的处理技术，所以一定要清楚你处理的是哪种类型的数据。

2.1.1　数值型数据

先从数值型数据开始，它可能是最常见的数据类型。数值型数据主要用来表示可以测量的定量数据，比如人的身高、页面加载时间、股票价格，等等。数值型数据一般是可变的、可测量的，或者是某个范围内的概率。数值型数据主要有两种。

1. 离散型数据

离散型数据一般是基于整数的，可以用作某种计数。比如，一位顾客一年的购买数量就只能用离散型数据表示。他可以买一件东西、两件东西、三件东西，但不能买 2.25 件东西或三又四分之三件东西。离散型数据要受到整数的限制。

2. 连续型数据

另一种数值型数据是连续型数据，这是一种可以在无限范围内取值的数据，并且可以是小数。例如人的身高可以有无限种可能取值。你可以是 1.79 米高。连续型数据也可以表示某种时间，比如在某个网站上停留的时间可以有无限种取值，你可以在一个网站上停留 10.7625 秒。连续型数据还可以用来表示某一天的降水量。同样，精确度是无穷的。这些都是连续型数据的例子。

概括一下，数值型数据就是可以使用数值来定量测量的数据，它可以是离散的，比如基于整数的计数，也可以是连续的，这时就有无限种可能的取值。

2.1.2　分类数据

第二种数据类型是分类数据，这是一种没有内在数值意义的数据。

一般来说，你不能直接比较两个分类数据。分类数据包括性别、是/否问题、种族、居住地、商品分类、政党，等等。你可以为这些类别分配一个数值，我们也经常这么做，但这些数值没有一般的数学意义。

例如，可以说得克萨斯州的面积比佛罗里达州的面积大，但是不能说得克萨斯州比佛罗里达州大，它们只是分类数据，并没有真正的定量数学意义，我们只是用它们来表示事物的分类。

我们可以为每个州分配一个数值，比如佛罗里达州的编号是 3，得克萨斯州的编号是 4，但是，这里的 3 和 4 之间没有任何真正的关系，只是一种简写，为了更简洁地表示分类。分类数据没有内在的数学意义，只是用来在分类的基础上表示不同类别的数据。

2.1.3　定序数据

最后一种数据类型是定序数据，它类似于数值型数据和分类数据的混合体。最常见的定序数据是对电影或音乐的星级打分。

定序数据

- 是数值数据和分类数据的混合
- 有数学意义的分类数据
- 例：1 至 5 级的电影评分
  评分必须是 1、2、3、4 或 5；
  评分的值有数学意义，评分
  为 1 的电影比评分为 2 的电影差

这个例子中有从 1 星到 5 星的分类数据，1 星代表很差，5 星代表非常好。但是，这种分类数据确实具有某种数学意义，5 星肯定比 1 星要好。所以，定序数据就是具有数值关系的分类数据。从质量测量的角度来说，1 星不如 5 星，2 星不如 3 星，4 星好于 2 星。你可以将星的数量看作一种离散型数值数据，定序数据和离散型数值数据之间的联系非常紧密，有时候可以互换使用。

我们介绍了 3 种数据类型：数值型数据、分类数据和定序数据。你都明白了吗？别害怕，不需要你交什么作业。

小测验：在下面的例子中，数据是数值型数据、分类数据还是定序数据？

(1) 第一个例子是，你的油箱里还有多少油？正确答案是数值型数据。这是一种连续型数值数据，因为油箱里的油量有无限多种取值。油量是有上限的，但取值是无限多的，它可以是油箱的 3/4，也可以是 7/16，还可以是 1/pi。

(2) 如果你正在看自己的健康报告，其中健康状况用 1~4 来表示，即分为了 4 个等级，分别对应很差、一般、好和很好，那么应该使用哪种数据类型？这是一个典型的定序数据的例子。它和电影评分数据非常类似。当然，根据使用模型的不同，你也可以使用离散型数据来处理，但是从技术方面来说，我们还是将其称为定序数据。

(3) 使用哪种数据来表示你同学的种族情况？很显然，这是分类数据。你不能对人种进行比较，他们只是肤色不同。你只能按照分类去研究，并根据某些维度理解他们之间的不同。

(4) 那么用岁数表示的年龄呢？这就有点复杂了。如果必须使用整数来表示，比如 40、50 或55，那就应该是离散型数值数据。但如果更精确一些，比如 40 岁 3 个月 2.67 天，那就是连续型数值数据。但不管使用哪种方式，都是数值型数据。

(5) 最后，如何表示在商店中花的钱？当然，这是连续型数值数据。可见，数据类型非常重要，因为对于不同类型的数据，应该采用不同的处理技术。

我们应该知道，对于分类数据，某些概念的实现方式与数值型数据是不同的。

以上就是你应该知道的常用数据类型，本书也将重点讨论这些类型的数据。这些概念都非常简单。你已经会使用数值型数据、分类数据和定序数据，而数值型数据又分为离散型数据和连续型数据。对于不同类型的数据，所能采用的处理方式也是不同的，在本书后面内容中你会看到这一点。

2.2　均值、中位数和众数

先来复习一下统计学知识，这些知识都非常基础，但是复习一下没什么坏处。来看这几个概念：均值、中位数和众数。你肯定听说过这些概念，下面来看看它们的不同作用。

对于多数读者，这是个快速的复习。既然已经开始复习统计学知识，就看一些实际数据，看看如何测量这些指标。

2.2.1　均值

均值是平均数的另一个名称。要计算一个数据集的均值，只需将所有值加起来，再除以值的个数即可。

样本总额 / 样本总数

来看一个例子：计算我家附近每个家庭中孩子数量的均值。

假设我在我家附近挨家挨户调查，询问每家有几个孩子（顺便说一下，这是离散型数值数据的典型例子）。比如我发现第一个家庭中没有孩子，第二个家庭中有两个孩子，第三个家庭中有三个孩子，等等。我使用离散型数值数据建立了一个小数据集，为了找出均值，需要将所有值加起来，然后除以家庭数量。

每个家庭中的孩子数量如下：

0, 2, 3, 2, 1, 0, 0, 2, 0

均值为(0 + 2 + 3 + 2 + 1 + 0 + 0 + 2 + 0) / 9 = 1.11。

将所有数加起来，再除以家庭数量，也就是9，就可以算出对于这个样本，每个家庭中孩子数量的均值是1.11。均值就是这样计算的。

2.2.2　中位数

中位数与均值有所不同。计算数据集中位数的方法是，先将数值排序（升序或降序均可），然后找出位于中间的值。

例如，对于上一小节中的数据集：

0, 2, 3, 2, 1, 0, 0, 2, 0

先按数值进行排序，然后找出中间的值，也就是1。

0, 0, 0, 0, 1, 2, 2, 2, 3

再说一遍，要找出中位数，需要先对数据进行排序，然后找出中间的点。

如果数据点是偶数个，那么中位数将落在两个数据点之间，而我们不清楚哪个点是中间点。在这种情况下，可以算出这两个数据点的均值，将这个均值作为中位数。

离群点的影响

在前面的例子中，中位数和均值非常接近，因为没有离群点。每个家庭都有0、1、2或3个孩子，没有那种有100个孩子的特殊家庭。离群点会严重影响均值，对中位数的影响则不那么大。这就是经常使用中位数的原因。

与均值相比，中位数受离群点的影响较小。

有些人总是喜欢使用统计学来误导他人，在本书中，只要可能，我总是会揭穿这些把戏。

例如，我们可以看看美国家庭的平均收入，2016年的统计数字是72 000美元。但是，这并不是典型美国家庭的真实情况。原因是，如果你看一下收入的中位数，就只有51 939美元。这是为什么呢？因为收入是不平衡的。美国有一些非常富有的人，其他国家也一样，但美国贫富差距还不是最大的。这些亿万富翁或超级富豪居住在华尔街、硅谷或其他富人区，他们严重影响了收入均值。但是因为人数较少，所以并没有对中位数产生实际的影响。

这是一个非常好的例子，说明了对于平均收入来说，中位数比均值更能说明问题。只要有人提到均值，你就必须思考一下：数据分布是怎样的？是否有离群点会影响均值？如果答案是"是"，你就应该看看中位数，因为通常中位数比均值更能反映实际情况。

2.2.3   众数

最后讨论一下众数。在实际工作中，众数并不常用，但也不能只关注均值和中位数而忽略众数。众数就是数据集中最常见的值。

还是以每个家庭中孩子的数量为例。

0, 2, 3, 2, 1, 0, 0, 2, 0

每个值出现的次数为：

0:4, 1:1, 2:3, 3:1

所以众数为 0。

如果只看哪个值出现得最频繁，那就是 0，所以众数为 0。在我家附近，最常见的家庭中孩子数量是 0，这就是众数的意义。

这是体现连续型数据和离散型数据区别的一个典型例子，因为众数只对离散型数据有意义。对于连续型数据，我们不能说出哪个值出现得最频繁，除非能把连续型数值转换为离散型数值。所以，这也是一个体现数据类型重要性的例子。

    众数只对离散型数值数据有意义，不适合连续型数据。

实际工作中的很多数据都是连续型数据，这可能就是众数应用比较少的原因。但为了内容的完整性，我们还是对其做了介绍。

我们简单地介绍了均值、中位数和众数，这是几种最简单的统计量。我希望你能了解均值和中位数之间的重要区别以及它们的不同用途，因为人们经常会将二者混淆。作为一名负责任的数据科学家，请你一定要清晰地表达出自己的想法。如果你想给出一个典型值，那么通常使用中位数更合适，因为它受离群点的影响较小。请牢记这一点。

2.3   在 Python 中使用均值、中位数和众数

下面使用 Python 编写一些实际的代码，看看在 IPython Notebook 中如何使用 Python 来计算

均值、中位数和众数。

打开本节数据文件中的 MeanMedianMode.ipynb 文件，如果你还没有下载这些文件，请回到前面的相应章节去下载，后面章节将要用到这些文件。

2.3.1 使用 NumPy 包计算均值

我们要使用前一节中家庭收入的例子，建立一些虚构的数据。这个例子中建立的虚构收入数据是典型的美国个人收入，它符合正态分布，这些收入的值都在 27 000 美元附近，标准差为 15 000。所有数据都是虚构的。如果你不知道什么是正态分布和标准差，没关系，本章后面将会介绍这些知识。我只是想让你知道这个例子中不同参数的意义，后面将做解释。

在 Python notebook 中，需要将 NumPy 导入到 Python，NumPy 可以非常容易地计算均值、中位数和众数。我们直接使用 import numpy as np，这意味着导入以后可以使用 np 作为 numpy 的简写。

然后，使用 np.random.normal 函数创建一个名为 incomes 的数值列表。

```
import numpy as np

incomes = np.random.normal(27000, 15000, 10000)
np.mean(incomes)
```

np.random.normal 函数的 3 个参数的意义是，创建的数据集中在 27 000 附近，标准差为 15 000，列表中有 10 000 个数据点。

接下来，计算出这些数据点的平均数，或称均值。对 incomes 使用 np.mean 函数即可，非常简单。

运行一下这段代码。请确认你选择了这个代码段并点击了运行按钮。因为这些收入数值是随机生成的，所以每次运行结果都会有些差别，但都应该非常接近 27 000。

```
Out[1]: 27173.098561362742
```

OK，这就是在 Python 中计算均值的方法，使用 NumPy（np.mean）非常容易实现。你不需要写一大堆代码，或者将所有值都加起来，再数出数值的数量，然后做除法。NumPy 中的 mean 函数可以完成所有工作。

使用 matplotlib 进行数据可视化

对上面这份数据进行可视化，使它的意义更清楚一些。这需要使用另一个包，即 matplotlib，这个包我们以后会更加详细地介绍，它可以在 IPython Notebook 中生成美观的图形，是进行数据可视化的一种非常简单的方式。

在这个例子中，我们使用 matplotlib 为收入数据创建一张直方图，将其划分为 50 份。主要的操作就是将连续型数据离散化，然后调用 matplotlib.pyplot 函数生成直方图。代码如下：

```
%matplotlib inline
import matplotlib.pyplot as plt
plt.hist(incomes, 50)
plt.show()
```

选择这个代码段，点击运行按钮，可以生成以下图形。

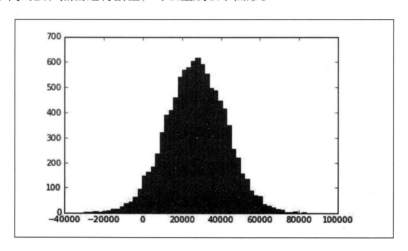

如果你不熟悉直方图，需要学习一下，那么可以这样理解：离散化之后每份数据的高度表示该数据出现的频率。

例如，在 27 000 附近，每份数据中大约有 600 个点，这说明很多人的收入在 27 000 美元左右。但对于像 80 000 这样的离群点来说，附近的数据就非常少。同样，有些贫困者的负债达到了−40 000 美元，当然，这样的人也是非常少的，因为我们定义的是正态分布。正态分布曲线就是这个样子。后面将会更加详细地讨论，现在只是让你有个大致的了解。

2.3.2　使用 NumPy 包计算中位数

计算中位数与计算均值一样简单。NumPy 中既有 mean 函数，也有 median 函数。

对数值列表 incomes 使用 median 函数，就可以计算出中位数。在这个例子中，中位数是 26 911 美元，与均值 26 988 美元非常接近。同样，因为数据是随机生成的，所以每次计算结果都有些差别。

```
np.median(incomes)
```

上述代码的输出如下：

```
Out[4]: 26911.948365056276
```

数据中不会有很多离群点，因为这是一个标准的正态分布。当没有很多离群点时，中位数和均值是非常接近的。

分析离群点的作用

为了说明离群点的作用，我们加入一个离群点，比如某个高收入者。使用 `np.append` 函数，手动加入这个离群点，它的值是 10 亿美元。

```
incomes = np.append(incomes, [1000000000])
```

我们将会看到，这个离群点不会使中位数改变多少，还是在 26 911 美元附近，因为中心点的位置没有明显的变动，和前面例子中基本一样：

```
np.median(incomes)
```

结果如下：

```
Out[5]: 26911.948365056276
```

但是均值会明显改变：

```
np.mean(incomes)
```

结果如下：

```
Out[5]:127160.38252311043
```

就是这样！这是一个说明了中位数和均值可以有很大不同的非常好的例子，尽管有些人想把它们混为一谈。一个离群点就可以将数据集的均值改变为每年超过 127 160 美元，但实际的情况是，数据集中典型的个人年收入是 27 000 美元左右。一个值非常大的离群点就可以改变均值。

这个故事告诉我们：如果你怀疑存在离群点，就要对均值或平均数留个心眼，收入分布就是这种情况。

2.3.3 使用 SciPy 包计算众数

最后来看一下众数。我们将生成 500 个随机整数，范围从 18 到 90，这是虚构的人的年龄。

```
ages = np.random.randint(18, high=90, size=500)
ages
```

输出结果是随机的，应该和下面的屏幕截图很相似。

```
Out[7]:  array([69, 87, 31, 22, 78, 37, 77, 32, 18, 59, 29, 43, 34, 33, 56, 83, 66,
                30, 77, 74, 31, 21, 85, 50, 47, 26, 72, 62, 33, 45, 86, 50, 86, 56,
                31, 84, 78, 27, 76, 42, 83, 64, 48, 54, 70, 56, 24, 50, 50, 71, 49,
                20, 85, 61, 33, 83, 55, 21, 60, 80, 56, 89, 61, 56, 52, 55, 20, 31,
                69, 50, 21, 52, 31, 83, 43, 77, 27, 67, 39, 39, 26, 38, 40, 73, 50,
                31, 87, 23, 50, 34, 69, 45, 83, 51, 88, 41, 64, 59, 40, 89, 57, 62,
                55, 75, 38, 51, 24, 21, 18, 75, 58, 62, 81, 65, 89, 64, 43, 33, 53,
                72, 20, 56, 19, 26, 81, 68, 70, 70, 41, 59, 50, 77, 62, 31, 87, 58,
                63, 83, 35, 55, 38, 85, 53, 66, 28, 74, 42, 28, 80, 69, 54, 25, 74,
                58, 27, 42, 87, 46, 43, 44, 33, 40, 21, 21, 73, 48, 87, 63, 84, 55,
                61, 66, 48, 73, 27, 60, 34, 77, 59, 58, 50, 70, 30, 76, 72, 33, 80,
                43, 63, 49, 60, 61, 53, 55, 79, 38, 46, 38, 81, 66, 29, 81, 46, 19,
                49, 57, 31, 18, 25, 47, 20, 88, 33, 88, 50, 22, 57, 39, 20, 59, 63,
                38, 35, 59, 28, 23, 56, 50, 46, 65, 46, 88, 87, 34, 73, 75, 32, 49,
                67, 77, 86, 38, 80, 36, 64, 79, 65, 51, 46, 54, 23, 82, 56, 41, 78,
                19, 45, 38, 70, 74, 56, 87, 49, 69, 30, 25, 22, 71, 39, 41, 46, 72,
                33, 72, 88, 37, 75, 39, 37, 21, 67, 86, 77, 20, 46, 53, 22, 85, 73,
                89, 67, 24, 24, 25, 62, 56, 58, 44, 63, 30, 36, 73, 49, 45, 26, 33,
                20, 62, 75, 34, 81, 59, 64, 27, 43, 23, 62, 75, 81, 40, 65, 29, 61,
                55, 81, 35, 68, 79, 86, 43, 35, 74, 59, 80, 75, 60, 82, 66, 54, 37,
                54, 71, 88, 46, 55, 63, 79, 89, 48, 61, 68, 78, 51, 32, 26, 48, 78,
                76, 62, 19, 19, 63, 20, 44, 28, 34, 58, 44, 36, 70, 34, 67, 50, 33,
                31, 18, 72, 55, 49, 63, 81, 65, 51, 46, 22, 55, 77, 76, 53, 79, 47,
                57, 46, 27, 29, 49, 71, 19, 85, 86, 77, 89, 59, 67, 26, 50, 79, 85,
                68, 51, 30, 18, 73, 52, 22, 53, 56, 26, 45, 60, 83, 50, 34, 68, 65,
                27, 72, 24, 34, 37, 52, 67, 79, 79, 24, 65, 71, 28, 29, 61, 34, 77,
                35, 59, 50, 83, 27, 32, 18, 81, 36, 46, 48, 39, 52, 23, 37, 62, 54,
                53, 50, 34, 36, 88, 83, 39, 89, 65, 83, 73, 66, 28, 36, 56, 86, 65,
                28, 46, 18, 61, 69, 80, 85, 29, 85, 44, 18, 61, 68, 83, 89, 53, 65,
                55, 66, 87, 55, 43, 32, 84])
```

SciPy 包和 NumPy 包一样，包括了很多使用方便的统计函数。可以使用下面的语法从 SciPy 包中导入 stats，这和前面的代码有些差别。

```
from scipy import stats
stats.mode(ages)
```

这段代码的含义是，从 scipy 包中导入 stats，并还是称其为 stats，这意味着不需要像前面导入 NumPy 那样，为其取一个别名。这只是导入扩展包的不同方式，两种方式都是可以的。然后，对随机年龄列表 ages 使用 stats.mode 函数。运行上面的代码，可以得到以下结果：

```
Out[11]: ModeResult(mode=array([39]), count=array([12]))
```

所以，在这个例子中，众数为 39，这是数组中出现次数最多的数。实际上，它出现了 12 次。

如果创建一个新的分布，就会得到完全不同的答案，因为数据是完全随机的。再次运行上面的代码段，创建一个新的分布。

```
ages = np.random.randint(18, high=90, size=500)
ages

from scipy import stats
stats.mode(ages)
```

这次的数值分布如下。

```
Out[12]: array([41, 74, 26, 31, 31, 31, 20, 64, 59, 76, 80, 59, 53, 50, 29, 67, 55,
                82, 41, 40, 77, 41, 73, 52, 38, 87, 28, 87, 60, 47, 87, 66, 71, 77,
                85, 40, 22, 40, 74, 69, 44, 46, 72, 60, 69, 56, 19, 84, 80, 83, 22,
                63, 74, 31, 32, 20, 58, 71, 56, 43, 32, 67, 32, 51, 79, 54, 25, 81,
                50, 55, 86, 75, 30, 37, 37, 37, 56, 22, 85, 82, 58, 78, 32, 50, 52,
                70, 85, 37, 34, 83, 41, 52, 46, 55, 84, 64, 19, 86, 46, 65, 77, 80,
                82, 86, 65, 41, 35, 44, 45, 34, 46, 51, 83, 82, 53, 50, 84, 83, 29,
                47, 80, 75, 72, 41, 80, 75, 74, 57, 27, 71, 76, 65, 27, 75, 32, 26,
                34, 20, 58, 19, 18, 26, 73, 60, 31, 34, 46, 80, 76, 30, 70, 68, 71,
                45, 44, 47, 30, 39, 35, 60, 44, 45, 83, 64, 21, 35, 25, 70, 86, 53,
                65, 87, 66, 88, 48, 18, 29, 60, 50, 29, 67, 45, 83, 76, 62, 25, 41,
                56, 23, 60, 56, 59, 77, 64, 74, 39, 43, 24, 55, 88, 60, 19, 32, 49,
                59, 88, 69, 82, 56, 70, 34, 52, 85, 70, 79, 26, 37, 60, 40, 32, 20,
                81, 43, 47, 83, 67, 27, 30, 21, 24, 40, 43, 83, 79, 47, 36, 66, 37,
                76, 20, 48, 81, 58, 62, 27, 21, 88, 31, 62, 38, 83, 33, 41, 68, 38,
                43, 44, 49, 51, 82, 48, 53, 75, 56, 48, 38, 76, 37, 41, 62, 26, 32,
                53, 40, 89, 40, 19, 29, 73, 71, 81, 63, 36, 56, 30, 60, 67, 47, 20,
                62, 86, 84, 88, 37, 47, 35, 37, 26, 48, 36, 53, 19, 77, 46, 63, 87,
                60, 40, 72, 86, 41, 58, 29, 43, 36, 69, 75, 56, 55, 33, 66, 22, 46,
                73, 45, 30, 42, 51, 24, 18, 54, 45, 73, 37, 54, 84, 29, 73, 82, 47,
                55, 68, 42, 60, 25, 46, 89, 37, 20, 34, 24, 40, 61, 66, 72, 71, 30,
                50, 29, 24, 60, 30, 76, 67, 66, 19, 75, 33, 21, 21, 45, 38, 47, 69,
                71, 83, 50, 40, 24, 38, 47, 72, 25, 26, 77, 44, 39, 35, 36, 42, 73,
                78, 77, 62, 43, 84, 66, 41, 48, 69, 65, 52, 45, 85, 43, 77, 31, 50,
                61, 69, 71, 77, 89, 65, 41, 35, 88, 37, 87, 75, 21, 38, 73, 31, 66,
                25, 25, 69, 71, 46, 86, 66, 82, 24, 77, 44, 81, 72, 25, 50, 58, 22,
                85, 42, 44, 62, 71, 89, 77, 29, 65, 62, 62, 26, 65, 21, 49, 37, 82,
                26, 72, 26, 35, 45, 51, 63, 87, 25, 29, 72, 53, 33, 76, 65, 22, 22,
                87, 40, 46, 46, 89, 52, 55, 44, 66, 71, 78, 44, 70, 51, 73, 74, 44,
                71, 53, 84, 76, 61, 76, 33])
```

确认你选择了上面的代码段，然后点击运行按钮，运行代码。

在这个例子中，众数为 29，它出现了 14 次。

```
Out[11]: ModeResult(mode=array([29]), count=array([14]))
```

众数是个非常简单的概念。你可以只是因为好玩再多运行几次。这有点像旋转轮盘。我们将再次创建一个新的分布。

以上就是对均值、中位数和众数的简单介绍。使用 SciPy 和 NumPy 包可以很容易地计算它们。

一些练习

我要给你一些任务。如果你打开了 MeanMedianExercise.ipynb 文件，其中有一些内容供你进行练习，我希望你"撸起袖子"真正地练习一下。

这个文件中提供了一些随机的电子商务数据，这些数据表示每项交易的总额。和前面的例子一样，这些数据也服从正态分布。你的任务是使用 NumPy 包找出这些数据的均值和中位数。这项任务对你来说易如反掌，所有需要的技术都可以在 MeanMedianMode.ipynb 文件中找到。

这项任务的重点不是给你出个难题，只是想让你实际地编写一些 Python 代码，并相信自己可以得到一些结果，来完成一些事情。所以，大胆去做吧。如果你想多做一些练习，那么可以随意使用这里的数据分布，看看能对数值做些什么。你可以试着添加一些离群点，就像我们在收入数据中做的那样。这就是学习的方法，即循序渐进，举一反三。

如果你准备好了，那么下面接着学习其他两个概念：标准差和方差。

2.4　标准差和方差

下面讨论标准差和方差。你可能听说过这两个名词，但这里要深入地讨论它们的意义和计算方法。它们是测量数据分布的分散程度的指标，我们将会详细介绍。

标准差和方差是数据分布的两个基本数量指标，在本书中你会多次看到它们。所以，我们来介绍一下它们的意义。

2.4.1　方差

方差和标准差都是用来描述数据的分散程度的，也就是数据集的分布形状。看一下下面这张直方图。

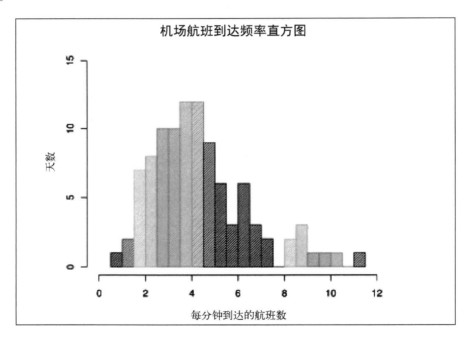

假设我们有一些机场航班到达频率的数据。这张直方图显示，根据这份数据，每分钟有 4 个航班到达的天数是 12 天。但是，数据中还是有一些离群点。有一天每分钟只有 1 个航班到达，还有一天每分钟有 12 个航班到达。阅读直方图的方法是找到给定值的高度，它表示这个值在数据中出现的次数。直方图的形状可以告诉你数据集中概率分布的很多信息。

从这份数据可以知道，机场中最常见的情况是每分钟有 4 个航班到达，每分钟有 1 个或 12 个航班到达的情况是很少见的。我们还可以关注一下所有数字的概率，不但每分钟有 12 个航班到达的情况很少见，每分钟有 9 个航班到达也非常少见，但是每分钟 8 个的情况就比较多了。直方图可以告诉我们很多信息。

 方差表示数据的分散程度。

计算方差

通常用西格玛的平方来表示方差，你很快就会知道为什么这样表示。现在，你只需知道方差是数据与均值的差的平方的平均数就可以了。

(1) 要计算一个数据集的方差，首先要计算出均值。假设我们有一些数据，比如是某个小时内队列中最大的排队人数。第一个小时是 1 个人，然后是 4、5、4、8。

(2) 计算方差的第一步是计算均值，或称平均数。将所有数值相加，除以数据点的数量，可以得到排队人数的均值是 4.4，即 $(1 + 4 + 5 + 4 + 8) / 5 = 4.4$。

(3) 下一步是找出每个数据点和均值之间的差。我们已经知道均值是 4.4，所以对于第一个数据点 1，这个差是 $1 - 4.4 = -3.4$；第二个数据点是 4，差是 $4 - 4.4 = -0.4$，以此类推。这样就得到了表示数据点和均值之间差的一些整数或负数（-3.4、-0.4、0.6、-0.4、3.6）。

(4) 我们需要的是一个表示整个数据集方差的单个数值。所以，下一步就是计算这些差的平方。只要算出每个原始数据与均值之间的差，再进行平方就可以了。需要计算平方的原因有如下两点。

- 首先，我们希望确保负数差和正数差一样计算在方差之内。如果不进行平方，负数差就会和正数差互相抵消，这很糟糕。
- 其次，我们希望给予离群点更大的权重。平方之后，会放大那些与均值差别很大的点的作用，同时确保负数差和正数差起到的作用相同。

下面来具体计算一下，$(-3.4)^2$ 是正数 11.56，$(-0.4)^2$ 是一个更小的数 0.16，因为它更接近均值 4.4。同样，$(0.6)^2$ 也更接近均值，只有 0.36。但是对于正的离群点，$(3.6)^2$ 等于 12.96。所以得到了（11.56、0.16、0.36、0.16、12.96）。

要计算具体的方差值，只需计算出这些差的平方的平均数。所以，将这些平方数加起来，再除以 5，就可以得到我们需要的值，即 5.04。

$$\sigma^2 = (11.56 + 0.16 + 0.36 + 0.16 + 12.96) / 5 = 5.04$$

这就是方差的计算方法。

2.4.2　标准差

通常使用更多的是标准差，而不是方差。标准差就是方差的平方根，非常简单。

所以，如果知道了方差是 5.04，那么标准差就是 2.24。这就是为什么用 σ^2 来表示方差，因为 σ 就表示标准差。所以，如果计算出 σ^2 的平方根，就得到了 σ，在这个例子中，就是 2.24。

$$\sigma^2 = 5.04$$
$$\sigma = \sqrt{5.04} = 2.24$$

通过标准差找出离群点

在前一个计算方差的例子中，实际数据的直方图如下。

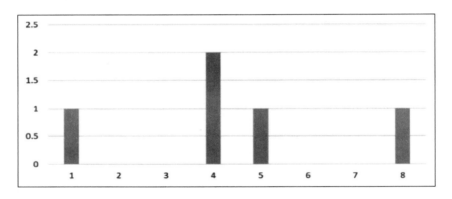

可以看出，4 在数据集中出现了两次，1、5 和 8 只出现了一次。

人们经常使用标准差作为在数据集中识别离群点的一种方法。如果数据点在均值 4.4 的一个标准差范围之内，那么它就是正态分布中的一个典型值。但是，从上图可知，数值 1 和 8 已经超出了这个范围。如果使用 4.4 加上或减去 2.24，那么可以得到 7 和 2（约数），1 和 8 都超出了这个标准差范围。所以我们可以认为，从数学角度来看，1 和 8 都是离群点。根据数据点与均值之间有多少个标准差的距离，可以判断它是不是离群点。

> 你可以根据数据点与均值之间有多少个标准差（有时也说有多少个西格玛）的距离，来判断它是不是离群点。

这就是标准差在实际工作中的一种应用。

2.4.3　总体方差与样本方差

标准差和方差之间的差别非常小，总体方差和样本方差也是如此。如果你处理的是完整的数据集，即全部的观测，那么方法和前面是一样的。先计算出均值，然后计算差的平方的平均数，就得到了方差。

但是，如果对数据进行了抽样，也就是说，为了计算方便，你从数据中提取了一个子集，那么计算方法就会有些改变。这时就不应该除以样本数量，而是除以样本数量减 1。下面来看一个例子。

我们使用前面排队的那个例子，将误差平方求和，再除以 5（数据点的数量），可以得到 5.04。

$$\sigma^2 = (11.56 + 0.16 + 0.36 + 0.16 + 12.96) / 5 = 5.04$$

如果要计算样本方差，即 S^2，就要用误差平方和除以 4，也就是$(n-1)$。这样就可以求出样本方差是 6.3。

$$S^2 = (11.56 + 0.16 + 0.36 + 0.16 + 12.96) / 4 = 6.3$$

所以，如果这是从一个大数据集中抽取出的某个样本，就应该这样计算。如果是整个数据集，就除以实际的观测数量。这就是总体方差和样本方差的计算方法，但背后的逻辑是什么呢？

数学解释

为什么总体方差和样本方差会有这种区别？这与概率有关。你可能不想过多地讨论概率，因为会涉及很多复杂的数学公式。本书会尽量不使用数学公式，因为我认为概念更加重要。总体方差和样本方差这两个概念太基础了，你经常会遇到。

正如我们看到的，总体方差通常表示为西格玛的平方（σ^2），西格玛（σ）是标准差。用每个数据点 X 减去均值 μ，对差进行平方，再进行求和，然后除以数据点的个数 N，就可以算出总体方差。可以用下面的公式表示：

$$\sigma^2 = \frac{\sum(X-\mu)^2}{N}$$

❑ X 表示每个数据点；
❑ μ 表示均值；
❑ N 表示数据点的个数。

样本方差用 S^2 表示，公式如下：

$$S^2 = \frac{\sum(X-M)^2}{N-1}$$

❑ X 表示每个数据点；
❑ M 表示均值；
❑ $N-1$ 表示数据点的个数减 1。

就是这样。

2.4.4   在直方图上分析标准差和方差

下面写一些代码来练习一下标准差和方差。如果你下载了 StdDevVariance.ipynb 文件，并跟着我们练习的话，那是非常好的，因为我希望你能这么做。这里要做的和前面的例子很相似，代码如下：

```
%matplotlib inline
import numpy as np
import matplotlib.pyplot as plt
incomes = np.random.normal(100.0, 20.0, 10000)
plt.hist(incomes, 50)
plt.show()
```

使用matplotlib绘制一张直方图，表示一些服从正态分布的随机数据，数据集名称为incomes。数据集中在 100 附近（每小时的收入，不是年收入），标准差为 20，数据点的数量为 10 000。

运行上面的代码段，可以绘制出以下图形。

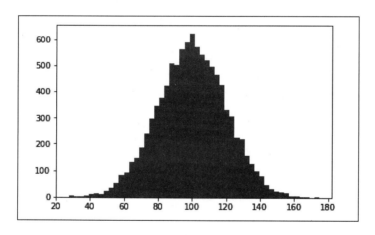

有 10 000 个数据点集中在 100 附近，服从正态分布，衡量数据分散程度的标准差为 20。可以看出，100 附近的数据最密集，离 100 越远，数据越稀疏。距离均值一个标准差的范围是 80 到 120 之间，在直方图中可以看出，大部分数据点都落到这个范围之内。因此可以认为，这个范围之外的数据点都是不正常的。

2.4.5   使用 Python 计算标准差和方差

使用 NumPy 计算标准差和方差也非常容易。如果你想计算前面生成的数据集的标准差，调用 std 函数即可。当 NumPy 创建列表时，创建的不是普通 Python 列表，而是有很多附加内容的列表，所以可以对这个列表调用多个函数，比如使用 std 来计算标准差。代码如下：

```
incomes.std()
```

输出结果如下（请注意我们使用的是随机数据，所以你的结果和下面的结果会有些不同）：

```
20.024538249134373
```

运行代码后，会得到一个非常接近 20 的数，因为当生成随机数据时，使用的标准差参数就是 20。我们希望标准差是 20，结果是 20.02，非常接近。

使用 var 函数可以计算方差。

```
incomes.var()
```

结果如下：

```
400.98213209104557
```

结果非常接近 400，即 20^2。没错，理应如此！标准差是方差的平方根，或者说方差是标准差的平方。上面的计算验证了这个结论。

2.4.6 自己动手

我希望你开始动手练习，修改并实现这些代码，然后试验不同的参数来生成正态分布数据。请记住，这些参数确定了数据分布的形状。那么，如果修改了均值，会发生什么情况呢？均值很重要吗？会影响数据分布的形状吗？为什么不亲自试一下，找到答案呢？

试着修改一下标准差，看看会如何影响图形的形状。比如将标准差修改为 30，看看会有什么影响。或者改得更大一点，比如修改为 50。如果改成 50 的话，你将看到图形会变得更宽。再试试其他值，看看这些值的作用。试验多个不同的例子，看看不同参数的效果，这是提升对标准差和方差的直觉的唯一方法。

以上就是对标准差和方差的练习。通过这些练习，我希望你对标准差和方差更加熟悉。它们是非常重要的概念，本书中会多次使用标准差，你的数据科学家生涯中也同样如此。请确认你完全理解了这两个概念。下面继续学习其他内容。

2.5 概率密度函数和概率质量函数

本书中已经介绍了正态分布函数的一些例子，这也是概率密度函数的例子。除正态分布外，还有其他类型的概率密度函数。下面来看看概率密度函数的意义，以及一些其他例子。

2.5.1 概率密度函数

下面讨论概率密度函数。本书中已经使用了一种概率密度函数，只是当时没有这样称呼它。下面正式介绍一下概率密度函数。例如，我们已经使用了多次的正态分布就是概率密度函数的一个例子。下图就是一条正态分布曲线。

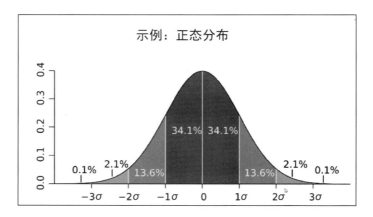

从概念上很容易认为这张图表示的就是一个给定值发生的概率。但对连续型数据来说，这种说法有点误导，因为在一个连续型数据分布中，有无限多个可能的数据点。这个值可能是 0、0.001 或 0.000 01，所以一个特定值发生的实际概率是非常非常小的，甚至是无穷小。概率密度函数实际上表示的是一个特定范围的值发生的概率，这就是概率密度函数的意义。

例如，在上图的正态分布中，在均值（0）和距均值一个标准差（1σ）的范围内，一个数据点有 34.1%的可能性落在这个范围内。你可以收紧或放松这个范围，来找出这个实际的值，这就是理解概率密度函数的方法。对于一个特定范围，它给出了数据点落在这个范围内的概率。

- ❑ 如图所示，在均值（0）附近一个标准差（–1σ 和 1σ）的范围内，数据点很可能落在这里。如果把均值两边的数值相加，就可以得到 68.2%，这就是数据点落在均值两侧一个标准差范围内的概率。
- ❑ 然而，如果考虑落在两个标准差和三个标准差（–3σ 和–2σ 以及 2σ 和 3σ）之间的概率，那就是一个非常小的值，仅稍稍超过 4%（精确一点，是 4.2%）。
- ❑ 如果落在三个标准差（–3σ 和 3σ）以外，那概率就更小了，还不到 1%。

所以，这张图形象地表示出了一个特定数据点出现的概率。概率密度函数给出了数据点落在一个给定范围内的概率。正态分布只是概率密度函数的一个例子，稍后我们会介绍更多的概率密度函数。

2.5.2 概率质量函数

如果你处理的是离散型数据，那么其处理方法会和连续型数据有所不同，这时要使用概率质量函数。下图就是概率质量函数。

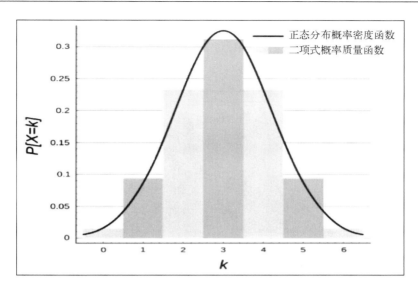

例如，你可以绘制一条连续型数据的正态分布概率密度函数，也就是上图中的黑色曲线。如果像绘制直方图时那样操作，就可以将连续型数据离散化，转换为离散型数据。比如数值 3 出现了若干次，那么就可以说数值 3 出现的概率是 30% 多一点。概率质量函数就是离散型数据发生概率的具体表示，它看上去很像直方图，实际上也就是个直方图。

 术语差别：概率密度函数是一条曲线，描述了某个范围内的连续型数据出现的概率。概率质量函数是某个离散值出现在数据集中的概率。

2.6 各种类型的数据分布

本节会用实例介绍一些概率分布函数和数据分布，使你对数据分布有更多的认识，并学会如何使用 Python 来对数据分布进行可视化。

请打开随书下载的 Distributions.ipynb 文件，跟着我们练习。

2.6.1 均匀分布

先从一个非常简单的例子开始：均匀分布。均匀分布意味着在给定范围内，数值出现的概率是一条水平固定的直线。

```
import numpy as np
Import matplotlib.pyplot as plt

values = np.random.uniform(-10.0, 10.0, 100000)
plt.hist(values, 50)
plt.show()
```

　　使用 NumPy 的 `random.uniform` 函数，可以创建一个均匀分布。上面代码的含义是，生成一组服从均匀分布的随机值，取值范围从–10 到 10，数量为 100 000 个。如果为这些值创建一张直方图，就应该是下面这个样子。

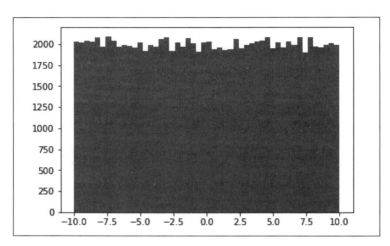

　　在这份数据中，取值范围内的每个值出现的概率都是相同的。这与正态分布不同，正态分布中的值都集中在均值附近，均匀分布中的值在取值范围内出现的概率是相同的。

　　那么均匀分布的概率分布函数是什么形状呢？在–10 到 10 这个范围之外，没有任何值，在这个范围之内，则是一条水平直线，因为所有值出现的概率都是相同的。所以均匀分布的概率分布函数是一条水平直线，因为概率是固定的。每个值，或者每个范围内的值出现的概率都和其他值是一样的。

2.6.2　正态分布或高斯分布

　　正态分布又称高斯分布，Python 的 `scipy.stats.norm` 包有一个 pdf（probability density function）函数，可以对其进行可视化。

　　看下面的例子：

```
from scipy.stats import norm
import matplotlib.pyplot as plt

x = np.arange(-3, 3, 0.001)
plt.plot(x, norm.pdf(x))
```

　　上面的例子中使用函数 `arange` 创建了一个列表 x 用来绘制图形，列表的值在–3 和 3 之间，增量为 0.001。在图形中，x 轴使用的就是这些列表值，y 轴是一个正态分布函数 `norm.pdf`，也就是 x 值对应的正态分布概率密度函数值。结果如下。

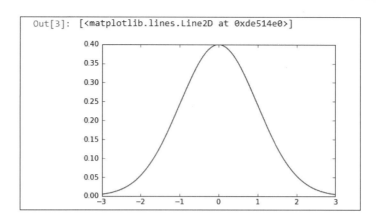

```
Out[3]: [<matplotlib.lines.Line2D at 0xde514e0>]
```

正态分布的 `pdf` 函数和前面小节中的正态分布一样，均值为 0，数值–3、–2、–1、1、2 和 3 是标准差距离。

下面将使用正态分布生成随机数值。这个操作已经做过好几次了，你可以复习一下。来看如下代码段：

```
import numpy as np
import matplotlib.pyplot as plt

mu = 5.0
sigma = 2.0
values = np.random.normal(mu, sigma, 10000)
plt.hist(values, 50)
plt.show()
```

上面代码使用了 NumPy 包中的 `random.normal` 函数，第一个参数 mu 表示我们希望的均值，sigma 是数据的标准差，表示数据的分散程度。然后，我们指定了使用正态分布生成的数据点的数量为 10 000。这就是使用概率分布函数，也就是本例中的正态分布函数，生成随机数值的方法。可以使用分成 50 份的直方图绘制出这些数据点。结果如下。

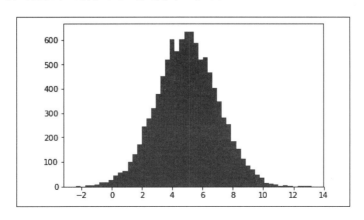

这个图形看上去非常像正态分布，但因为是随机数据，所以不是一条完美的曲线。由于概率的原因，有些值难免有些波动。

2.6.3 指数概率分布与指数定律

另一个常见的分布函数是指数概率分布函数，其函数值以指数方式下降。

说起指数下降，是指一条曲线上在 0 附近的值发生的概率很高，但当远离 0 时，值会急速下降。自然界中很多事物都符合这种情况。

在 Python 中，`scipy.stats` 包中既有 `norm.pdf` 函数，也有 `expon.pdf` 函数，后者就是 Python 中的指数概率分布函数。和正态分布的语法一样，可以在代码中使用指数分布：

```python
from scipy.stats import expon
import matplotlib.pyplot as plt

x = np.arange(0, 10, 0.001)
plt.plot(x, expon.pdf(x))
```

上面代码中使用 NumPy 的 `arange` 函数生成了一个列表 x，其中的值从 0 到 10，步长为 0.001。然后，我们绘制出 x 的值，相应的 y 轴上的值由函数 `expon.pdf(x)` 确定。输出的图形就是一条指数下降曲线，如图所示。

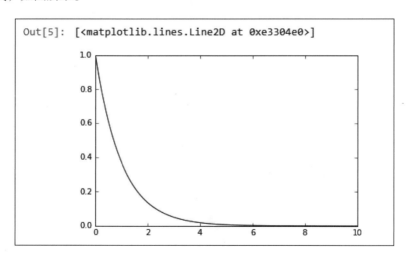

Out[5]: [<matplotlib.lines.Line2D at 0xe3304e0>]

2.6.4 二项式概率质量函数

我们也可以对概率质量函数进行可视化，比如二项式概率质量函数。还是使用和前面一样的语法，如下所示：

```
from scipy.stats import binom
import matplotlib.pyplot as plt

x = np.arange(0, 10, 0.001)
plt.plot(x, binom.pmf(x))
```

这次不使用 expon 或 norm，而是使用 binom。注意：概率质量函数处理的是离散数据，前面已经说过多次了。

上面代码中创建了一组离散数值 x，范围从 0 到 10，间隔为 0.01，然后将使用这份数据绘制二项式概率质量函数。在 binom.pmf 函数中，我们使用两个参数 n 和 p 来设定数据的形状。在这个例子中，n 和 p 分别是 10 和 0.5。结果如下图所示。

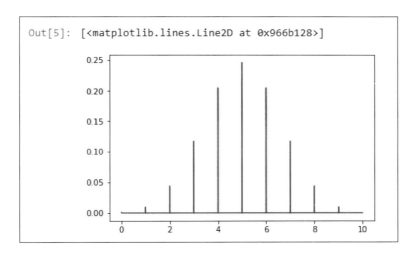

如果你想试验一下不同的参数值看看它们的效果，那这是一种非常好的方法。你可以通过这种方法，对这些形状参数对概率质量函数的影响建立起直觉。

2.6.5　泊松概率质量函数

最后，你或许听说过泊松概率质量函数，这是个比较特殊的分布，与正态分布非常像，但有一点不同。

如果你知道了在给定时间段内某个事情发生的平均次数，那么就可以使用泊松概率质量函数来预测未来某个时段这个事情发生另一个次数的概率。

举个例子，假设我们有一个网站，每天的平均访客数是 500，那么就可以使用泊松概率质量函数来估计某一天出现另一个访客数的概率。如果每天的平均访客数是 500，那么某一天访客数为 550 的概率是多少呢？这就需要使用泊松概率质量函数了，来看下面的代码：

```
from scipy.stats import poisson
import matplotlib.pyplot as plt

mu = 500
x = np.arange(400, 600, 0.5)
plt.plot(x, poisson.pmf(x, mu))
```

在这个例子中，平均数 mu 是 500。创建一个列表 *x*，值从 400 到 600，间隔为 0.5。使用 poisson.pmf 函数绘制这些数据。可以使用这个图形找出不是 500 的某个值发生的概率，假设它们服从正态分布。

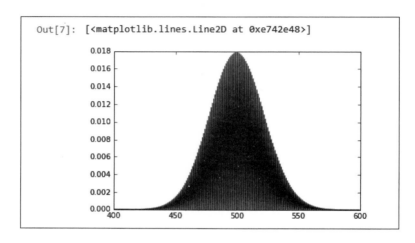

某一天有 550 个访客的概率是 0.002，即 0.2%，很有意思。

好了，以上就是常见的数据分布。

 请记住，概率分布函数用于处理连续型数据，概率质量函数用于处理离散型数据。

以上就是对概率密度函数和概率质量函数的介绍。总体说来，它们是表示并测量给定范围内的值在数据集中出现的概率的一种方式。它们包含非常重要的信息，理解它们是非常重要的。我们将多次用到这些概念。下面接着介绍其他内容。

2.7   百分位数和矩

接下来讨论百分位数和矩。在新闻中，我们每时每刻都能听到百分位数。比如那些收入前 1%的人，就是百分位数的一个例子。本节会解释什么是百分位数并举一些例子。然后将讨论矩，矩是一个很棒的数学概念，非常好理解。百分位数和矩是两个非常基本的统计概念，我们要为以后学习更难的内容打下基础，所以请静下心来，跟着我学习这些概念。

2.7.1　百分位数

先来看看什么是百分位数。一般来说，如果将数据集中所有数据排好顺序，那么第 x 个百分位数就是这样一个点：数据集中 x% 的数据都小于它。

常见的例子是收入分布。假设我们在讨论美国所有人的收入，并对收入进行了排序，那么第 99 个百分位数就是 99% 的美国人的收入都小于它的那个数。这样就非常好理解了。

 在数据集中，第 x 个百分位数是 x% 的数据值都小于它的那个值。

下图就是收入分布的示例。

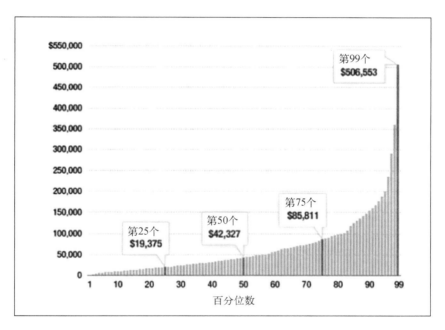

上图给出了收入分布数据的一个例子。例如，根据第 99 个百分位数，可以知道 99% 的美国人年收入少于 506 553 美元，只有 1% 的美国人收入大于这个值。反过来说，如果你是前 1%，那么你的年收入就大于 506 553 美元，祝贺你！但如果你的收入处于中间位置，那么第 50 个百分位数就是这样一个点，即一半美国人的收入小于这个值，另一半美国人的收入大于这个值，这也就是中位数的定义。第 50 个百分位数和中位数是等价的，在数据集中是 42 327 美元。所以，如果你在美国每年赚 42 327 美元，那么在这个国家里，你的收入就是中位数。

从上图中可以发现收入分布的问题。收入过于向高端集中，这是这个国家现在非常严重的一个问题。我们发现了这个问题，但它不是本书要讨论的内容。以上就是百分位数的简介。

1. 四分位数

在一个分布中，常用的百分位数又称四分位数。我们使用正态分布来更好地理解这个概念。

下面这个例子展示了正态分布中的百分位数。

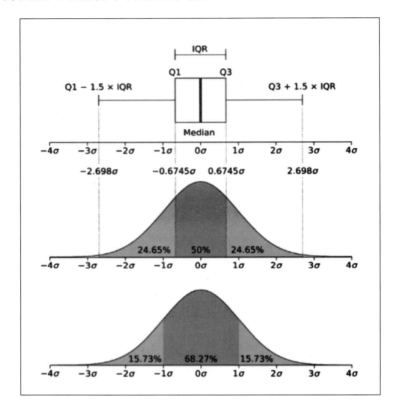

在上图的正态分布中可以看见四分位数。第一个四分位数（Q1）和第三个四分位数（Q3）之间包含的点正好是 50% 的数据点，所以中位数左侧有 25% 的数据点，右侧也有 25% 的数据点。

本例中的中位数恰好与均值非常接近。例如，四分位距（InterQuartile Range，IQR）就是分布中间包含 50% 数据的那块面积。

图中最上面的部分是一个箱线图。先不要关注矩形边缘以外的部分，那些比较令人迷惑，稍后我们会详细解释。尽管图中标有第一四分位数（Q1）和第三四分位数（Q3），但它们也不真正代表 25% 的数据，别太在意这个。重要的是中间的四分位数代表 25% 的分布数据。

2. 在 Python 中计算百分位数

再看几个 Python 中百分位数的例子，以便更好地理解这个概念。如果你想跟着我练习，请打开 Percentiles.ipynb 文件。

先生成一些随机分布的正态数据或服从正态分布的随机数据，代码如下：

```
%matplotlib inline
import numpy as np
import matplotlib.pyplot as plt

vals = np.random.normal(0, 0.5, 10000)

plt.hist(vals, 50)
plt.show()
```

这个例子中生成的数据均值为 0，标准差为 0.5，数据点数量为 10 000 个。然后，绘制出直方图。

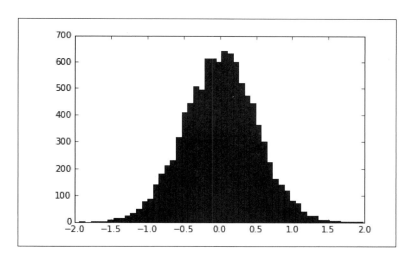

直方图非常像正态分布，但因为数据是随机的，所以在-2 个标准差附近有几个离群点。数据在均值附近有一点倾斜，这一点随机变动使得事情更加有趣了。

NumPy 提供了一个非常方便的百分位数函数，可以计算分布中百分位数的值。我们已经使用 np.random.normal 函数创建了一个列表 vals，调用 np.percentile 函数就可以找出第 50 个百分位数的值，代码如下：

```
np.percentile(vals, 50)
```

上述代码的输出如下：

```
0.0053397035195310248
```

输出结果是 0.005，请记住，第 50 个百分位数就是中位数，这份数据中的中位数非常接近于 0。在上面的图中，你可以看出数据有一点点右偏，所以这个结果毫不意外。

下面再计算第 90 个百分位数，90%的数据都小于这个值。使用以下代码，可以非常容易地完成这个操作：

```
np.percentile(vals, 90)
```

上述代码的输出如下：

```
Out[4]: 0.64099069837340827
```

数据的第 90 个百分位数是 0.64，数据中 90%的点都小于这个值。我们可以相信，10%的数据大于 0.64，90%的数据小于 0.65。

再计算一下第 20 个百分位数的值，数据中 20%的值会小于它。只要对代码稍做改动：

```
np.percentile(vals, 20)
```

上述代码的输出如下：

```
Out[5]:-0.41810340026619164
```

第 20 个百分位数大约是-0.4，也就是说 20%的数据在-0.4 的左侧，反之，80%的数据在-0.4 的右侧。

如果你想找出数据集中的断点，那么使用百分位数函数可以很容易地找到它们。如果数据集表示的是收入分布，那么可以使用 np.percentile(vals, 99) 来找出第 99 个百分位数，这样就找出了那些收入在前 1%的人，希望你是其中的一个。

好的，现在就开始动手练习吧。我希望你使用数据进行各种练习，这个 IPython Notebook 文件就是供你练习的。例如，可以使用各种不同的标准差，看看它对数据的形状和百分位数的值有什么影响，也可以先使用比较小的数据集，然后加入一些随机变动。你可以随意试验，看看到底能写出什么代码，实现什么功能。

2.7.2 矩

接下来讨论矩。矩听上去是个很高深的数学名词，但理解它并不需要多高深的数学知识，它比听起来要简单得多。

搞统计学和数据科学的人经常使用一些听起来很高深的名词来故弄玄虚，但实际上这些名词很好理解，矩就是这样一个名词，本书中还有很多这样的名词。

基本上，矩就是用在概率密度函数中描述数据分布形状的一个指标参数，它有一个非常棒的数学定义：

$$\mu_n = \int_{-\infty}^{\infty} (x-c)^n f(x)\mathrm{d}x \quad （值 c 附近的 n 阶矩）$$

如果你精通微积分，那么这个概念非常简单。我们先对一个差值的 n（即矩的值）次方进行微分，再从负无穷到正无穷对整个函数进行积分。这是一个非常简单的微积分公式。

 矩可以定义为描述概率密度函数形状的数量指标。

具体说明如下。

(1) 一阶矩就是数据的均值，非常简单。

(2) 二阶矩是方差，数据的二阶矩和方差是一样的。这有一点难以理解，需要数学推导。但仔细想一下，方差是基于数据与均值的差的平方计算的，所以从数学角度来说，方差与均值是相关的。这样理解起来就不那么困难了，是不是？

(3) 三阶矩和四阶矩就更复杂了，但仍是能够理解的概念。三阶矩是偏度，它用来描述一个分布的倾斜程度。

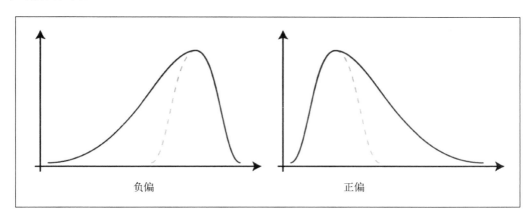

负偏   正偏

❏ 从上面两张图可以看出，如果长尾在左侧，数据就是负偏，如果长尾在右侧，数据就是正偏。虚线展示了没有偏斜的正态分布的形状，虚线偏向左侧，就造成了负偏，相反，就造成了正偏。这就是偏度的解释。偏度是由某一侧的长尾形成的，它表示数据分布的倾斜程度。

(4) 四阶矩是峰度。哇，多么美妙的一个名词！它表示分布尾部的肥厚程度和顶部的尖锐程度。所以，这也是一个表示数据分布形状的指标。下面是一个例子。

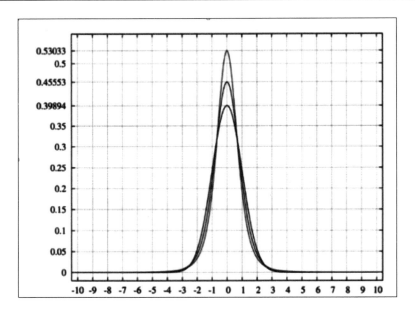

❑ 如图所示，更高的顶部具有更高的峰度值。最高的曲线比最低的曲线的峰度高。这种区别比较微妙，但确实存在。它主要表示数据的顶部有多尖锐。

再全部复习一下：一阶矩是均值，二阶矩是方差，三阶矩是偏度，四阶矩是峰度。我们已经知道了什么是均值和方差。偏度表示数据的偏斜程度，即数据的尾部偏向哪一侧。峰度表示数据分布有多尖锐，即从两侧向中间被挤压的程度。

在 Python 中计算矩

下面来看一下如何在 Python 中计算这些矩。请打开 Moments.ipynb 文件，跟我一起练习。

还是先创建一个服从正态分布的随机数据，均值为 0，标准差为 0.5，数据点数量为 10 000，然后将其绘制出来：

```
import numpy as np
import matplotlib.pyplot as plt

vals = np.random.normal(0, 0.5, 10000)

plt.hist(vals, 50)
plt.show()
```

于是我们得到了一份随机生成的均值为 0 的服从正态分布的数据。

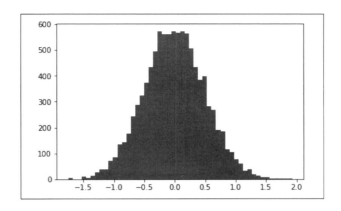

下面计算均值和方差。前面已经介绍过，NumPy 中的 mean 函数和 var 函数可以完成这个任务。所以，调用 np.mean 来计算一阶矩，也就是均值，代码如下：

```
np.mean(vals)
```

上述代码的输出如下：

```
Out [2]:-0.0012769999428169742
```

结果与 0 非常接近，正如我们所料，因为生成数据的正态分布均值就是 0，所以均值就应该是这样的。

下面计算二阶矩，也就是方差。和前面一样，代码如下：

```
np.var(vals)
```

上述代码的输出如下：

```
Out[3]:0.25221246428323563
```

结果大约是 0.25，也在我们的意料之中。标准差是方差的平方根。算一下 0.25 的平方根，就是 0.5，正是在生成数据时设定的标准差。

三阶矩是偏度，要计算这个指标需要使用 SciPy 包，而不是 NumPy。在很多科学计算包中，都有这个扩展包，比如 Enthought Canopy 或 Anaconda。如果你导入了 SciPy，那么函数调用非常简单：

```
import scipy.stats as sp
sp.skew(vals)
```

上述代码的输出如下：

```
Out[4]: 0.020055795996111746
```

对 vals 列表调用函数 sp.skew，就可以求出峰度值。因为这个值非常接近于 0，所以数据应该是 0 偏的。如果加入一些随机变动，数据会变得略微左偏。实际上，在图中的表现就是形状有些抖动，就像是向负方向拉扯了一下。

四阶矩是峰度，描述了数据尾部的形状。对于正态分布，峰度也大约是 0。SciPy 还提供了另一个简单的函数：

```
sp.kurtosis(vals)
```

上述代码的输出如下：

```
Out [5]:0.059954502386585506
```

实际结果也确实接近于 0。峰度揭示了数据分布互相联系的两个特征：尾部的形状以及顶部的尖锐程度。如果将分布的尾部压得更扁，就会使得顶部更加尖锐。同样，如果将分布的顶部压下去一些，就会使尾部更加肥大，顶部更加平坦。这就是峰度的作用。在这个例子中，峰度接近于 0，因为数据服从正态分布。

如果你想多做一些试验，就去做吧。试着修改一下数据分布，让它的均值不为 0，看看会发生什么变化。有变化吗？确实没有。因为这些指标是描述分布的形状的，与分布的位置其实没有多大关系。它们是形状参数，这就是矩的意义。实际动手操作一下，试试不同的中心值或不同的标准差，看看它们对这些数值有什么影响。实际上偏度和峰度不会改变。当然，均值会改变，因为你改变了均值的值，但是方差和偏度可不会发生变化。试试吧，看看是不是这样。

以上就是对百分位数和矩的介绍。百分位数非常简单，矩听起来有点难，但实际上也很好理解，在 Python 中也很容易计算。如果你都懂了，那我们继续。

2.8　小结

本章介绍了几种常见的数据类型（数值型数据、分类数据和定序数据），以及如何确定数据类型并根据不同数据类型进行不同的处理。还简单介绍了均值、中位数和众数这几个统计学概念，并说明了在中位数和均值之间进行选择的重要性。通常，由于离群点的存在，中位数是比均值更好的选择。

接下来分析了在 IPython Notebook 文件中如何使用 Python 计算均值、中位数和众数。本章深入学习了标准差和方差的概念以及在 Python 中的计算方法，它们是测量数据分布的分散程度的指标。本章还介绍了使用概率密度函数和概率质量函数来表示和测量一个给定范围的值在数据集中出现的实际概率的方法。

本章简单介绍了几种类型的数据分布（均匀分布、正态分布或高斯分布、指数概率分布、二项式概率质量函数、泊松概率质量函数），以及在 Python 中对其进行可视化的方法。此外还分析了百分位数和矩的概念，并介绍了使用 Python 计算它们的值的方法。

下一章将更加详细地介绍 matplotlib 库，还会讨论协方差和相关性这些更加高级的话题。

第 3 章　Matplotlib 与概率高级概念

在上一章中，我们学习了一些统计和概率中的简单概念，本章将重点介绍本书中你需要熟悉的一些高级主题。别担心，它们并不是太复杂。首先，我们来点有意思的，介绍一下 `matplotlib` 库的强大绘图功能。

本章将介绍以下内容：

- 使用 `matplotlib` 包绘制图形；
- 了解协方差和相关系数，确定数据之间的关系；
- 通过实例了解条件概率；
- 了解贝叶斯定理及其重要性。

3.1　Matplotlib 快速学习

你的数据只有能为他人所用才有意义。所以，本节要讨论一下将数据绘制成图形的方法，以及如何将数据呈现给他人，并使你的图形尽量美观。我们将更加详细地介绍 Matplotlib，并说明它的作用。

本节会展示几种使图形更加美观的技巧，以使你更好地使用图形。在工作中使用美观的图形是非常好的一种方式。图形是一种可视化方式，你可以使用各种图形对不同类型的数据进行可视化。我们可以使用不同的颜色、线型、坐标轴，等等。图形和数据可视化不仅可以在数据中发现有趣模式，还是将你的成果展示给非技术人员的一种重要方法。闲话少说，下面开始学习 Matplotlib。

打开 MatPlotLib.ipynb 文件，我们可以一起练习。先从一个非常简单的图形开始。

```
%matplotlib inline

from scipy.stats import norm
import matplotlib.pyplot as plt
import numpy as np
```

```
x = np.arange(-3, 3, 0.001)

plt.plot(x, norm.pdf(x))
plt.show()
```

这个例子中将 Matplotlib.pyplot 导入为 plt，此后就可以使用 plt 来代替这个包了。然后使用 np.arange(-3, 3, 0.001) 生成 x 轴上的值，范围从 -3 到 3，增量为 0.001，并使用 pyplot 包中的 plot() 函数绘制出 x，y 轴上的值为 norm.pdf(x)。所以，我们基于 x 的值创建了一个正态分布的概率密度函数，这个操作要用到 scipy.stats norm 包。

回忆一下上一章中的概率密度函数，现在我们要使用 matplotlib 绘制出正态分布的概率密度函数。调用 pyplot 包的 plot() 函数可以创建图形，然后使用 plt.show() 可以显示出图形。运行上面的代码，就可以得到以下结果。

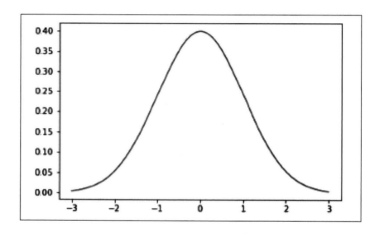

这就是使用默认设置得到的一张既简单又美观的图形。

3.1.1　在一张图形上进行多次绘图

如果想同时绘制多个图形，那么可以先多次调用 plot 函数，然后再调用 show 函数，这样就可以在图中添加多个图形了。来看下面的代码：

```
plt.plot(x, norm.pdf(x))
plt.plot(x, norm.pdf(x, 1.0, 0.5))
plt.show()
```

这个例子中调用了初始的整体分布函数，但我们还想添加另外一个正态分布，它的均值是 1.0，标准差是 0.5。然后，将它们同时显示出来，以便进行彼此之间的比较。

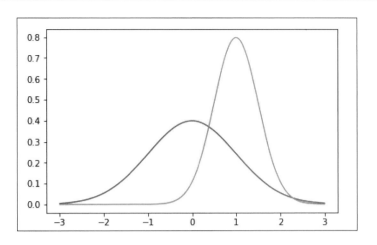

可以看到，在默认情况下，`matplotlib` 可以自动为每种图形选择不同的颜色，这非常方便。

3.1.2 将图形保存为文件

如果想把图形保存为文件，以便在文档中使用，那么可以使用如下代码：

```
plt.plot(x, norm.pdf(x))
plt.plot(x, norm.pdf(x, 1.0, 0.5))
plt.savefig('C:\\Users\\Frank\\MyPlot.png', format='png')
```

这时不调用 `plt.show()`，而是使用 `plt.savefig()` 函数，还要指定保存文件的路径和文件类型。

在使用这段代码时，因为你的计算机上可能没有 Users\Frank 这个文件夹，所以需要将路径修改为计算机上的实际路径。还要注意的是，如果你使用的是 Linux 或 macOS 操作系统，那么就不应该使用反斜杠，而应该使用正斜杠，而且不需要驱动器盘符。在本书所有 Python Notebook 中，只要见到这样的路径，就要将其修改为符合你的操作系统格式的实际路径。我使用的是 Windows，计算机上也确实有 Users\Frank 这个文件夹，所以我可以运行上面的代码。如果检查一下 Users\Frank 文件夹下面的文件，就会看到 MyPlot.png 文件，可以打开它，或者在任意文档中使用它。

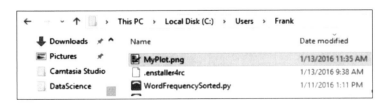

棒极了。根据你的设置，另一个需要注意的问题是，在你保存文件时可能会遇到权限问题。

你需要将文件保存在有权限的目录中。在 Windows 中，你的 Users\Name 文件夹一般是没问题的。好了，我们继续。

3.1.3　调整坐标轴

你或许不喜欢上个图中的坐标轴设置。这是默认设置，它自动适合坐标轴上所取的最大值。这种设置在大多数情况下是很好的，但有些时候，你会希望精确地控制坐标轴上的坐标。来看下面的代码：

```
axes = plt.axes()
axes.set_xlim([-5, 5])
axes.set_ylim([0, 1.0])
axes.set_xticks([-5, -4, -3, -2, -1, 0, 1, 2, 3, 4, 5])
axes.set_yticks([0, 0.1, 0.2, 0.3, 0.4, 0.5, 0.6, 0.7, 0.8, 0.9, 1.0])
plt.plot(x, norm.pdf(x))
plt.plot(x, norm.pdf(x, 1.0, 0.5))
plt.show()
```

在这个例子中，我们首先使用 plt.axes 获取坐标轴。获取了坐标轴对象之后，就可以对其进行调整了。调用 set_xlim，将 x 轴的范围设定为从–5 到 5，调用 set_ylim，将 y 轴的范围设定为从 0 到 1。在下面的输出结果中你可以看到，x 轴的取值范围变成了–5 到 5，y 轴的取值范围变成了 0 到 1。还可以精确地控制坐标轴上的刻度，在上面的代码中，我们使用 set_xticks() 和 set_yticks() 函数将 x 轴的刻度设定为–5、–4、–3 等，将 y 轴的刻度设定为从 0 到 1，增量为 0.1。尽管可以使用 arange 函数来更加简便地设定坐标轴刻度，但这么做的意义是你可以精确地控制使用哪些坐标轴刻度，甚至可以跳过一些刻度，还可以控制刻度的间隔或者刻度的分布。除此之外，两种方法的作用是一样的。

调整好坐标轴之后，可以调用 plot() 函数进行绘图，并调用 show() 函数将图形显示出来。结果如下。

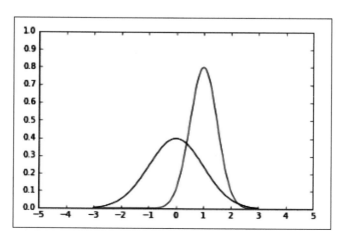

3.1.4 添加网格

怎样在图中添加网格线呢？同样，先使用 `plt.axes()` 获取坐标轴对象，然后对 `axes` 调用 `grid()` 函数即可。

```
axes = plt.axes()
axes.set_xlim([-5, 5])
axes.set_ylim([0, 1.0])
axes.set_xticks([-5, -4, -3, -2, -1, 0, 1, 2, 3, 4, 5])
axes.set_yticks([0, 0.1, 0.2, 0.3, 0.4, 0.5, 0.6, 0.7, 0.8, 0.9, 1.0])
axes.grid()
plt.plot(x, norm.pdf(x))
plt.plot(x, norm.pdf(x, 1.0, 0.5))
plt.show()
```

运行上面的代码就可以添加美观的网格线，尽管它使图形变得有些杂乱，但可以使我们更容易查看特定的点。你可以按照自己的意愿决定是否添加网格线。

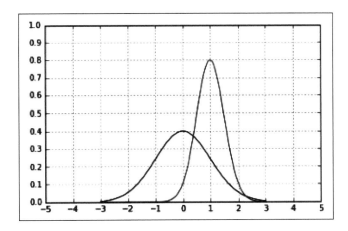

3.1.5 修改线型和颜色

如果想改变线型和颜色，那么可以使用以下代码。

```
axes = plt.axes()
axes.set_xlim([-5, 5])
axes.set_ylim([0, 1.0])
axes.set_xticks([-5, -4, -3, -2, -1, 0, 1, 2, 3, 4, 5])
axes.set_yticks([0, 0.1, 0.2, 0.3, 0.4, 0.5, 0.6, 0.7, 0.8, 0.9, 1.0])
axes.grid()
plt.plot(x, norm.pdf(x), 'b-')
plt.plot(x, norm.pdf(x, 1.0, 0.5), 'r:')
plt.show()
```

在上面的代码中，`plot()` 函数使用了另外一个参数，这个参数是一个短字符串，用来描述线型。在第一个 plot() 函数中，b-表示使用一条蓝色实线，b 表示蓝色，短划线表示实线。在第二个 plot() 函数中，r 表示红色，冒号表示虚线，所以是一条红色虚线。

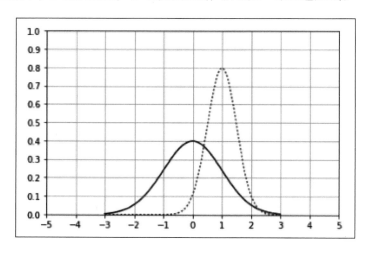

你还可以试试各种不同的线型，比如使用双短划线（--）。

```
axes = plt.axes()
axes.set_xlim([-5, 5])
axes.set_ylim([0, 1.0])
axes.set_xticks([-5, -4, -3, -2, -1, 0, 1, 2, 3, 4, 5])
axes.set_yticks([0, 0.1, 0.2, 0.3, 0.4, 0.5, 0.6, 0.7, 0.8, 0.9, 1.0])
axes.grid()
plt.plot(x, norm.pdf(x), 'b-')
plt.plot(x, norm.pdf(x, 1.0, 0.5), 'r--')
plt.show()
```

上述代码会绘制出一条由短划线组成的红色虚线，如下图所示。

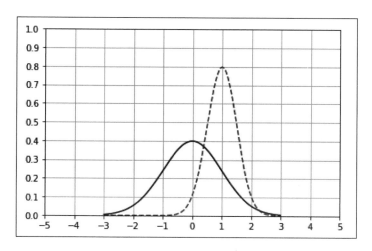

还可以使用短划线和点的组合（ -. ）。

```
axes = plt.axes()
axes.set_xlim([-5, 5])
axes.set_ylim([0, 1.0])
axes.set_xticks([-5, -4, -3, -2, -1, 0, 1, 2, 3, 4, 5])
axes.set_yticks([0, 0.1, 0.2, 0.3, 0.4, 0.5, 0.6, 0.7, 0.8, 0.9, 1.0])
axes.grid()
plt.plot(x, norm.pdf(x), 'b-')
plt.plot(x, norm.pdf(x, 1.0, 0.5), 'r-.')
plt.show()
```

生成的图形如下。

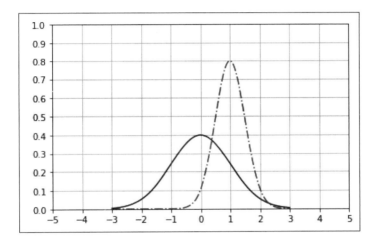

所以，我们有多种不同的选择，甚至可以使用绿色竖斜线。

```
axes = plt.axes()
axes.set_xlim([-5, 5])
axes.set_ylim([0, 1.0])
axes.set_xticks([-5, -4, -3, -2, -1, 0, 1, 2, 3, 4, 5])
axes.set_yticks([0, 0.1, 0.2, 0.3, 0.4, 0.5, 0.6, 0.7, 0.8, 0.9, 1.0])
axes.grid()
plt.plot(x, norm.pdf(x), 'b-')
plt.plot(x, norm.pdf(x, 1.0, 0.5), ' g:')
plt.show()
```

结果如下。

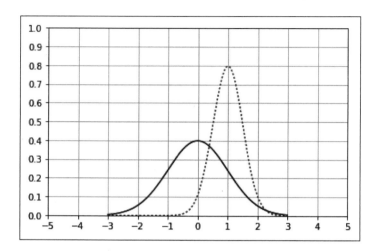

你可以尽情试验各种不同的值，看看各种不同的线型。

3.1.6   标记坐标轴并添加图例

你需要标记坐标轴，并坚决不要呈现空白数据，一定要告诉人们数据代表了什么。要标记坐标轴，可以使用 `plt` 的 `xlabel()` 和 `ylabel()` 函数在坐标轴上添加标签。我们将 x 轴标记为 Greebles，将 y 轴标记为 Probability。你还可以添加图例，通常，图例也是为了说明数据，但它的作用更加明显。在下面的代码中，我们也添加了一个图例：

```
axes = plt.axes()
axes.set_xlim([-5, 5])
axes.set_ylim([0, 1.0])
axes.set_xticks([-5, -4, -3, -2, -1, 0, 1, 2, 3, 4, 5])
axes.set_yticks([0, 0.1, 0.2, 0.3, 0.4, 0.5, 0.6, 0.7, 0.8, 0.9, 1.0])
axes.grid()
plt.xlabel('Greebles')
plt.ylabel('Probability')
plt.plot(x, norm.pdf(x), 'b-')
plt.plot(x, norm.pdf(x, 1.0, 0.5), 'r:')
plt.legend(['Sneetches', 'Gacks'], loc=4)
plt.show()
```

图例中的主要内容是每种图形的形状以及相应的名称。图中第一条曲线的名称为 Sneetches，第二条曲线的名称为 Gacks，`loc` 参数表示图例的位置，4 表示右下角。运行上面的代码，可以得到如下结果。

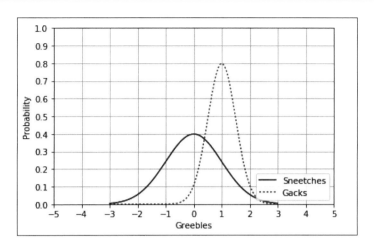

这样，我们就为 Sneetches 和 Gacks 绘制出了 Greebles 和 Probability 的关系图，并请苏斯博士做了图例说明。[①]这就是标记坐标轴和图例的方法。

3.1.7 一个有趣的例子

下面来看一个有趣的例子。如果你知道一个名为 XKCD 的网络漫画，那么使用 Matplotlib 也能绘制出 XKCD 风格的图形，这是 Matplotlib 中的一个复活节彩蛋。下面的代码可以告诉你如何绘制出这种图形。

```
plt.xkcd()

fig = plt.figure()
ax = fig.add_subplot(1, 1, 1)
ax.spines['right'].set_color('none')
ax.spines['top'].set_color('none')
plt.xticks([])
plt.yticks([])
ax.set_ylim([-30, 10])

data = np.ones(100)
data[70:] -= np.arange(30)

plt.annotate(
    'THE DAY I REALIZED\nI COULD COOK BACON\nWHENEVER I WANTED',
    xy=(70, 1), arrowprops=dict(arrowstyle='->'), xytext=(15, -10))

plt.plot(data)

plt.xlabel('time')
plt.ylabel('my overall health')
```

---

① 苏斯博士是美国著名儿童作家，Sneetches 和 Gacks 都是他的作品中的角色。——译者注

这个例子中首先调用 `plt.xkcd()`，将 Matplotlib 设置为 XKCD 模式。在此之后，图形中的字体就自动变成了漫画字体，直线也变得弯弯曲曲的。这个简单的例子展示了你的健康和时间之间的一种非常有趣的关系，即一旦你意识到自己可以随时随地地烹调腊肉，那你的健康情况就会急转直下。我们只需使用 `xkcd()` 方法设置 Matplotlib 的状态，就可以得到下面的结果。

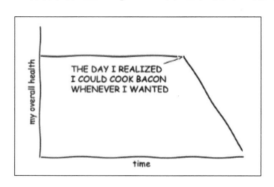

生成这张图形的 Python 代码非常有意思。首先，我们生成共有 100 个数据点，每个点的值都是 1 的一组数据线。然后，使用 Python 切片函数获得后 30 个数据点，并用这 30 个数据点减去一个数组，数组的值从 0 到 30。这样做的效果就是，从第 70 个点之后，每个点的值都线性地减少。绘制成图形后，水平直线从第 70 个点之后，就会一直向下。

这个例子还可以练习 Python 的列表切片操作，也是使用 arange 函数修改数据的一个创造性应用。

3.1.8   生成饼图

现在，我们回到现实世界，调用 `rcdefaults()` 函数，可以使 Matplotlib 回到正常状态。

如果想生成饼图，只需调用 `plt.pie` 函数，并且设定好数值、颜色、标记这些参数数组，以及是否凸出显示和凸出的程度。下面是示例代码：

```
# 取消 XKCD 模式:
plt.rcdefaults()

values = [12, 55, 4, 32, 14]
colors = ['r', 'g', 'b', 'c', 'm']
explode = [0, 0, 0.2, 0, 0]
labels = ['India', 'United States', 'Russia', 'China', 'Europe']
plt.pie(values, colors= colors, labels=labels, explode = explode)
plt.title('Student Locations')
plt.show()
```

这个例子中使用数值 12、55、4、32 和 14 创建了一张饼图。我们明确地为这些数值对应的部分指定了颜色和标记。对于 Russia，用凸出程度为 20% 的部分进行表示。图形的标题为 Student

Locations。输出的图形如下。

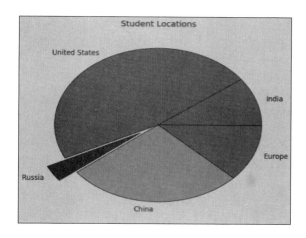

这就是饼图的生成方法。

3.1.9　生成条形图

条形图的生成方法也非常简单，和生成饼图的思路基本一样。来看下面的代码：

```
values = [12, 55, 4, 32, 14]
colors = ['r', 'g', 'b', 'c', 'm']
plt.bar(range(0,5), values, color= colors)
plt.show()
```

我们首先定义一个数值数组和一个颜色数组，然后绘制数据。上面代码绘制的图形范围是从 0 到 5，y 值来自于 values 数组，并使用 colors 数组中的值来明确指定颜色。运行上面的代码，就可以显示出下面的条形图。

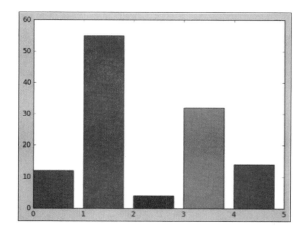

3.1.10　生成散点图

本书中会经常使用散点图。对于同一组人或物，如果有很多不同属性需要绘制出来，就可以使用散点图。例如，如果想绘制出每个人的年龄与收入的关系，可以使用散点图来表示，图中的每个点表示每个人，坐标轴表示人的不同属性。

绘制散点图的方法是使用 `plt.scatter()` 函数，两个坐标轴分别定义为你要绘制出彼此关系的两个属性。

假设 X 和 Y 都是随机分布的值，我们可以使用散点图将它们绘制出来，代码如下：

```
from pylab import randn

X = randn(500)
Y = randn(500)
plt.scatter(X,Y)
plt.show()
```

生成的散点图如下。

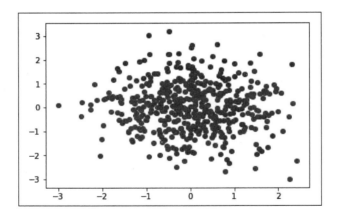

看上去很棒吧。从图中可以看出，数据有向中心集中的趋势，因为两个坐标轴上使用的都是正态分布。由于数据是随机的，因此 X 和 Y 之间没有相关性。

3.1.11　生成直方图

下面回忆一下如何生成直方图。在本书中，直方图已经出现多次了。来看下面的代码：

```
incomes = np.random.normal(27000, 15000, 10000)
plt.hist(incomes, 50)
plt.show()
```

这个例子中首先使用一个均值为 27 000、标准差为 15 000 的正态分布生成 10 000 个数据点。

然后，调用 pyplot 的直方图函数 hist()，并指定了在直方图中数据分组的数量。最后，调用 show()函数显示出图形。

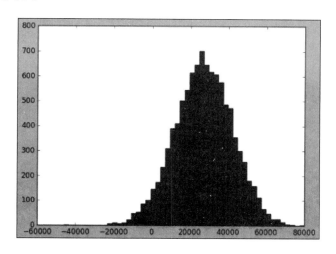

3.1.12　生成箱线图

最后看一下箱线图。回忆一下，在前面讲到百分位数的时候，我们曾简单提到过箱线图。

在箱线图中，箱子表示第一四分位数和第三四分位数之间的数据，50%的数据都落在这个范围内。相反，在箱子的两侧，各有 25%的数据，两条须（例图中的虚线）表示除离群点之外的数据范围。

在箱线图中，离群点是指那些在 1.5 倍四分位距（即箱子的宽度）之外的点。将箱子的宽度乘以 1.5，就是用虚线表示的须的两端最大延伸范围，我们称其为外四分位数。任何位于外四分位数之外的点都被认为是离群点，即那些外四分位数之外的线表示的点。基于箱线图的定义，可以定义离群点。

关于箱线图，应该记住以下几点：

❑ 它可以用来对数据的分散度和偏度进行可视化；
❑ 箱子中间的线表示数据的中位数，箱子表示第一四分位数和第三四分位数之间的范围；
❑ 一半的数据位于箱体内；
❑ "须"表示除离群点之外的数据范围，离群点被绘制在须的外部；
❑ 离群点是那些大于 1.5 倍四分位距的值。

下面通过一个虚构的数据集，给出一个箱线图的例子。这个例子先创建一份在–40 和 60 之间均匀分布的随机数据，然后添加几个大于 100 和小于–100 的离群点：

```
uniformSkewed = np.random.rand(100) * 100 - 40
high_outliers = np.random.rand(10) * 50 + 100
low_outliers = np.random.rand(10) * -50 - 100
data = np.concatenate((uniformSkewed, high_outliers, low_outliers))
plt.boxplot(data)
plt.show()
```

上面代码首先生成了一份服从均匀分布的数据（`uniformSkewed`）。然后在数据高端添加了几个离群点（`high_outliers`），在数据低端也添加了几个负的离群点（`low_outliers`）。接下来，使用 NumPy 将这几个列表连接在一起，形成一个完整的数据集。最后，使用 `plt.boxplot()` 绘制出这个组合数据集，并调用 `show()` 函数显示出图形。

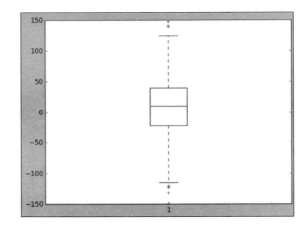

图中的箱子表示 50% 的数据落入其中，上下两端的小十字（你的图中可能是小圆圈）表示离群点。

3.1.13　自己动手

好的，以上就是 Matplotlib 的快速教程。现在该你亲自动手做些实际练习了。

作为练习，我希望你创建一张散点图，表示出你虚构出来的年龄数据和看电视时间数据之间的关系。你也可以创建其他类型的图。如果你有不同的数据，那么也完全可以使用。创建一张散点图，表示出两种随机数据之间的关系，并标记坐标轴，使图形尽量美观。你需要的所有参考和示例都包括在本章的 IPython Notebook 中，它就像一份快速指南。对于不同的数据，你应该使用不同类型和不同风格的图形。我希望上面的内容对你有用。下面，我们回到对统计学的复习。

3.2　协方差与相关系数

下面讨论协方差与相关系数。假设我们有两个不同的属性，如果你想知道它们彼此之间是否

相关，那么本节可以提供判断两个属性是否相关的数学工具，并给出一些实例，介绍如何使用
Python 来计算协方差和相关系数。协方差和相关系数就是用来测量数据中不同属性是否相关的方
法，它们非常重要。

3.2.1 概念定义

假设我们有一张散点图，图中每个数据点都代表一个人，x 坐标轴表示他的年龄，y 坐标轴
表示他的收入。数据都是虚构的。

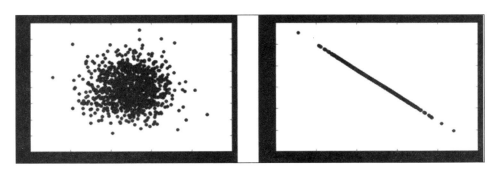

如果散点图如左图所示，那么你可以看到，数据分布在图中各处，说明在这份数据中年龄和
收入之间没有什么真正的关系。给定任何一个年龄，收入的变化范围都非常大。尽管数据有集中
到中心的趋势，但我们找不到二者之间非常明确的关系。相反，在右侧的散点图中，你可以看到
年龄和收入之间存在着明确的线性关系。

所以，协方差和相关系数为我们提供了一种衡量事物之间联系紧密程度的手段。在左侧的散
点图中，数据的相关系数和协方差都非常小，而在右侧的散点图中，数据的相关系数和协方差都
非常大。这就是协方差和相关系数的概念，它表示测量的两个属性之间彼此依赖的程度。

测量协方差

用数学方法测量协方差有点难度，我会尽量解释一下。步骤如下：

❑ 将两个变量数据集看作高维向量；
❑ 将这两个向量转换为表示与均值之间差异的向量；
❑ 计算出两个向量的点积（向量夹角的余弦）；
❑ 除以样本大小。

更重要的是理解协方差的使用方法和意义。要计算出协方差，可以先将数据属性看作高维向
量，然后计算出每个属性与均值之间的差异，这样，我们就有了对应于不同维度的高维向量。

这种高维空间中的一个向量代表一个属性的差异，比如年龄的差异；另一个向量则代表另外

一个属性的差异, 比如收入的差异。对于代表不同属性差异的两个向量, 可以计算出它们的点积。从数学角度来说, 这就是计算两个高维向量之间夹角的方法。如果两个向量非常接近, 就说明这两个属性的差异相差不大。将最后的点积除以样本大小, 就可以得到协方差。

现在你不需要自己动手去计算协方差, 使用 Python 可以很容易地计算出来, 但是, 你需要从概念上理解它是怎么计算出来的。

协方差的问题是它难以进行解释。如果协方差接近于 0, 就说明两个变量之间没有什么相关性, 但是如果协方差非常大, 则意味着变量之间是相关的。那么多大才算大呢? 根据我们使用的单位, 可能有多种不同的方法来解释数据。这就是相关系数要解决的问题了。

3.2.2　相关系数

相关系数通过每个属性的标准差实现了归一化 (就是用协方差除以两个变量的标准差, 实现归一化)。通过归一化, 我们可以明确地说, 相关系数为–1 表示完全负相关, 即当一个属性的值增加时, 另一个属性的值减少, 反之亦然。相关系数为 0 表示两组属性没有相关性。相关系数为 1 表示完全相关, 即两个属性在不同数据点之间按照完全一样的方式进行变化。

请记住, 相关性并不意味着因果关系。仅凭两个属性之间的高度相关不能表明一个属性是引起另一个属性的原因, 它只能表明二者之间具有联系, 而这种联系完全可能是由于另外的原因导致的。能真正确定因果关系的唯一方法是通过受控实验, 后面的内容中将对其进行讨论。

3.2.3　在 Python 中计算协方差和相关系数

下面来使用实际的 Python 代码计算协方差和相关系数。从概念上来说, 计算协方差就是先找出表示每个属性的差异的高维向量, 再计算出两个向量的夹角。计算协方差的数学方法要比听起来简单得多。我们讨论高维向量, 听起来好像是在说斯蒂芬·霍金研究的东西, 但从数学角度来看其非常简单直接。

1. 计算相关系数——基本方法

先从计算相关系数的基本方法开始。NumPy 确实提供了计算相关系数的方法, 稍后将会讲到, 现在, 我们还是先学习一下基本的计算方法:

```
%matplotlib inline

import numpy as np
from pylab import *

def de_mean(x):
    xmean = mean(x)
```

```
    return [xi - xmean for xi in x]

def covariance(x, y):
    n = len(x)
    return dot(de_mean(x), de_mean(y)) / (n-1)
```

再说一遍，协方差是两个向量的点积，是测量两个向量之间夹角的一种方式，这两个向量表示的都是与均值之间的差异。计算完点积之后，再除以 $n-1$，因为这个例子处理的是样本数据。

所以，计算与均值之间差异的函数 de_mean() 处理的是一组数据，x 实际上是一个列表，函数先计算出这组数据的均值。在 return 语句中，我们使用了一些 Python 语言小技巧。这行代码的意义是，要创建一个新列表，依次处理 x 中的每个元素，xi 表示的就是 x 中的元素，返回的就是所有数据点与均值 xmean 之间的差异。这个函数返回一个新数据列表，表示每个数据点与均值之间的差异。

函数 covariance() 计算两组输入数据的协方差，它除以的数是数据点数减 1。回忆一下前面内容中提到的样本与总体的差别，这里就是一个体现。接下来可以使用这些函数了。

把这个示例扩展一下，构造一些数据来表示页面显示速度和人们消费金额之间的关系。例如，在亚马逊公司，他们就非常关心页面显示速度和人们消费金额之间的关系。二者之间是否存在真正的联系，这就是你要去弄清楚的。对于页面显示速度和消费金额，我们都使用正态分布来生成一些随机数据。因为数据是随机的，所以二者之间不会存在真正的相关性。

```
pageSpeeds = np.random.normal(3.0, 1.0, 1000)
purchaseAmount = np.random.normal(50.0, 10.0, 1000)

scatter(pageSpeeds, purchaseAmount)

covariance (pageSpeeds, purchaseAmount)
```

使用散点图来检查一下这些数据。

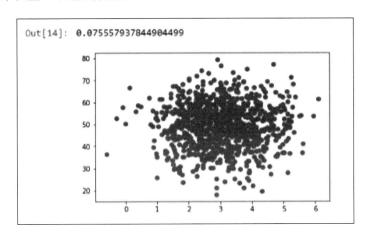

可以看出，数据有向中间聚集的趋势，因为两个属性都服从正态分布，但二者之间没有真正的联系。对于任意给定的页面载入速度，消费金额的范围都非常大。反之，给定消费金额，页面载入速度的范围也非常大。这两个属性除了都是随机的和服从正态分布之外，没有什么相关性。如果计算出这两个属性的协方差，肯定是个非常小的值，果然，是–0.07。所以，协方差非常小，接近于 0。这说明二者之间没有真正的联系。

下面来使这个例子更有趣一些，让消费金额是页面载入速度的一个函数。

```
purchaseAmount = np.random.normal(50.0, 10.0, 1000) / pageSpeeds

scatter(pageSpeeds, purchaseAmount)

covariance (pageSpeeds, purchaseAmount)
```

这样，虽然数据还是随机的，但是我们在两组数值之间创建了一种实在的关系。对于一个特定用户，他的页面载入速度和消费金额之间有了实际的联系。如果绘制出数据，可以得到以下结果。

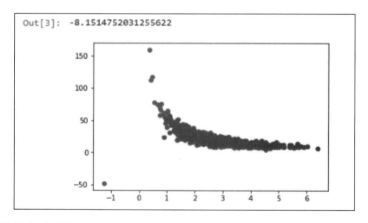

可以看出，数据点确实紧密地分布在一条曲线周围。底部附近的数据有些分散，但这只是随机因素的影响。如果计算出协方差，就会得到一个非常大的值，即–8。数值的大小非常重要，符号的正负表示的是正相关还是负相关。8 这个值比 0 大得多，所以我们发现了一些问题，但还是难以解释 8 具体意味着什么。

这就是引入相关系数的原因，即它通过标准差将协方差进行了归一化。代码如下：

```
def correlation(x, y):
stddevx = x.std()
stddevy = y.std()
return covariance(x,y) / stddevx / stddevy #In real life you'd check for
divide by zero here

correlation(pageSpeeds, purchaseAmount)
```

按照最基本的原则，可以计算出两组属性之间的相关系数。先计算出每组属性的标准差，再计算出二者之间的协方差，然后用协方差除以两个标准差，就可以计算出相关系数的值，而且这个值被归一化到–1 和 1 之间。我们计算出这个值是–0.4，表示两组属性之间存在一定程度的负相关。

```
Out[3]: -0.46775563114087165
```

这不是一条直线，如果是直线的话，相关系数应该为–1，但确实存在相关性。

 相关系数为–1 表示完全负相关，0 表示不存在相关性，1 表示完全正相关。

2. 计算相关系数——使用 NumPy

在 NumPy 中，你可以使用 corrcoef() 函数来计算相关系数。来看下面的代码：

```
np.corrcoef(pageseeds, purchaseAmount)
```

这行代码的输出如下：

```
array([[1.         ,-046728788],
       [-0.46728788], 1.         ])
```

所以，如果你想使用简便的方法计算相关系数，就使用 np.corrcoef(pageSpeeds, purchaseAmount)，它的结果是一个数组，给出了你传入的两组数据的所有组合的相关系数。这个结果可以这样解释：1 表示 pageSpeeds 和 purchaseAmount 都和它们本身完全相关，理应如此。但对于 pageSpeeds 和 purchaseAmount，或者 purchaseAmount 和 pageSpeeds，它们之间的相关系数是–0.4672，这和使用基本方法计算出来的值基本相同。精确地说，两种计算方法的结果之间有些误差，但并不重要。

下面我们构造出一种完美的线性关系来看看完全相关，例子如下：

```
purchaseAmount = 100 - pageSpeeds * 3

scatter(pageSpeeds, purchaseAmount)

correlation (pageSpeeds, purchaseAmount)
```

我们预计相关系数是–1，因为这是一种完全负相关。实际正是这样。

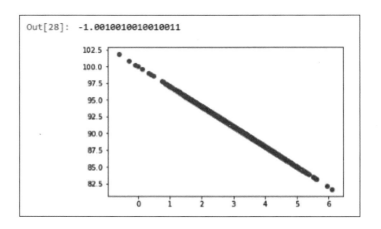

再次提醒一下：相关性不是因果关系。如果页面载入速度快的人消费得更多，可能只是由于他们可以负担更好的网络连接，并不意味着页面载入速度和消费金额之间有着实在的因果关系。但是，二者之间确实有一种有趣的关系，需要你做更多的研究。不经过实验，你不能确定任何因果关系，但相关性可以告诉你实验的方向。

3.2.4 相关系数练习

实际使用一下 `numpy.cov()` 函数，这是使用 NumPy 计算协方差的方法。我们已经知道了使用 `corrcoef()` 函数可以计算相关系数。回过头去，使用 `numpy.cov()` 函数再运行一下这些例子，看看能否得到同样的结果。结果肯定会非常接近，因此，不要再使用那些基本方法了，使用 NumPy 来看看结果是否相同。这些练习的意义在于让你熟悉 NumPy，并将其应用到实际数据上，试试看吧。

这就是协方差与相关系数的理论与实际应用，它们是非常有用的技术，请一定要掌握这节内容。下面我们继续。

3.3 条件概率

下面讨论条件概率。条件概率是个非常简单的概念，它是在其他事情发生的条件下某个事情发生的概率。尽管听起来很简单，但其中有些内容还是很"烧脑"的。去喝杯咖啡，整理一下思绪，准备好学习一些比较难的概念吧。

条件概率是一种测量两个同时发生的事情之间关系的方法。如果想找出一个事件在另一个事件已经发生的情况下发生的概率，就可以使用条件概率。

使用条件概率要解决的问题是：如果两个事件是互相依赖的，那么它们同时发生的概率是多少？

来看一下数学表示。$P(A, B)$表示A和B在彼此独立的情况下同时发生的概率,也就是说,两个事件在不考虑其他因素时同时发生的概率。

$P(B|A)$读作给定A时B的概率。那么在事件A已经发生的情况下,事件B发生的概率到底是多少呢?这和上面的概率有点区别,它们之间的联系如下。

$$P(B \mid A) = \frac{P(A, B)}{P(A)}$$

给定A时B的概率等于A和B同时发生的概率除以A单独发生的概率,这样就得到了与A发生的概率相关的B的概率。

下面会举个例子,将这个概率说得更清楚一点。

假设我们对本书读者进行了两项测试,结果有60%的读者通过了这两项测试。第一项测试比较简单,有80%的读者通过。通过以上信息,可以找出那些通过了第一项测试的读者通过第二项测试的百分比。这就是一个能说明给定A时B的概率和A和B同时发生的概率之间区别的实际例子。

下面用A表示通过第一项测试的概率,用B表示通过第二项测试的概率。我们要求的是在通过了第一项测试的情况下通过第二项测试的概率,也就是$P(B|A)$。

$$P(B \mid A) = \frac{P(A, B)}{P(A)} = \frac{0.6}{0.8} = 0.75$$

所以,在通过了第一项测试的情况下通过第二项测试的概率等于通过了两项测试的概率$P(A, B)$(有60%的人通过了两项测试)除以通过了第一项测试的概率$P(A)$,即除以80%。因为有60%的人通过了两项测试,80%的人通过了第一项测试,所以在通过了第一项测试的情况下,通过第二项测试的概率为75%。

好了,这个概念理解起来是有点难度的。我也是花了一些时间,才搞清楚在给定某事的情况下另一件事发生的概率与这两件事独立同时发生的概率之间的区别。在进行下面的内容之前,请确认你理解了上面的例子。

3.3.1 Python 中的条件概率练习

下面来使用实际的 Python 代码练习一个更复杂一些的例子,看看如何使用 Python 实现上面的概念。

我们将实现条件概率,并使用条件概率和虚构数据确定在年龄和购买内容方面是否存在联系。请打开 ConditionalProbabilityExercise.ipynb 文件一起来练习。

使用下面的 Python 代码虚构一些数据：

```python
from numpy import random
random.seed(0)

totals = {20:0, 30:0, 40:0, 50:0, 60:0, 70:0}
purchases = {20:0, 30:0, 40:0, 50:0, 60:0, 70:0}
totalPurchases = 0
for _ in range(100000):
    ageDecade = random.choice([20, 30, 40, 50, 60, 70])
    purchaseProbability = float(ageDecade) / 100.0
    totals[ageDecade] += 1
    if (random.random() < purchaseProbability):
        totalPurchases += 1
        purchases[ageDecade] += 1
```

我们将创建 100 000 个虚拟人，并将他们随机地分配到各个年龄组：20 岁、30 岁、40 岁、50 岁、60 岁或 70 岁。我们还为他们分配了一个数值，表示他们在一段时间内的购物数量。然后，计算一下不同年龄段的购买概率。

上述代码使用 NumPy 中的 random.choice() 函数，随机地将某个人分配到一个年龄组中。然后，我们为这个人分配了一个购买某种产品的概率，假设随着年龄的增加，购买这种产品的概率也随之增加。接下来依次处理这 100 000 个虚拟人，将所有结果都加起来。最后得到两个 Python 字典：一个表示每个年龄组中的总人数，另一个表示每个年龄组中购买该产品的总数量。我们还同时计算出了总体的购买数量。下面可以运行一下代码。

如果你想仔细地想想这段代码是如何工作的，可以好好地看一下 IPython Notebook。你也可以稍后再看。下面先看看代码的结果。

```
In [2]: totals
Out[2]: {20: 16576, 30: 16619, 40: 16632, 50: 16805, 60: 16664, 70: 16704}

In [3]: purchases
Out[3]: {20: 3392, 30: 4974, 40: 6670, 50: 8319, 60: 9944, 70: 11713}

In [4]: totalPurchases
Out[4]: 45012
```

字典 totals 告诉了我们每个年龄组中有多少人，不出所料，这个分布非常平均。每个年龄组的购买数量是随着年龄的增加不断增长的，20 岁年龄组只买了大约 3000 个产品，70 岁年龄组则买了大约 11 000 个产品，全部的人一共买了大约 45 000 个产品。

让我们使用这些数据来说明一下条件概率的概念。首先找出 30 岁年龄组的人购买该产品的概率。令购买事件为 E，位于 30 岁年龄组这个事件为 F，那么这个概率可以表示为 $P(E|F)$。

尽管有了一个漂亮的公式，可以在给定 $P(E, F)$ 和 $P(E)$ 的情况下计算出 $P(E|F)$，但其实根本不需要这么做。你不能盲目地应用公式，而应该对数据具有直觉。数据可以告诉我们什么呢？我们是要找出当你位于 30 岁年龄组时，购买某种产品的概率。我们已经有了所有数据，可以直接算出来。

```
PEF = float(purchases[30]) / float(totals[30])
```

在 purchases[30] 中保存着 30 多岁人购买的产品数量，我们还知道 30 岁年龄组人的数量，所以，只要用购买的产品数量除以人的数量，就可以求出比率。然后可以使用打印语句输出这个结果：

```
print ("P(purchase | 30s): ", PEF)
```

于是得到了这样一个概率，如果你是 30 多岁，那么购买该产品的概率大概是 30%：

```
P(purchase | 30s): 0.2992959865211
```

请注意，如果你使用的是 Python 2，那么打印语句中将不需要用括号，如下所示：

```
print "p(purchase | 30s): ", PEF
```

如果想找出 $P(F)$，即 30 岁年龄组的人在总人数之中的概率，可以使用 30 岁年龄组人的总数量除以数据集中全部的人的数量，即除以 100 000：

```
PF = float(totals[30]) / 100000.0
print ("P(30's): ", PF)
```

同样，在使用 Python 2 时，不要使用括号。结果如下：

```
P(30's): 0.16619
```

即某个人是 30 多岁的概率大约是 16%。

下面找出 $P(E)$，它表示不考虑年龄时购买该商品的概率：

```
PE = float(totalPurchases) / 100000.0
print ("P(Purchase):", PE)

P(Purchase): 0.45012
```

在这个例子中，$P(E)$ 大约是 45%。可以使用不考虑年龄时所有人的购买数量除以总人数，得到的就是总体购买概率。

那么现在都得到了哪些数据？我们知道了在给定某人属于 30 岁年龄组时，他购买该产品的概率大约是 30%，还有，这个产品的总体购买概率为 45%。

如果 E 和 F 是独立的，如果年龄不影响购买，那么可以期望 $P(E|F)$ 和 $P(E)$ 是同样的，即期望一个 30 多岁的人购买该产品的概率和总体购买概率是一样的。但实际上，二者是不一样的。

因为二者之间的这种差异，我们知道实际上二者在某种程度是相关的。这就是使用条件概率找出数据之间相关性的方法。

再来看一些其他的表示方法。如果你看到 $P(E)P(F)$ 这种表示，就说明是将这两个概率相乘。可以使用总体购买概率乘以某个人是 30 多岁的概率：

```
print ("P(30's)P(Purchase)", PE * PF)

P(30's)P(Purchase) 0.07480544280000001
```

结果是 7.5%。

根据概率的原理，如果想求出两件事情同时发生的概率，就可以将这两个概率相乘。所以 $P(E, F)$ 就是 $P(E)P(F)$。

```
print ("P(30's, Purchase)", float(purchases[30]) / 100000.0)
P(30's, Purchase) 0.04974
```

因为数据是随机分布的，所以结果会有一点差别。请记住，这里讨论的是概率，所以大概差不多就可以了。

这个值和 $P(E|F)$ 是不一样的，所以，既是 30 多岁又购买了产品的概率和在给定了 30 多岁时购买产品的概率是不同的。

下面来验证一下 3.3 节中的条件概率公式，即给定了 30 多岁后购买该产品的概率应该等于既是 30 多岁又购买了该产品的概率除以总体购买概率，也就是说，这里要验证一下 $P(E|F) = P(E, F)/P(F)$。

```
(float(purchases[30]) / 100000.0) / PF
```

结果为：

```
Out []:0.29929598652145134
```

果然如此。如果用给定 30 多岁后购买该产品的概率除以总体购买概率，那么结果大概是 30%，和前面用数据算出的结果非常接近。所以，这个公式是正确的！

以上内容还是挺难的，有点令人迷惑，所以你应该好好思考并研究一下，确认理解了这部分内容。我尽量举了足够多的例子来说明各种情况。如果你完全理解了，那么请亲自动手做一下下面的作业。

3.3.2   条件概率作业

我想让你修改一下前面小节中用过的如下 Python 代码。

```
from numpy import random
random.seed(0)
```

```
totals = {20:0, 30:0, 40:0, 50:0, 60:0, 70:0}
purchases = {20:0, 30:0, 40:0, 50:0, 60:0, 70:0}
totalPurchases = 0
for _ in range(100000):
ageDecade = random.choice([20, 30, 40, 50, 60, 70])
purchaseProbability = 0.4
totals[ageDecade] += 1
if (random.random() < purchaseProbability):
totalPurchases += 1
purchases[ageDecade] += 1
```

将以上代码修改为在购买概率与年龄之间不存在依赖关系，各个年龄组的购买概率是相同的，然后再看看对结果的影响。如果你属于 30 岁年龄组，那么购买某种产品的概率与总体购买概率会有很大区别吗？这个结果能告诉你关于数据和两个不同属性之间关系的哪些信息？去试一下，确定你能够从数据中得到一些结果，并能够理解为什么能得到这些结果，随后我会告诉你这个问题的答案。

以上就是条件概率的理论和应用。这里面有很多细节和令人迷惑的表示法。如果你还有些困惑，就回过头去，好好复习一下这部分内容。我布置了一项作业，你应该自己动手做一下，看看是否真的能够修改 IPython Notebook 中的代码，生成一个对所有年龄组都一样的购买概率。然后再看看我是怎么解决这个问题的以及最终结果。

3.3.3　作业答案

你做作业了吗？真希望你做了。下面来看一下我的答案，看看条件概率是如何告诉我们在一个虚构的数据集中确定年龄和购买概率之间是否存在联系的。

提醒一下，我们要做的是除去年龄和购买概率之间的联系，再看看条件概率的值能否反映出这种情况。下面是我的答案：

```
from numpy import random
random.seed(0)

totals = {20:0, 30:0, 40:0, 50:0, 60:0, 70:0}
purchases = {20:0, 30:0, 40:0, 50:0, 60:0, 70:0}
totalPurchases = 0
for _ in range(100000):
    ageDecade = random.choice([20, 30, 40, 50, 60, 70])
    purchaseProbability = 0.4
    totals[ageDecade] += 1
    if (random.random() < purchaseProbability):
        totalPurchases += 1
        purchases[ageDecade] += 1
```

我保留了一些原来的代码，用于创建年龄组字典，并统计了在 100 000 个随机生成的虚拟人物中按年龄分组的购买数量。但没有继续使购买概率依赖于年龄，而是将购买概率设置为固定的值，即 40%。我们还是将人们随机分配到每个年龄组，并使他们具有同样的购买某种产品的概率。下面运行一下这段代码。

这一次，如果要计算 $P(E|F)$，也就是在给定位于 30 岁年龄组的情况下购买产品的概率，会得到这个值约为 40%。

```
PEF = float(purchases[30]) / float(totals[30])
print ("P(purchase | 30s): ", PEF)

P(purchase | 30s): 0.398760454901
```

和总体购买概率比较一下，它也大约是 40%。

```
PE = float(totalPurchases) / 100000.0
print ("P(Purchase):", PE)

P(Purchase): 0.4003
```

由此可知，30 岁年龄组中购买产品的概率和总体概率基本相同（即 $P(E|F)$ 和 $P(E)$ 非常接近）。这说明购买概率和年龄之间没有什么联系。实际上，我们并不是通过数据才知道这个结果的。

在实际工作中，这个结果可能是由随机性造成的，所以你应该检查更多的年龄组。你应该检查更多的数据来确定是否存在真正的联系，上面例子只是通过修改的数据来说明在年龄和购买概率之间不存在联系。

这就是条件概率的实战练习，希望你的答案与标准答案非常接近，并有同样的结果。如果没有，那么再去研究一下我的答案，它就在随书的数据文件，即 ConditionalProbabilitySolution.ipynb 中。如果你需要，就打开这个文件学习一下。显然，由于随机性，你的结果会有一些微小的差别，你选择的总体购买概率也对结果具有影响，但就是这样。

介绍完条件概率，下面来学习一下贝叶斯定理。

3.4 贝叶斯定理

如果掌握了条件概率，那么应用贝叶斯定理就非常简单，因为它就是基于条件概率的。贝叶斯定理非常重要，特别是在医学领域，但它在其他领域的应用也是非常广泛的，很快你就会知道个中原因。

你可能多次听说这个定理，但真正理解它的意义和重要性的人不是很多。当有人想使用统计学来误导你的时候，这个定理可以清楚地指出其中的错误。下面来看一下它是如何起作用的。

首先，我们从一个较高的层次来讨论贝叶斯定理。贝叶斯定理可以简单表述如下：给定 B 时 A 的概率等于 A 的概率乘以给定 A 时 B 的概率再除以 B 的概率。你可以将 A 和 B 替换为任意事件。

$$P(A \mid B) = \frac{P(A)P(B \mid A)}{P(B)}$$

 这个定理的关键在于说明了某个依赖于 B 的事件 A 的概率与 B 和 A 的基础概率的关系非常大，人们常常会忽略这一点。

　　一个常见的例子就是药品测试，也就是要找出在药品作用是阳性的情况下人们使用药品的概率。贝叶斯定理之所以很重要就在于，它可以说明这个概率与 A 的概率和 B 的概率的关系都非常大。如果药品的作用是阳性的，那么人们使用药品的概率与药品的总体使用概率以及测试为阳性的总体概率的关系都非常大。药品测试结果准确的概率不仅取决于测试的准确性，还非常依赖于在全体人口中药品使用者的概率。

　　贝叶斯定理还说明了给定 A 时 B 的概率和给定 B 时 A 的概率不是一回事，也就是说，药品作用为阳性时人们使用药品的概率与人们使用药品时药品作用为阳性的概率差别可能非常大。你可以看到这个问题是如何产生的。医学中的诊断测试与药品测试会产生大量的假阳性结果，这是一个非常实际的问题。你可以说一项测试检测到药品使用者的药品作用为阳性的概率很高，但这并不意味着药品作用为阳性时人们使用药品的概率很高。它们是两件不同的事情，贝叶斯定理会清楚地说明其中的区别。

　　我们再解释一下那个例子。

　　药品测试是利用贝叶斯定理说明问题的一个常见例子。即使是一个非常精确的药品测试，也可能产生比真阳性更多的假阳性结果。在上面的例子中，我们进行了一项药品测试，识别出药品使用者的药品作用为阳性的概率是 99%，在不使用药品的人群中，药品作用为阴性的概率也是 99%，但在全体人口中，使用药品的概率只有 0.3%。所以，人们实际使用该药品的概率是非常低的。99% 的概率看上去非常高，实际上则没有那么高，对吗？

　　可以进行一下数学解释，如下所示：

❑ 事件 A = 使用该药品；
❑ 事件 B = 药品作用为阳性。

事件 A 为人们使用该药品的概率，事件 B 为药品测试时作用为阳性的概率。

　　我们需要找出测试结果为阳性的总体概率。这个总体概率是药品使用者测试结果为阳性的概率加上非药品使用者测试结果为阳性的概率。所以，在这个例子中，$P(B)$ 为 1.3%($0.99 \times 0.003 + 0.01 \times 0.997$)，这便求出了 B 的概率，即药品测试结果为阳性的总体概率。

　　下面计算一下在药品测试为阳性时人们使用药品的概率。

$$P(A \mid B) = \frac{P(A)P(B \mid A)}{P(B)} = \frac{0.003 \times 0.99}{0.013} = 22.8\%$$

所以，如果测试结果为阳性，那么你是该药品使用者的概率等于使用该药品的总体概率 $P(A)$，也就是 3%（有 3%的人口是药品使用者），乘以 $P(B|A)$，也就是在药品使用者中测试结果为阳性的概率，再除以测试结果为阳性的总体概率 1.3%。这个测试的结果听起来确实很高，是 99%。我们用药品使用者在总人口中的比例 0.3%乘以 99%，再除以测试结果为阳性的总体概率 1.3%，得到药品测试为阳性时人们为药品使用者的概率只有 22.8%。所以，尽管药品测试的准确率为 99%，但在药品测试为阳性的情况下，多数还是假阳性的结果。

　　即使 $P(B|A)$非常高（99%），也并不意味着 $P(A|B)$很高。

　　人们总是会忽视这一点。所以，只要学习了贝叶斯定理，就会对这种事情持保留态度。在这些实际问题上应用贝叶斯定理，对于那些听起来有很高准确率的问题，你经常会发现，如果该问题的研究对象在总体中所占的比例非常小，那么结论就非常具有误导性。在癌症筛查和其他类似的医学筛查中，经常会出现这种问题。这是一个非常实际的问题，因为不理解贝叶斯定理，很多人接受了根本不必要的手术。如果你进入了医学大数据领域，请千万千万记住这个定理。

　　这就是贝叶斯定理。请一定记住，在给定其他事件时，某个事件发生的概率与相反的情况是不同的，它与这两个事件的基础概率关系非常大。贝叶斯定理非常重要，需要我们牢记于心，并用它来检验结果，其提供了量化结果的方法。我希望它对你能有所帮助。

3.5   小结

　　本章首先讨论了在 Python 中使用 `matplotlib` 库将数据绘制成图形以及对图形进行美化的方法。然后学习了协方差与相关系数的概念，并通过一些例子使用 Python 计算出了协方差和相关系数。接下来分析了条件概率的概念，并使用一些示例来使读者对条件概率有了更深的理解。最后介绍了贝叶斯定理及其重要性，特别是它在医学领域中的应用。

　　下一章将讨论预测模型。

## 第 4 章

预测模型

本章将讨论什么是预测模型，以及预测模型如何使用统计学根据已有数据预测出结果。我们将介绍几个真实世界中的例子，以使读者对这个概念理解得更加深入。我们还会介绍回归分析，并详细分析它的几种形式。我们也会举一个例子，来预测汽车价格。

本章将介绍以下内容：

❑ 线性回归及其在 Python 中的实现；
❑ 多项式回归及其应用与示例；
❑ 多元回归及其在 Python 中的实现；
❑ 一个示例——使用 Python 建立模型来预测汽车价格；
❑ 多水平模型的概念，以及关于该模型需要知道的一些事情。

4.1 线性回归

回归分析是数据科学和统计学中的一个热门话题。它是对一组观测拟合一条曲线或某种函数，然后再用拟合出的曲线或函数预测未知的值。回归分析中最常见的是线性回归。

线性回归就是用一条直线去拟合一组观测。例如，我们有一组个人数据，其中有两个特征，即身高和体重。

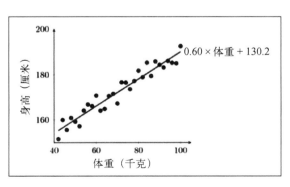

我们用 x 轴表示体重，y 轴表示身高，绘制出所有数据点，看看身高和体重之间的关系。然后可以说："嗯，看上去它们之间是线性关系，我可以拟合出一条直线，并使用它来预测新的值。"这就是线性回归。这个例子最后得到的是斜率为 0.6、截距为 130.2 的一条直线（直线的公式是 $y = mx + b$，m 为斜率，b 为截距）。找出能最优拟合数据的斜率和截距，就可以使用这条直线来预测新的值。

可以看出，我们观测到的体重最高只有 100 千克。那么，如果有人重 120 千克呢？基于已知的数据，便可以使用这条直线预测出体重为 120 千克的人的身高。

我不知道为什么称这种方法为回归。回归应该意味着做一些反向的事情。我想你可以认为这个术语的意思是，基于以前的观测创建一条直线来预测新的值，在时间上是反向的，但看上去是一种延伸。说实话，这个词确实有点令人迷惑，人们使用了一个非常别致的词来表示非常简单的概念，但反而使这个概念模糊不清。总之，线性回归就是用一条直线去拟合一组数据点。

4.1.1 普通最小二乘法

如何进行线性回归？最常用的技术称为普通最小二乘法，简称 OLS。你可能已经见过这个术语了。它的原理是使每个数据点与直线之间的误差的平方和最小。误差就是数据点和拟合出的直线之间的距离。

我们要将这些误差的平方都加起来，这看起来非常像计算方差，没错，只不过计算方差时误差是相对于均值的，而这里的误差是相对于我们拟合出的直线的。我们可以计算出数据点相对于直线的误差平方和，然后使这个平方和最小化，就可以找出最优拟合直线。

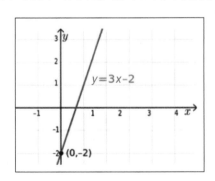

其实你完全不需要使用这种烦琐的方法来进行线性回归。如果因为某种原因确实需要这样做，或者你想知道这种方法背后的原理，那么我可以向你描述一下整体算法，使你在需要的时候可以自己使用基本的方法计算出斜率和截距，这也并不复杂。

请记住用斜率和截距确定直线的公式：$y = mx + b$。斜率就是两个变量之间的相关系数乘以 Y 的标准差再除以 X 的标准差。在计算斜率时涉及了标准差，这看上去有些不可思议，但鉴于相关系数中也包含标准差，因此再次用到标准差也就不那么令人惊讶了。

截距的计算方法是，用 Y 的均值减去斜率与 X 的均值的乘积。这也很容易，Python 可以帮你完成所有工作，我们要说的是，这些计算都不复杂，可以非常有效的完成。

请记住，最小二乘法就是使每个数据点与直线之间的误差平方和最小。另一种理解线性回归的方法是，定义一条代表观测线的极大似然的直线，换句话说，就是在给定 x 值的情况下，求最有可能的 y 值。

人们有时候将线性回归称为极大似然估计，这又是一个用非常炫酷的名词来表示简单概念的例子。如果你听到某些人谈论极大似然估计，那他们说的其实就是回归。他们只是想装酷而已。知道了这个名词，你也可以装一下了。

4.1.2 梯度下降法

线性回归的方法不止一种，我们讨论过的普通最小二乘法是用直线去拟合数据的一种简单方法。当然，还有其他方法，梯度下降就是其中之一，它在三维数据上的效果最好，试图为你描绘出数据的轮廓。虽然这种方法的效果非常好，但是需要更多的计算成本。如果你想将其与最小二乘法比较一下的话，可以使用 Python 很容易地实现这种方法。

 在处理 3D 数据时，非常适合使用梯度下降法。

一般说来，最小二乘法是进行线性回归的完美选择，事实也是如此。但如果你学习了梯度下降法，就会知道它也是进行线性回归的一种方法，而且经常使用在高维数据中。

4.1.3 判定系数或 r 方

如何才能知道回归的效果有多好？我们的直线很好地对数据进行拟合了吗？这时就要使用 r 方，也称判定系数。同样，判定系数的叫法也是有人想装酷，通常我们都称其为 r 方。

r 方表示 Y 的总变异中被模型解释的部分。你的直线能在多大程度上解释实际发生的变异？直线两侧的变异在数量上是相等还是不相等？这就是 r 方要回答的问题。

1. 计算 r 方

要实际计算 r 方的值，可以用 1 减去残差平方和与均值差异平方和的比值。

$$1.0 - \frac{残差平方和}{均值差异平方和}$$

所以，计算起来并不难。Python 中同样有计算 r 方的函数，不需要你亲自去计算。

2. 解释 r 方

r 方的值在 0 和 1 之间。0 意味着拟合非常糟糕，没有捕获到数据中的任何变动。1 则意味着拟合非常完美，拟合直线可以捕获数据的所有变动，而且直线两侧的变动应该是一样的。所以 0 是不好的，1 是好的，这就是你应该知道的。0 和 1 之间的值表示拟合效果处在好与坏之间。r 方值比较低说明拟合效果不好，r 方值较高说明拟合效果很好。

在后面的章节中你将看到，回归方法不止一种，线性回归只是其中之一。线性回归是一种非常简单的方法，同时还有其他方法，你可以使用 r 方作为测量回归效果的一种定量手段，还可以使用它来选择对数据拟合效果最好的模型。

4.1.4　使用 Python 进行线性回归并计算 r 方

下面我们实际进行一下线性回归，并计算出 r 方。首先创建一段 Python 代码，生成一些**随机数据**，这些数据实际上是线性相关的。

下面例子中虚构了一些数据，和前面的例子一样，这些数据是关于页面渲染速度和人们的购物金额的。我们想在网页加载所需时间和人们在网站上的购物金额之间构造一种线性关系：

```
%matplotlib inline
import numpy as np
from pylab import *
pageSpeeds = np.random.normal(3.0, 1.0, 1000)
purchaseAmount = 100 - (pageSpeeds + np.random.normal(0, 0.1,
1000)) * 3
scatter(pageSpeeds, purchaseAmount)
```

这里使用一个正态随机分布来表示网页显示速度，它的均值是 3 秒，标准差是 1 秒。我们将购物金额作为它的线性函数。因此，将网页显示速度先加上一个随机分布的值，再乘以 3，然后用 100 减去它，就是购物金额。如果绘制出散点图，结果如下。

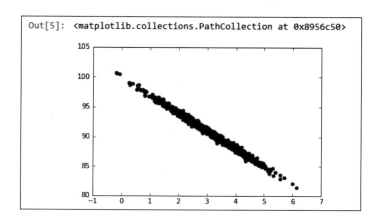

Out[5]: <matplotlib.collections.PathCollection at 0x8956c50>

仅凭肉眼观察就可以知道，数据之间存在着明确的线性关系，这是因为在源数据中我们构造了一种绝对的线性关系。

下面看看是否能用普通最小二乘法找出最优拟合直线。我们已经知道了如何使用普通最小二乘法进行线性回归，其实你根本不需要亲自做任何数学计算，因为 SciPy 包中有一个 `stats` 包，你可以导入这个包：

```
from scipy import stats
slope, intercept, r_value, p_value, std_err =
stats.linregress(pageSpeeds, purchaseAmount)
```

你可以从 `scipy` 包中导入 `stats` 包，然后调用 `stats.linregress()` 来处理这两个特征。因此，我们需要两个列表，一个是页面载入速度（`pageSpeeds`），一个是与之对应的购物金额（`purchaseAmount`）。`linregress()` 函数返回的内容非常丰富，包括斜率和截距，这是确定最优拟合直线所需的参数。它还会返回 `r_value`，我们可以从中得到 r 方的值，度量一下拟合的质量。还有另外两个指标，随后会介绍，眼下我们只需要斜率、截距和 `r_value`。下面先来看看线性回归最优拟合：

```
r_value ** 2
```

结果如下。

Out[4]: **0.98984146047689425**

我们拟合出的直线的 r 方是 0.99，几乎就是 1.0。这说明我们得到了一个非常好的拟合，没什么可以惊讶的，因为我们确切地知道，数据中的确存在线性关系。尽管如此，直线周围还是有些方差的，我们的直线捕获了这些方差。直线两侧的方差差不多是相等的，这是件好事情。它告诉我们，数据中确实存在线性关系，我们的模型对数据是一个非常好的拟合。

下面绘制出这条直线：

```
import matplotlib.pyplot as plt
def predict(x):
return slope * x + intercept
fitLine = predict(pageSpeeds)
plt.scatter(pageSpeeds, purchaseAmount)
plt.plot(pageSpeeds, fitLine, c='r')
plt.show()
```

上述代码的输出结果如下。

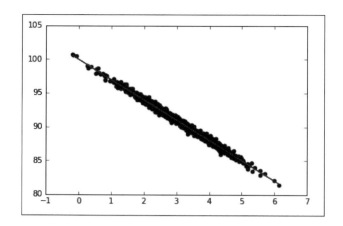

这段代码定义了一个函数，用来沿着数据画出最优拟合直线。这里使用了 Matplotlib 的一些高级特性。x 轴上的数据是 pageSpeeds，我们写了一个函数，使用 pageSpeeds 作为参数，返回一个列表 fitLine，将其作为 y 轴上的数据。我们不使用观测中的购物金额数据，而是使用预测数据，预测数据是用 slope 乘以 x 再加上 intercept 计算出来的，slope 和 intercept 都是从前面的 linregress() 函数中得到的。和前面一样，我们先使用原始数据做出一个散点图，表示出原来的观测。然后使用根据直线公式得到的 fitLine 作为参数，用同一个 pyplot 实例调用 plot 方法。最后，在同一个图中显示散点图和直线，结果如下。

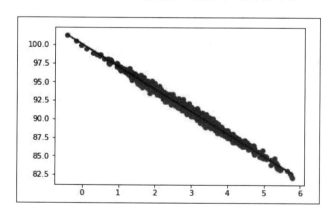

从上图可知，我们的直线确实是对数据的良好拟合。它位于数据的正中间，可以完美地预测新值。如果给定一个新的页面载入速度，就可以使用斜率乘以页面载入速度加上截距预测出购物金额。就是这样，棒极了！

4.1.5　线性回归练习

是动手练习的时候了。试着将测试数据中的随机变动增强一些，看看有什么影响。请记住，

r 方是测量拟合优度的一个指标，它说明了模型能够捕获到多少变动，所以，当随机变动增加时……好吧，为什么不自己看看它是否真的有影响呢。

这就是线性回归，一个非常简单的概念，即使用一组观测拟合出一条直线，然后使用这条直线预测未知的值。为什么要局限在直线上呢？我们还可以进行其他类型的更加复杂的回归，下面就来看一下。

4.2 多项式回归

前面已经介绍了线性回归，它就是用一组观测拟合一条直线。多项式回归是我们的下一个话题，也就是用高阶多项式去拟合数据。有时候数据不适合用直线去拟合，所以就用到了多项式回归。

多项式回归是更普遍的一种回归，为什么要局限在直线上呢？数据中可能并不存在线性关系，或许某种曲线更能拟合数据，这种情况非常普遍。

不是所有的关系都是线性的，线性回归只是各种回归中的一种。线性回归直线的形式是 $y = mx + b$，其中的 m 和 b 是通过普通最小二乘法或其他方法得到的。这只是一阶多项式。阶就是 x 的次数，所以 $y = mx + b$ 是一阶多项式。

如果需要，可以使用二阶多项式，它的形式是 $y = ax^2 + bx + c$。如果使用二阶多项式进行回归，就应该找出 a、b 和 c 的值。还可以使用三阶多项式，它的形式为 $y = ax^3 + bx^2 + cx + d$。阶数越高，表示的曲线越复杂。所以，随着 x 次数的升高，你可以得到形状更复杂的曲线，表示出更复杂的关系。

但是，并不是次数越高越好。通常，数据中的本质关系并不是那么复杂，如果你使用特别高的次数去拟合数据，就会导致过拟合！

一定要当心过拟合！

- 如果不必要，就不要使用更高的次数。
- 先进行数据可视化，看看需要使用多复杂的曲线。
- 对拟合结果进行可视化，检查一下你的曲线是否因为离群点而改变了形状。
- 高 r 方值只能说明曲线对训练数据拟合得很好，但不一定有好的预测效果。

如果数据很分散，方差很大，为了尽可能地拟合所有数据，你可能会创建一条奇形怪状的曲线，但实际上，它根本代表不了数据的内在关系，也不能很好地预测新的值。

所以，一定要先对数据进行可视化，考虑一下需要多么复杂的曲线。你可以使用 r 方来度量拟合的优度，但请记住，r 方只能表示对训练数据拟合的有多好，训练数据就是你进行预测时所基于的数据。r 方并不能度量预测新值的能力。

　　稍后，我们会介绍一种预防过拟合的方法，称为**训练/测试**。现在，你只需用肉眼看一下，确定没有过拟合，并去掉不必要的次数。通过一个例子，你可以对此理解得更加深入，下面来看这个例子。

4.2.1　使用 NumPy 实现多项式回归

　　幸运的是，NumPy 中有个 `ployfit` 函数，可以非常容易地实现多项式回归。多项式回归非常有趣，看到高中数学成为实际应用，是多么有意思的一件事。打开 PolynomialRegression.ipynb 文件，我们一起练习。

　　在虚构的页面载入速度和购物金额数据中建立一种新的关系，这是一种更复杂的非线性关系。令购物金额等于某个函数除以页面载入速度：

```
%matplotlib inline
from pylab import *
np.random.seed(2)
pageSpeeds = np.random.normal(3.0, 1.0, 1000)
purchaseAmount = np.random.normal(50.0, 10.0, 1000) / pageSpeeds
scatter(pageSpeeds, purchaseAmount)
```

　　如果做出散点图，就应该是下面这个样子。

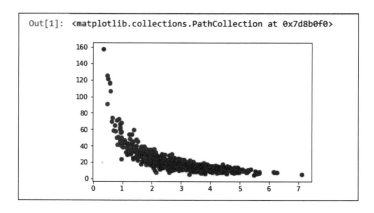

　　顺便说一句，如果你想知道 `np.random.seed` 这行代码的意义，那么它的作用就是创建一个随机数种子，这意味着后面的随机操作都是确定的。这样可以确保每次运行这段代码时都能得到同样的结果。这对后面的内容将非常重要，因为我会建议你回过头来，试验一些对数据的不同拟合，并与你的拟合进行比较。所以，从同样的初始数据开始是非常重要的。

　　从图中可以看出，数据中没有线性关系。可以试着拟合一条直线，这条直线对于大多数数据点还可以，它比较接近于图形右侧的数据点，但对于左侧的数据点，就差得比较远了。我们应该使用一条指数曲线。

NumPy 中有一个 `polyfit()` 函数，允许你用任意阶数的多项式去拟合数据。例如，可以将页面载入速度（`pageSpeeds`）数组作为 x 轴，将购物金额（`purchaseAmount`）数组作为 y 轴，然后调用 `np.polyfit(x, y, 4)`，使用四阶多项式来拟合数据。

```
x = np.array(pageSpeeds)
y = np.array(purchaseAmount)
p4 = np.poly1d(np.polyfit(x, y, 4))
```

运行这段代码，它的速度非常快，我们可以将其绘制出来。我们将创建一张简单的图形，使用原始数据绘制出散点图，再绘制出预测值。

```
import matplotlib.pyplot as plt
xp = np.linspace(0, 7, 100)
plt.scatter(x, y)
plt.plot(xp, p4(xp), c='r')
plt.show()
```

生成的图形如下。

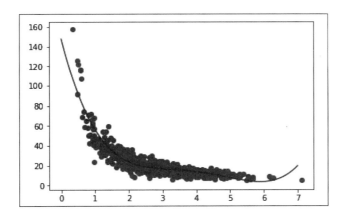

似乎是个相当好的拟合，但是你还要扪心自问："是否存在过拟合？曲线是否为了拟合离群点而被带偏了？"我们发现没有这种情况，一切都还正常。

如果使用了高阶多项式来拟合数据，为了拟合一个离群点，它可能会一下子升得很高，然后又突然降低去拟合另一个离群点。在数据密集的地方，它会很平稳，但是又可能震荡得非常厉害，去拟合数据末端的几个离群点。如果你看到这种荒唐的事情，就应该知道多项式的阶数过高了，应该降低阶数。尽管高阶多项式对观测数据拟合得很好，但预测未知数据的效果并不好。

想象一下，如果我们的曲线为了拟合离群点，上上下下震荡得很厉害，那么对未知值的预测就不会很精确。曲线应该很中庸。本书在后面内容中将会讨论检测过拟合的方法，眼下只要用肉眼观察一下就可以了。

4.2.2   计算 *r* 方误差

下面我们可以计算 *r* 方误差。在 `sklearn.metrics` 包中，有个 r2_score() 函数，使用 y 和 p4(x) 作为参数，就可以计算出 *r* 方误差。

```
from sklearn.metrics import r2_score
r2 = r2_score(y, p4(x))
print r2
```

结果如下。

```
0.82937663963
```

代码比较一组观测值和一组预测值就可以计算出 *r* 方，而且仅需一行！这个例子的 *r* 方是 0.829，也还不错。请记住，0 最差，1 最好，0.82 相当接近于 1，显然不是很完美，但已经可以了。可以看出，曲线在数据的中段表现相当好，在数据的最左侧和最右侧则不那么好。所以，0.82 应该是个正确的值。

4.2.3   多项式回归练习

我建议你自己动手练习一下这部分内容，试试不同阶数的多项式。回到之前运行 polyfit() 函数的地方，试试除了 4 之外的值。你可以使用 1，这将回到线性回归，也可以试试比较大的值，比如 8，这时你可能会发现过拟合。试试各种不同的值，然后看看效果。例如，下面来试一下三阶多项式。

```
x = np.array(pageSpeeds)
y = np.array(purchaseAmount)
p4 = np.poly1d(np.polyfit(x, y, 3))
```

然后按照原来的步骤做下去，可以得到以下图形。

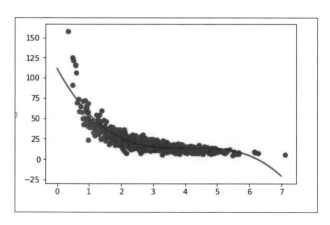

三阶多项式的拟合效果不如四阶多项式好。如果你计算出 r 方误差，这个值也会比较差。但如果多项式阶数过高，就会出现过拟合。所以一定要试试各种值，对回归需要多大的多项式阶数有个感觉。动手去做吧，肯定会有所收获。

这就是多项式回归。再说一次，你要确保不使用过高的阶数，而使用直觉上适合数据的阶数。阶数过高会导致过拟合，阶数过低则会使拟合的效果很糟糕。所以，眼下你可以通过肉眼观察并结合 r 方这个指标，来找出适合数据的正确阶数。下面我们继续。

4.3　多元回归和汽车价格预测

如果想基于多个属性来预测未知值，应该怎么做呢？假设人的身高不仅依赖于体重，还依赖于遗传基因或其他因素，这时就需要使用多元回归。你可以建立一个回归模型，同时接受多个参数。使用 Python 可以非常容易地实现多元回归。

多元回归是更复杂的回归。多元回归要解决的问题是，当影响预测值的因素多于一个时，应当如何去做。

在前面的例子中，我们介绍了线性回归，基于人的体重来预测身高。假设了体重是影响身高的唯一因素，但是，还可能有其他因素。我们还研究了页面载入速度对购物金额的影响。也许除了页面载入速度之外，还有更多能影响购物金额的因素。我们想知道这些不同因素组合在一起是如何影响预测值的，这时就需要使用多元回归。

来看一个例子。假设我们想预测一下汽车的价格，这个价格可能由汽车的多个特征决定，比如车身风格、品牌、里程数，甚至是轮胎的质量，等等。在预测汽车价格时，有些特征比其他特征更为重要，但你必须同时考虑所有特征。

这里进行多元回归的方法仍然是使用最小二乘法对观测集合拟合一个模型，与前面的区别在于，我们要得到多个系数，每个特征都要有一个系数。

所以，举例来说，最后的价格模型应该是个线性组合，它是由一个类似于截距的常数项 α，加上里程数及其系数，加上车龄及其系数，再加上车门数及其系数组成的。

$$\text{price} = \alpha + \beta_1 \text{mileage} + \beta_2 \text{age} + \beta_2 \text{doors}$$

一旦使用最小二乘分析得到了这些系数，就可以根据系数得出每个特征对于模型的重要性。例如，如果车门数的系数非常小，这就说明车门数不是那么重要，为了使模型更加简洁，可以将其从模型中去掉。

本书中，我将不止一次强调，在数据科学中，简洁总是非常重要的，不要使模型过于复杂，因为通常简单的模型效果更好。如果你使模型达到了恰如其分的复杂度，而不是更高，那么通常来说，这就是正确的模型。总之，根据这些系数，你可以这样说："有些特征比其他特征更重要，也许可以在模型中除去某些因素。"

我们仍然可以使用 r 方来度量多元回归拟合的质量,原理是一样的,但是在多元回归中有个假定,即各个特征彼此之间是不相关的。这个假定有时是不满足的,所以一定要注意。例如,在上面的模型中,假定的是里程数和车龄不相关,但实际上它们可能紧密相关! 这就是多元回归的局限性,但有时也没什么影响。

4.3.1   使用 Python 进行多元回归

幸好,Python 中有一个 `statsmodel` 包,可以非常容易地实现多元回归。下面使用 Python 进行多元回归,来看看如何使用这个包。我们使用的是来自于 Kelley Blue Book 的关于汽车估值的真实数据。

```
import pandas as pd
df = pd.read_excel('http://cdn.sundog-soft.com/Udemy/DataScience/cars.xls')
```

这里引入了一个新的包,名为 `pandas`,它可以让我们非常容易地处理表格数据。它可以读入表格数据,并对其进行各种形式的重新排列、修改、切片和切丁。后面我们会经常用到这个包。

将 `pandas` 导入为 `pd`,`pd` 中有个 `read_Excel()` 函数,可以从 HTTP 网页中读取 Microsoft Excel 电子表格。所以,`pandas` 的功能是非常强大的。

将这个 Excel 电子表格文件读取到本地,如果运行上面的代码,它会将数据加载到一个 `DataFrame` 对象,我们将这个对象命名为 `df`。然后对这个数据框调用 `head()` 函数,看看它的前几行数据:

```
df.head()
```

上述代码的输出结果如下。

Out[2]:		Price	Mileage	Make	Model	Trim	Type	Cylinder	Liter	Doors	Cruise	Sound	Leather
	0	17314.103129	8221	Buick	Century	Sedan 4D	Sedan	6	3.1	4	1	1	1
	1	17542.036083	9135	Buick	Century	Sedan 4D	Sedan	6	3.1	4	1	1	0
	2	16218.847862	13196	Buick	Century	Sedan 4D	Sedan	6	3.1	4	1	1	0
	3	16336.913140	16342	Buick	Century	Sedan 4D	Sedan	6	3.1	4	1	0	0
	4	16339.170324	19832	Buick	Century	Sedan 4D	Sedan	6	3.1	4	1	0	1

实际数据集要大得多,这只是前面的几条。这是真实的数据,其中的特征有里程数、制造商、型号、内饰、类型、车门数、电子巡航、音响、真皮座椅,等等。

好了,现在要使用 `pandas` 将我们关心的特征分离出来。我们将基于里程数、型号和车门数来构造模型去预测汽车价格，其他特征都不用了。

```
import statsmodels.api as sm

df['Model_ord'] = pd.Categorical(df.Model).codes
X = df[['Mileage', 'Model_ord', 'Doors']]
y = df[['Price']]

X1 = sm.add_constant(X)
est = sm.OLS(y, X1).fit()

est.summary()
```

现在有一个问题，即型号是文本型数据，比如 Buick 车的 Century 型号。你可以回忆一下，在进行这类分析时，所有特征都应该是数值型的。在代码中，我们使用 pandas 中的 Categorical()函数将将数据框中的型号数据转换成了一组数值，也就是一组编码。模型在 x 轴上的输入是里程数（Mileage）、转换为定序数据的型号（Model_ord）和车门数（Doors）。在 y 轴上要预测的值是价格（Price）。

接下来的两行代码使用普通最小二乘法（OLS）创建了一个模型 est，并使用 Mileage、Model_ord 和 Doors 进行拟合。然后调用 summary 方法打印出模型。

Out[3]:

OLS Regression Results

Dep. Variable:	Price	R-squared:	0.042
Model:	OLS	Adj. R-squared:	0.038
Method:	Least Squares	F-statistic:	11.57
Date:	Tue, 26 Jan 2016	Prob (F-statistic):	1.98e-07
Time:	12:18:05	Log-Likelihood:	-8519.1
No. Observations:	804	AIC:	1.705e+04
Df Residuals:	800	BIC:	1.706e+04
Df Model:	3		
Covariance Type:	nonrobust		

	coef	std err	t	P>|t|	[95.0% Conf. Int.]
const	3.125e+04	1809.549	17.272	0.000	2.77e+04 3.48e+04
Mileage	-0.1765	0.042	-4.227	0.000	-0.259 -0.095
Model_ord	-39.0387	39.326	-0.993	0.321	-116.234 38.157
Doors	-1652.9303	402.649	-4.105	0.000	-2443.303 -862.558

Omnibus:	206.410	Durbin-Watson:	0.080
Prob(Omnibus):	0.000	Jarque-Bera (JB):	470.872
Skew:	1.379	Prob(JB):	5.64e-103
Kurtosis:	5.541	Cond. No.	1.15e+05

可以看出，r 方值非常小。这不是个好模型，但从各种误差中我们可以得到一些信息，有趣的是，里程数的标准误差是最小的。

以前我说过，可以根据系数确定哪个特征更加重要，但这只有在输入数据标准化之后才是正确的，也就是说，所有特征的值都在 0 和 1 之间。如果不是，那么这些系数就是对数据尺度的一种修正。如果你使用的不是标准化的数据，就像这个例子一样，那么检查标准误差是更加有用的。在这个例子中可以看到，里程数是这个模型中最重要的特征。以前发现过这个问题吗？我们可以通过切片和切丁操作，发现车门数实际上对价格的影响并不大。来看下面的代码：

```
y.groupby(df.Doors).mean()
```

这行代码使用的是 pandas 语法，一行 Python 代码就可以完成这个操作，非常棒！这行代码会输出一个新数据框，表示出按车门数分类的平均价格。

Out[5]:

Doors	Price
2	23807.135520
4	20580.670749

可以看出，两门车的平均售价比四门车要高。如果车门数和价格之间存在负相关，那真是挺令人惊讶的。这是个小数据集，不能说明什么问题。

4.3.2　多元回归练习

作为练习，你可以随意使用虚构的输入数据。可以先将数据下载下来，然后随意修改电子表格。从你的本地硬盘上读取数据，不用再从 HTTP 网页上下载。看看能得到什么不同的结果。或许你可以构造出一个具有不同行为的数据集，并用更好的模型来拟合它。或许你能更聪明地选择特征来构建模型。尽情去试验吧。

这就是多元分析以及使用多元分析的一个实例。和多元分析概念一样重要的是我们在 Python Notebook 中提供的内容，你应该好好去研究一下。

我们引入了 pandas 包，并介绍了 pandas 和数据框对象的使用方法。pandas 是一个非常强大的工具，后面的章节中我们会经常用到。因为这些都是非常重要的 Python 技能，可以帮助你管理和组织大量数据，所以一定要好好学习。

4.4　多水平模型

现在应该讨论一下多水平模型，这显然是个比较高级的话题，我们不会介绍得非常详细。本节的目标是介绍多水平模型的概念，并让你清楚其中的一些问题，以及如何同时考虑这些问题。

多水平模型就是在模型层次结构的不同水平中会产生各种不同的效应。以你的健康水平为例。你的健康水平依赖于各个细胞的健康水平，而细胞的健康水平依赖于其所在器官的健康水平，器官的健康水平又依赖于整个身体的健康水平。你的健康水平还部分依赖于家族健康水平和家族环境。家族健康水平依赖于其所在的城市，以及城市的犯罪、压力和污染情况。除此之外，你的健康水平甚至还依赖于我们所在的整个世界。当前世界的医疗技术水平就可能是个影响因素，不是吗？

再以你的财富为例。你能够赚多少钱？个人努力显然是个相关因素，但你的父母同样也是个相关因素。他们在你的教育以及成长环境中投入了多少金钱？相应地，还有你的祖父母，他们为你的父母创造了什么样的成长环境，提供了什么样的教育资源？这些因素都会依次影响你所能得到的教育资源和成长环境。

这些都是多水平模型的例子，它们的层次效应可以在越来越大的规模上互相影响。多水平模型要解决的问题就是："如何对这些相互影响进行建模？如何对所有效应进行建模？这些效应是如何互相影响的？"

多水平模型的主要困难是如何识别出每个水平中能确实影响预测值的因素。例如，如果想预测 SAT 整体分数，这应该部分依赖于参加考试的每个孩子，但每个孩子的影响因素呢？可能是遗传基因，可能是个体健康水平，或每个孩子的大脑尺寸。你可以想出任意多个能够影响个人进而影响 SAT 分数的因素。我们再上升到另一个水平，看看他们的家庭环境是如何影响 SAT 分数的。家庭能给孩子提供多少教育资源？父母能够指导孩子进行各种 SAT 考试吗？这些可能就是在第二个水平上的重要因素。那他们的社区环境呢？社区的犯罪率或许是很重要的，还有社区为青少年提供的各种使他们远离街道的设施，诸如此类。

重点在于，要持续关注这些较高的水平，并识别出每个水平上能够影响预测的因素。可以持续关注学校的教师质量、校区的基金，以及州水平上的教育政策。你可以看到，在不同的水平上都有不同的因素可以影响预测，而且有些因素会存在于不止一个水平上。例如，犯罪率在地区和州的水平上都存在。在进行多水平建模时，你需要搞清楚这些因素是如何相互影响的。

和你想的一样，多水平建模的难度和复杂度会急剧增加。它其实已经超出了本书或任何一本数据科学导论书的范围。这是非常困难的一项工作。有很多关于它的大部头书，你可以读其中的一本来仔细了解这个高级话题。

本书为什么要提及多水平模型呢？因为我看到一些工作描述中提到了它，这些工作需要你懂得多水平建模。我在实际工作中没有用过多水平建模，但我认为从数据科学求职的角度来说，重要的是至少要熟悉多水平建模的概念，并知道它的意义和建模过程中会出现的一些难题。希望你已经了解了这些知识。

这就是多水平模型的概念，它属于非常高级的话题，但你至少应该有所了解，概念本身是非常简单的。当你进行预测时，需要考虑不同水平、不同层次的效应。因此，不同层次的效应可能是互相影响的，不同层次中可能会有相互作用的因素。多水平建模试图考虑所有不同的层次和因素，以及它们之间是如何相互作用的。眼下，你只需知道这些就可以了。

4.5　小结

本章首先讨论了回归分析，它是使用训练集数据拟合出一条曲线，再使用这条曲线预测新的值。我们介绍了回归分析的不同形式、线性回归的概念以及在 Python 中实现线性回归的方法。

接下来学习了多项式回归，它面向多维数据，使用高阶多项式拟合出效果更好、形式更复杂的曲线。我们也介绍了在 Python 中实现多项式回归的方法。

然后又讨论了多元回归，它稍稍有些复杂。当有多个因素影响要预测的数据时，要使用多元回归，书中介绍了它的用法。还给出了一个有趣的例子，使用 Python 和一个非常强大的工具 pandas 来预测汽车价格。

最后介绍了多水平模型的概念。我们了解了多水平建模中的一些困难，以及同时考虑多个水平和层次时的一些思路。下一章将学习使用 Python 进行机器学习的技术。

## 第 5 章

使用 Python 进行机器学习

本章将介绍机器学习和在 Python 中如何实现机器学习模型。

我们首先会介绍监督式学习和非监督式学习的概念以及它们之间的区别。然后会介绍防止过拟合的技术，进而给出一个有趣的例子，实现一个垃圾邮件分类器。接下来会分析 k 均值聚类的方法，并给出一个实际例子，使用 scikit-learn 基于收入和年龄对人进行聚类。

我们还会介绍一个相当有趣的机器学习应用，称为**决策树**，我们要在 Python 中建立一个决策树实例，用来预测公司决策。最后会介绍集成学习和**支持向量机**（SVM）这些引人入胜的概念，它们是我最喜欢的机器学习领域。

更具体地说，本章将介绍以下内容：

❑ 监督式学习与非监督式学习；
❑ 使用训练/测试方法避免过拟合；
❑ 贝叶斯方法；
❑ 使用朴素贝叶斯方法实现一个垃圾邮件分类器；
❑ k 均值聚类的概念；
❑ Python 中的聚类实例；
❑ 熵及熵的度量；
❑ 决策树概念以及 Python 实例；
❑ 什么是集成学习；
❑ 支持向量机以及 scikit-learn 实例。

5.1 机器学习及训练/测试法

什么是机器学习？如果你在维基百科或别的什么地方搜一下，就会知道它是一组能够从观测数据中学习并可以在此基础上进行预测的算法。听起来很令人神往，不是吗？它就像是人工智能，就像是计算机中有一个活动的大脑。但实际上，这些技术通常都十分简单。

我们已经学习了回归,即通过一组观测数据,拟合出一条直线,并使用这条直线进行了预测。所以,根据上面的定义,回归就是机器学习!你的大脑就是这样工作的。

机器学习中的另一个基础概念是**训练/测试法**,它可以让我们巧妙地评价机器学习模型的性能。当介绍监督式学习和非监督式学习时,你就能知道为什么训练/测试法对机器学习如此重要了。

5.1.1　非监督式学习

下面将详细讨论两种不同类型的机器学习:监督式学习与非监督式学习。有时候这两种学习之间的界限并不明显,非监督式学习的基本定义是不会给学习设定任何目标,只是使用机器学习算法去处理一组数据,在没有附加信息的情况下从数据中得出一些有用的结论。

假设我们有一些不同的物体,比如球、立方体和骰子。然后,可以使用某种算法基于某种相似度指标将这些物体聚集为几个分类,分类中的物体彼此之间都是相似的。

我们事先没有告诉机器学习算法某个特定的物体属于哪个类别,也没有一个将一些物体进行了正确分类的可供学习的说明书。机器学习算法必须自己推断出这些分类。这就是非监督式学习的一个例子,其中没有可供学习的参考答案,只能让算法基于提供给它的数据推断出自己的答案。

非监督式学习的问题是我们不一定知道算法会得出什么结果!如果为算法提供了像前面图片中那样的一些物体,它可能会按照物体是否是圆形进行分类,也可能按照物体的大小进行分类,或者按照物体是红色还是蓝色进行分类,我们不知道最后的结果是什么。这取决于设定的相似度指标。有时候,你会发现一些奇怪的簇,最后的结果也很出人意料。

这就是非监督式学习的意义:如果你不清楚想要的结果,那么这就是一种强大的工具,可以发现未知的分类。我们称其为**隐变量**。有些你原来根本不清楚的数据性质,可以通过非监督式学习呈现出来。

再来看一个非监督式学习的例子。假设我们要聚集的是人,而不是球和骰子。我正在运营一个交友网站,想知道哪些人可能会聚集在一起。有些特性可以用来对人进行聚集,这些特性可以确定人们是否相互喜欢并进行约会。你或许会发现,人们自发形成的聚集会和你的预想相去甚远。可能并不会形成大学生和中年人、离婚者与未离婚者,或按宗教信仰划分的聚集。如果你研究一下那些自然形成的聚集，可能就会发现一些新的用户特征，并找出那些比现有特征更重要的、实际起作用的特征，这些特征决定了人们是否彼此喜欢。这就是使用非监督式学习获得有用结果的例子。

另一个实例是基于属性对电影分类。如果你对 IMDb 或其他什么地方的电影数据运行聚集算法，那么结果可能会非常令你惊讶。聚类结果不能仅用电影风格来解释，可能会有其他更加重要的特性，比如电影拍摄的年代、时长或发行地区，或许你完全想不到。还有一个例子是当我们分析产品描述的文本，并试图找出某个分类最有意义的术语的时候。同样，我们可能没有必要事先知道什么术语或词语最能表明产品属于某一类别，但通过非监督式学习，可以找出那些隐藏的信息。

5.1.2　监督式学习

相比之下，监督式学习则适合有一组结果可供模型学习的情况。我们为模型提供一组训练数据进行学习，模型从中推断出特性和分类之间的联系，然后将这些联系应用到未知的值上面，并预测新信息。

回到前面的例子，我们试图基于汽车的某些特性预测它的价格，这就是使用实际结果训练模型的实例。我们已经知道了一组汽车和它们的实际售价，就可以使用这个具有完整结果的数据集来训练模型，并使用创建的模型来预测未知的汽车价格。这就是监督式学习的例子，你会给模型提供一组结果以供学习。你已经对一组数据分配了类别或分类规则，然后算法使用这些规则建立模型，并使用模型预测新值。

1. 监督式学习的评价

那么如何评价监督式学习呢？监督式学习的优点是可以使用一个称为训练/测试的巧妙方法。做法是将模型需要学习的观测数据分为两组：训练集和测试集。当基于数据训练/建立模型时，只使用训练集数据，而将另一部分数据保留起来，用于测试的目的。

可以使用数据的一个子集作为训练集，然后对得出的模型进行评价，看看它在测试集上是否能成功地预测出正确结果。

你知道是怎么做的吗？我们有一个数据集，其中已经有了可以用来训练模型的结果，但要保留一部分数据，通过这些数据来测试使用训练集生成的模型。这是一种测试模型在未知数据上效果的非常具体的方法，因为我们实际上保留了一部分可以用来测试的数据。

然后，你可以使用 r 方或其他指标（比如均方根误差）来定量地度量模型的效果。你可以在测试时将一个模型与另一个模型进行对比，看看对于给定问题哪个模型是最好的。你可以调试模型的参数，使用训练/测试法使模型在测试集上的准确率达到最大。所以，这是一种防止过拟合的非常好的方法。

　　监督式学习也有一些弱点。你要确保训练集和测试集都足够大，确实能代表你的数据。你还需要确保训练集和测试集中具有你关心的所有分类和离群点，以得到一个好的评测指标，并建立一个优秀模型。

　　你还必须随机地为训练集和测试集选择数据，不能简单地将数据集分为两块，一块作为训练集，另一块作为测试集。应该进行随机抽样，因为数据中可能存在着你不知道的顺序模式。

　　如果你的模型存在过拟合，或者被训练集中的离群点带偏，那么当应用在训练集中的未知情境上时，这种问题就会显现出来。因为训练集中的离群点轨迹不会适应未知的离群点。

　　这里需要明确一下，训练/测试法并不完美，也可能产生有误导性的结果。也许是样本大小不够，正如上面所说；也许是由于随机性，训练数据和测试数据看起来过于相似，甚至具有同样的离群点——测试之后仍然存在过拟合。从下面的图形可以看出，确实可能发生这种情况。

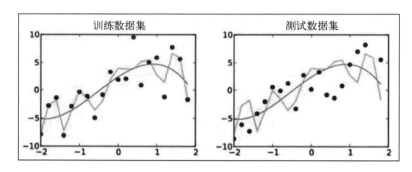

2. k 折交叉验证

　　有一个解决这种问题的方法，称为 k 折交叉验证，本书后面将会给出一个例子。它的基本理念就是进行多次训练/测试，不是将数据分为一个训练集和一个测试集，而是随机分成 k 个部分。这就是 k 的由来。每次保留一个部分作为测试集，使用其他部分作为训练集去训练模型，并在测试集上度量模型性能。随后，将每个训练集模型的结果进行平均，并对每个模型的 r 方值进行平均。

　　通过这种方法，你可以使用数据的不同部分进行训练，在同一个测试集上度量模型性能。如果某个训练集上的模型存在过拟合，那么和 k 折交叉验证中的其他模型进行平均，就可以解决。

　　以下是 k 折交叉验证的步骤：

　　(1) 将数据随机划分为 k 个部分；

　　(2) 保留一个部分作为测试集；

　　(3) 使用剩余的 $k-1$ 个部分训练模型，并在测试集上度量模型的性能；

(4) 将以上第(2)步和第(3)步重复 k 次，轮流使用一个部分作为测试集，其他 $k-1$ 部分作为训练集，最后计算出 k 个 r 方值的平均数。

后面将会进行更加详细的介绍。眼下，我只想让你知道，k 折交叉验证可以使训练/测试方法更加强大。下面让我们使用一些数据拟合模型，并使用训练/测试法进行评价。

5.2 使用训练/测试法防止多项式回归中的过拟合

我们来一次训练/测试法的实战。你或许还记得，回归是监督式学习的一种形式。我们使用前面介绍过的多项式回归，通过训练/测试法找出拟合给定数据集的正确阶数。

和前面例子一样，随机生成一些页面载入速度和购物金额的数据，然后在其中创建一种不十分明显的指数关系。

```
%matplotlib inline
import numpy as np
from pylab import *

np.random.seed(2)

pageSpeeds = np.random.normal(3.0, 1.0, 100)
purchaseAmount = np.random.normal(50.0, 30.0, 100) / pageSpeeds

scatter(pageSpeeds, purchaseAmount)
```

运行代码生成这些数据。对于页面载入速度和购物金额，都使用正态分布随机数据，并使用如下图所示的关系。

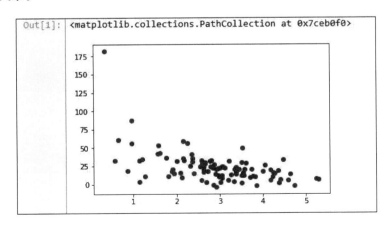

接下来划分数据。我们将使用 80% 的数据作为训练数据。所以，只有 80% 的数据点用于训练模型，其余的 20% 将被保留，用于测试模型在未知数据上的表现。

使用 Python 拆分列表的方法，令前 80 个数据点为训练集，后 20 个数据点为测试集。你应该还记得 Python 基础那一章的内容，下面使用那里介绍的语法来完成拆分，对于购物金额，做同样的拆分：

```
trainX = pageSpeeds[:80]
testX = pageSpeeds[80:]

trainY = purchaseAmount[:80]
testY = purchaseAmount[80:]
```

在前面的小节中，我们说过不应像上面那样简单地划分数据，而应该随机地抽取数据组成训练集和测试集。但在这个例子中，这样做是可以的，因为原始数据就是随机生成的，所以数据中没有什么模式。但是，在实际数据中，在划分训练集和测试集之前，要对其随机化。

这个例子中使用了一种简便方法来使数据随机化。另外，如果你使用 pandas 包，其中有些方便的函数，可以为你自动地划分训练集和测试集。但这里使用的是 Python 列表。我们将得到的训练集用图形表示出来，用页面载入速度和购物金额画出一张散点图：

```
scatter(trainX, trainY)
```

输出如下。

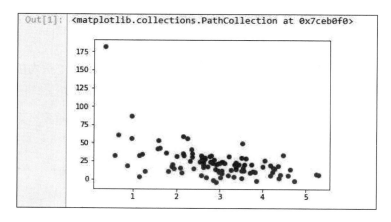

上图绘制出了从初始完整数据集中随机选取出的 80 个点，基本上与原来的数据集具有同样的形状，这非常不错，说明它能够代表原来的数据，这一点非常重要！

下面绘制出剩下的 20 个保留为测试集的点：

```
scatter(testX, testY)
```

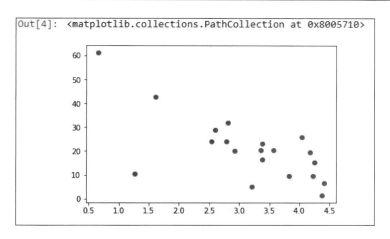

可以看出，其余 20 个测试集数据同样与原始数据具有大致相同的形状。所以我们认为它是个有代表性的测试集。这个数据集与现实世界中的数据集比起来有点小。如果你有 1000 个点，而不是 100 个，从中选取出 200 个点，而不是 20 个，那么结果会更好。

下面试着使用 8 阶多项式来拟合数据，选择 8 这个阶数，是因为它确实很高，非常可能产生过拟合。

使用代码 np.poly1d(np.polyfit(x, y, 8)) 来拟合一个 8 阶多项式，这里的 x 是训练集数据，y 也是训练集数据。使用作为训练集的 80 个点来得出模型。我们得到了 p4 函数对象，可以用它来预测新的值：

```
x = np.array(trainX)
y = np.array(trainY)

p4 = np.poly1d(np.polyfit(x, y, 8))
```

将这个多项式曲线与训练数据一起绘制出来，用散点图表示训练集中的原始数据，然后在其上绘制出预测值：

```
import matplotlib.pyplot as plt

xp = np.linspace(0, 7, 100)
axes = plt.axes()
axes.set_xlim([0,7])
axes.set_ylim([0, 200])
plt.scatter(x, y)
plt.plot(xp, p4(xp), c='r')
plt.show()
```

在下面的图形中，可以看出这是个相当好的拟合，但很明显，其中存在过拟合。

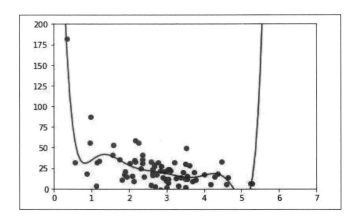

曲线的右侧太离谱了，我们非常肯定，真实的数据绝对不会像函数所示的那么高。所以，这是个数据过拟合的典型示例。曲线对给定数据拟合得非常好，但它的右侧上升得太高了，用它来预测新值会是一个非常糟糕的结果。下面来看看曲线在测试集上的效果：

```
testx = np.array(testX)
testy = np.array(testY)

axes = plt.axes()
axes.set_xlim([0,7])
axes.set_ylim([0, 200])
plt.scatter(testx, testy)
plt.plot(xp, p4(xp), c='r')
plt.show()
```

实际上，如果将测试数据与曲线绘制在一起，看上去也没有那么糟糕。

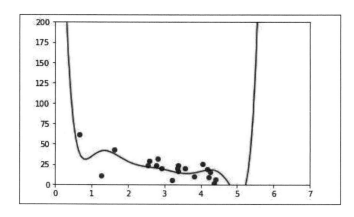

我们的运气不错，曲线在测试集上的表现也还可以，然而你可以看出，虽然这是个不错的拟合，但远非完美。实际上，如果真正计算一下 r 方值，就会发现它比想象的还要差。可以使用 sklearn.metrics 中的 r2_score()函数计算 r 方。只需将原始数据和预测值传给这个函数，它会自动计算预测的偏差以及偏差的平方并进行加总：

```
from sklearn.metrics import r2_score
r2 = r2_score(testy, p4(testx))
print r2
```

r 方值只有 0.3，所以模型没有那么好！它对训练数据的拟合要好得多：

```
from sklearn.metrics import r2_score
r2 = r2_score(np.array(trainY), p4(np.array(trainX)))
print r2
```

r 方值变成了 0.6，这不奇怪，因为我们使用训练集数据训练了模型。测试集数据对模型是未知的，模型接受了测试，但确实没有通过，它只解释了 30%的误差，简直就是不及格！

这就是使用训练/测试方法评价监督式学习算法的一个例子，和我以前说过的一样，pandas 中有些功能可以更容易地实现这个例子。我们稍后会对此进行介绍，并会给出更多的使用训练/测试方法的示例，包括 k 折交叉验证。

练习

你可能已经猜到作业是什么了。既然已经知道 8 阶多项式的效果不好，你能做得更好吗？我希望你继续研究这个例子，使用你认为合适的不同阶数的多项式。将 8 改为其他值，看看使用训练/测试法是否能够找出效果最好的多项式阶数，看看哪个阶数的多项式能在测试集上获得最好的 r 方值。到底阶数为多少合适呢？去找一下吧。这是个相当容易的练习，也可以给你很多启示。

这就是训练/测试方法的实战，它是你可以掌握的一种非常重要的技术。你会经常使用这种技术来确定你的结果是否是模型的良好拟合，以及你的结果是否可以非常好地预测未知值。在你建模时，它也是防止出现过拟合的一种好方法。

5.3　贝叶斯方法——概念

你是否想知道电子邮件系统中的垃圾邮件分类器是如何运作的？它如何确定一封邮件是否为垃圾邮件呢？一种通用的技术称为朴素贝叶斯，这是贝叶斯方法的一个例子。下面我们就讨论这种贝叶斯方法，学习一下它的工作原理。

本书前面内容中介绍过贝叶斯定理，用它说明了药品检测可以得出非常有误导性的结果。贝叶斯定理还可以应用在更大规模的问题中，比如垃圾邮件分类器。下面来看看垃圾邮件分类器是如何工作的。它的工作方法被称为贝叶斯方法。

简单复习一下贝叶斯定理。给定 B 时 A 发生的概率等于 A 的总体概率乘以给定 A 时 B 发生的概率再除以 B 的总体概率。

$$P(A \mid B) = \frac{P(A)P(B \mid A)}{P(B)}$$

如何在机器学习中应用贝叶斯定理？可以用这个定理建立一个垃圾邮件分类器：它是一种算法，可以分析已知的垃圾邮件和非垃圾邮件，并训练一个模型来预测新的电子邮件是否为垃圾邮件。现实世界中的垃圾邮件分类器确实使用了这种技术。

作为一个例子，让我们来确定一封含有"free"这个词的电子邮件是否为垃圾邮件。如果有人向你推销免费的东西，那它很可能是垃圾邮件！下面来研究一下这个问题。在含有"free"这个词的情况下，一封邮件是垃圾邮件的概率等于它是垃圾邮件的总体概率乘以垃圾邮件中含有"free"的概率再除以所有邮件中含有"free"的总体概率。

$$P(Spam \mid Free) = \frac{P(Spam)P(Free \mid Spam)}{P(Free)}$$

式中的分子可以被认为是一封邮件既是垃圾邮件又含有"free"的概率。但它和我们要寻找的结果有一点不同，因为它是在整个数据集中的概率，不是在包含"free"的情况下是垃圾邮件的概率。图中的分母是邮件中含有"free"的总体概率，有时候从数据中不能立刻知道这个值。如果不知道这个值，那么你可以通过下面的表达式将它推导出来。

$$P(Free \mid Spam)P(Spam) + P(Free \mid Not\ Spam)P(Not\ Spam))$$

这样就可以得出含有"free"这个词的邮件是垃圾邮件的概率。如果你想知道一封邮件是否为垃圾邮件，这个信息非常有用。

那么英语中的其他单词呢？我们的垃圾邮件分类器还应该检查一下除"free"之外的单词。它应该自动检查邮件中的每个单词，并确定每个单词对邮件是垃圾邮件的可能性有多大贡献。所以我们需要用所有可能的单词去训练模型，但要除去"a""the"和"and"这种没有意义的词。当检查了邮件中所有的单词后，可以把每个单词所确定的垃圾邮件的概率相乘，从而得到邮件是垃圾邮件的总体概率。

这种方法称为朴素贝叶斯是有原因的，它很朴素，是因为我们假定各个单词之间是没有联系的。只是独立地检查邮件中的每个单词，然后将每个单词对确定是否为垃圾邮件的贡献组合起来。没有考虑单词之间的联系。更高级的垃圾邮件分类器会考虑这种联系，显然实现这种分类器要困难得多。

这种分类器似乎需要很多工作量，但它的整体理念并不难，Python 的 scikit-learn 包可以很轻松地实现它。scikit-learn 提供了一个称为 CountVectorizer 的功能，可以非常简单地对电子邮件进行分词，并对每个单词进行处理。scikit-learn 还有一个 `MultinomialNB` 函数，其中的 NB 就表示朴素贝叶斯，这个函数可以为我们完成朴素贝叶斯中的所有繁重工作。

5.4 使用朴素贝叶斯实现垃圾邮件分类器

我们使用朴素贝叶斯编写一个垃圾邮件分类器，它的容易程度会超乎你的想象。实际上，大部分的工作都花在了读入要训练的输入数据以及对数据的解析上面，垃圾邮件分类和机器学习部分只需要几行代码。这就是数据科学的常见工作方式，数据的读取、处理和清洁通常占用了大部分工作量，你要习惯这种方式！

```python
import os
import io
import numpy
from pandas import DataFrame
from sklearn.feature_extraction.text import CountVectorizer
from sklearn.naive_bayes import MultinomialNB

def readFiles(path):
    for root, dirnames, filenames in os.walk(path):
        for filename in filenames:
            path = os.path.join(root, filename)

            inBody = False
            lines = []
            f = io.open(path, 'r', encoding='latin1')
            for line in f:
                if inBody:
                    lines.append(line)
                elif line == '\n':
                    inBody = True
            f.close()
            message = '\n'.join(lines)
            yield path, message


def dataFrameFromDirectory(path, classification):
    rows = []
    index = []
    for filename, message in readFiles(path):
        rows.append({'message': message, 'class': classification})
        index.append(filename)

    return DataFrame(rows, index=index)

data = DataFrame({'message': [], 'class': []})

data = data.append(dataFrameFromDirectory(
                   'e:/sundog-consult/Udemy/DataScience/emails/spam',
                   'spam'))
data = data.append(dataFrameFromDirectory(
                   'e:/sundog-consult/Udemy/DataScience/emails/ham',
                   'ham'))
```

我们要做的第一件事就是读入所有电子邮件数据。为了使这项任务更容易实现，还是使用 pandas

来做。pandas 也是处理表格数据的强大工具。在示例代码中导入需要使用的各个扩展包，包括 os 包、io 包、numpy 包、pandas 包以及 scikit-learn 中的 CountVectorizer 和 MultinomialNB 包。

我们详细地介绍一下这段代码。可以先跳过函数 readFiles() 和 dataFrameFromDirectory() 的定义，直接来到创建 pandas 数据框对象的代码。

我们通过一个字典来创建数据框，这个字典最初包含一个邮件信息空列表和一个类别空列表。这行代码的含义是："我需要一个数据框，其中包含两个列，一列是邮件信息，即每封电子邮件中的实际文本；另一列是每封邮件的类别，即它是垃圾邮件还是正常邮件。"这行代码的作用是建立一个小型电子邮件数据库，这个数据库有两列：邮件中的文本和是否为垃圾邮件。

现在需要填充数据库，也就是 Python 语法中的数据框。我们调用 append() 和 dataFrameFromDirectory() 两种方法，将 spam 文件夹中的垃圾邮件和 ham 文件夹中的正常邮件添加到数据框中。

练习到这里的时候，请一定将 dataFrameFromDirectory() 函数中的路径修改为你系统中本书附带材料的路径！再强调一次，如果你使用的是 Mac 或 Linux 系统，请注意一下斜杠和反斜杠的区别。在这个例子中，这个问题不是很重要，但如果你用的不是 Windows 系统，请不要使用盘符。一定要确保函数中的路径能指向 spam 文件夹和 ham 文件夹。

dataFrameFromDirectory() 是我们自己定义的一个函数，它的基本功能是将一个目录中的电子邮件文件读入到数据框中。这个目录中的电子邮件已经给定了分类，或者是垃圾邮件，或者是正常邮件。这个函数使用了自定义的 readFiles() 函数，它可以在一个目录中以迭代的方式读入每一个文件。readFiles() 函数使用 os.walk() 函数遍历目录中的所有文件，生成目录中每个单独文件的完整路径，然后读入文件。读入文件后，它跳过每封邮件的头信息，直接处理邮件的正文。函数通过寻找第一个空行来确定头信息。

第一个空行后面就是邮件的正文，空行前面是一组头信息，头信息不能用来训练垃圾邮件分类器。readFiles() 函数返回的是文件完整路径和邮件正文信息。这就是读取数据的方法，它占用了大部分代码！

最后，我们得到了一个数据框对象，基本上就是个两列数据库，一列是邮件正文，另一列标识邮件是否为垃圾邮件。运行上面的代码，然后使用数据框的 head 命令预览一下其中的信息：

```
data.head()
```

数据框中的前几行数据如下所示，对于每一封具有完整路径的电子邮件，我们都有它的分类和邮件正文。

Out[12]:		class	message
C:\Users\deveshc\Desktop\DataScience\emails\spam\00001.7848dde101aa985090474a91ec93fcf0		spam	\<!DOCTYPE HTML PUBLIC "-//W3C//DTD H'
C:\Users\deveshc\Desktop\DataScience\emails\spam\00002.d94f1b97e48ed3b553b3508d116e6a09		spam	1) Fight The Risk of Cancer!\n\nhttp://www.ad
C:\Users\deveshc\Desktop\DataScience\emails\spam\00003.2ee33bc6eacdb11f38d052c44819ba6c		spam	1) Fight The Risk of Cancer!\n\nhttp://www.ad
C:\Users\deveshc\Desktop\DataScience\emails\spam\00004.eac8de8d759b7e74154f142194282724		spam	##
C:\Users\deveshc\Desktop\DataScience\emails\spam\00005.57696a39d7d84318ce497886896bf90d		spam	I thought you might like these:\n\n1) Slim Dow

下面是代码的精华部分，我们使用 scikit-learn 中的 `MultinomialNB()` 函数在数据上执行朴素贝叶斯计算。

```
vectorizer = CountVectorizer()
counts = vectorizer.fit_transform(data['message'].values)

classifier = MultinomialNB()
targets = data['class'].values
classifier.fit(counts, targets)
```

输出结果如下。

```
Out[13]: MultinomialNB(alpha=1.0, class_prior=None, fit_prior=True)
```

`MultinomialNB` 分类器建立之后需要两个输入，一个是训练所需的实际数据（`counts`），另一个是相应的目标（`targets`）。`counts` 就是每封电子邮件中的单词列表以及每个单词出现的次数。

`CountVectorizer()` 的功能如下：从数据框中取出 `message` 列，并处理其中所有的值。我们调用了 `vectorizer.fit_transform` 函数，它的基本功能是将数据中的每个单词转换为数值，然后计算出每个单词出现的次数。

这是表示单词在邮件中出现次数的一种更紧凑的方法。实际上，我们没有保留单词本身，而是将这些单词表示为稀疏矩阵中的各种数值，也就是说，将每个单词按照一个数值来处理，作为数组中的数值索引。简而言之，就是将每封邮件拆分成一个单词列表，并计算出每个单词出现的次数。所以，我们将结果变量命名为 `counts`，其中保存的信息就是每个单词在每封邮件中出现的次数。同时，`targets` 中是每封邮件的实际分类。然后，我们调用 `classifier.fit()` 来使用 `MultinomialNB()` 函数，应用朴素贝叶斯来创建模型，这个模型可以基于已知信息预测一封新邮件是否为垃圾邮件。

运行一下上面的代码，其速度非常快！下面再试验两个例子。一个例子的邮件正文是"Free Money now!!!"，这明显是封垃圾邮件。另一个例子则是封正常邮件，其正文是"Hi Bob, how about a game of golf tomorrow?"。来看看这两封邮件的分类结果。

```
examples = ['Free Money now!!!', "Hi Bob, how about a game of golf
tomorrow?"]
```

```
example_counts = vectorizer.transform(examples)
predictions = classifier.predict(example_counts)
predictions
```

首先，将邮件正文转换为训练模型所需的格式。然后，使用创建模型时的同一个 `vectorizer` 对象将每封邮件转换为一个单词列表及其出现次数，单词用它在数组中的位置来表示。这些转换完成之后，对转换为单词列表的示例数组使用分类器的 `predict()` 函数，结果如下。

```
Out[14]: array(['spam', 'ham'],
               dtype='|S4')
```

`array(['spam', 'ham'], dtype='|S4')`

这个分类器果然有效！对于由两封邮件组成的数组 "Free Money now!!!" 和 "Hi Bob"，它告诉我们第一封是垃圾邮件，第二封是正常邮件，这正是我们所期望的。太棒了，做得不错。

练习

我们使用的数据集比较小，你可以再使用不同的邮件试验一下，看看能得到什么结果。如果你想挑战一下自己，可以对这个例子应用训练/测试方法。能判定 "Free Money now!!!" 是垃圾邮件并不能说明垃圾邮件分类器性能的好坏，我们需要一些定量的指标。

如果你想有点挑战，那么试着去将数据划分为训练集和测试集。可以在网上搜索一下，看看 pandas 如何轻松地划分训练集和测试集，也可以手动进行划分，视自己情况而定。你可以在测试集上应用 MultinomialNB 分类器，并测试一下它的效果。如果你想做点练习，提高点难度，那就按我说的去做吧。

只使用几行 Python 代码，就实现了自己的垃圾邮件分类器，是不是很棒？使用 Python 和 scikit-learn 会使这项工作变得非常容易。这就是朴素贝叶斯的实战。既然你已经有了垃圾邮件分类器，就可以用它来实际区分一些垃圾邮件和正常邮件。本节内容非常实用。下一节将讨论聚类。

5.5　k 均值聚类

接下来讨论 k 均值聚类。这是我们想将一个对象集合分成多个不同分组的一种非监督式学习方法。这个集合可能是不同风格的电影，也可能是具有不同特征的人群。聚类非常简单，下面来看看它是如何工作的。

k 均值聚类是机器学习中一种非常常用的技术，它基于数据本身的特性，试图将一组数据划分为多个簇。听起来异常复杂，实际上非常简单。k 均值聚类就是将数据分成 k 个组，这就是 k 的由来，它表示你想将数据分成多少个组，这种划分是通过寻找 k 个中心点来实现的。

总的说来，数据点属于哪个组是由它距离哪个中心点最近而决定的。你可以将其形式化为下图。

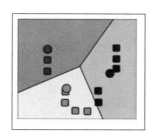

上图展示了 k 值为 3 的一个 k 均值聚类，其中的方块表示散点图中的数据点，圆圈表示 k 均值聚类算法得到的中心点，每个点都被分配到与其距离最近的中心点所在的簇。k 均值聚类是一种非监督式学习方法，并不是说我们有一组数据，并且对于某个训练集数据已经知道它属于哪个簇，而是我们只有数据，算法试图基于数据的特性来自然地聚集成不同的簇。k 均值聚类还可以用来找出未知的簇或分类。和多数非监督式学习方法一样，它的意义在于找隐藏的值，即你根本意识不到的模式，直到算法为你展示出来。

例如，有钱人都住在哪里？我不知道，也许有些地点是富人们喜欢居住的，k 均值聚类可以帮助找出这些地点。我真的不知道现在的音乐流派以及当下流行的另类说唱到底有什么意义？通过对歌曲特性进行 k 均值聚类，或许能找出一些有趣的彼此相关的歌曲类别，并为这种类别取一个新名字。此外，可以查一下人口统计学数据，可能现有的老一套说法已经过时了。例如，拉丁裔这种说法已经没有意义了，现在需要其他的特性来定义人群，而我们可以通过聚类找出这个特性。听起来不错，是不是？真是非常复杂的技术。k 均值聚类是一种非监督式机器学习方法，听起来很高深，但和多数数据科学中的技术一样，实际上其概念非常简单。

下面是 k 均值聚类算法的简单描述。

(1) 随机选择 k 个中心点（k 均值）：首先，从一组随机选择的中心点开始。如果 k 为 3，分组中就包括 3 个簇，在散点图上，要随机选择 3 个中心点。

(2) 将每个数据点分配到与它距离最近的中心点：然后，将每个数据点随机分配到离它距离最近的中心点。

(3) 基于每个簇的平均距离，重新计算中心点：对于从上面步骤得到的每个簇，重新计算中心点，也就是说，将中心点移动到簇中所有点的中心。

(4) 重复上面的步骤，直到中心点不再改变：一直重复上面的步骤，直到中心点不再移动，也就是达到了令人满意的某种阈值，这样就可以聚集出一些簇。

(5) 预测新数据点所属的簇：要预测未知的新数据点所属的簇，可以检查每个中心点，找出离新数据点最近的中心点，将新数据点分配给这个中心点所在的簇。

我们来看一个图形化的例子，以便将聚集过程描述得更清楚一些。下面有 4 张图，假设第一张图为 A，第二张图为 B，第三张图为 C，第四张图为 D。

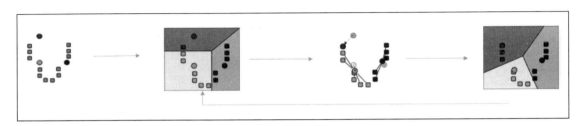

图 A 中的灰色方块表示散点图中的数据点。坐标轴表示某种特征，可能是年龄和收入，我常用年龄和收入来举例，其实它可以是任何特征。灰色方块可以表示一个人、一首歌或其他我们想找出其中联系的什么东西。

聚集过程开始时，在散点图上随机选择 3 个点，这 3 个点可以任意选择，在图 A 中用圆圈表示这 3 个点（中心点）。下一步，计算灰色的点距离哪个中心点最近。通过这一步，蓝色的点被分配给蓝色中心点，绿色的点距离绿色中心点最近，只有一个红色点距离红色中心点最近。

当然，可以看出这肯定不是最后的结果。接下来要做的是，依照每个簇中的所有点计算出实际的中心点。例如，在绿色簇中，所有数据的中心点应该要低一些，因此需要将中心点向下移动一点。红色簇中只有一个点，所以中心点应该移动到这个点所在的位置。蓝色簇中的中心点基本上就在中心，所以只要稍稍移动一下就好。再经过一轮操作，可以得到图 D。可以看出，红色的簇增大了一点，这是因为从绿色簇中拿走了一个点。

接下来，你应该知道会发生什么。绿色中心点会移动一下，蓝色中心点差不多还在原地。但最后我们将得到预计的簇。这就是 k 均值聚类的做法。只要一直做下去，不断找出正确的中心点，直到中心点不再改变，就能得出最后的结果。

k 均值聚类注意事项

在进行 k 均值聚类时，需要注意一些问题，列举如下。

(1) k **的选择**：首先，需要选择正确的 k 值，这可不是一件简单的事情。选择 k 的主要方法是，根据你想要的分组数量，先从一个比较小的值开始，然后逐渐增加，直至方差不会有大的改善。你可以将每个数据点到中心点的距离作为误差的度量方式，当误差停止减小时，可能是簇的数量太多了。所以这时继续增加簇不会获得更多信息。

(2) **避免局部最小值**：还有局部最小值的问题。在第一次选择中心点时，你可能非常不走运，导致算法收敛到局部最优，而不是全局最优。所以，通常的做法是进行多次 k 均值聚类，然后将结果平均化。我们称这种做法为集成学习，后面将会做更多介绍。使用不同的随机初始值，多次进行 k 均值聚类总是一种好的做法，你可以看看是否每次都能得到同样的结果。

(3) **标记簇**：k 均值聚类中的最后一个主要问题是，簇是没有标记的。它只能告诉你簇中的数据点是按照某种形式相关的，但你不能给簇命名。k 均值聚类不能告诉你每个簇的意义。如果我们有一组电影，k 均值聚类可能会将科幻电影聚成一个簇，但它不会告诉我们这个簇是"科幻"。需要我们自己去研究数据，找出每个簇的意义，以及如何用语言去描述。这部分工作相当困难，k 均值聚类在这方面不会有帮助。通过 scikit-learn 可以非常容易地完成 k 均值聚类。

下面举个例子实际应用一下 k 均值聚类。

5.6　基于收入与年龄进行人群聚类

下面来看看使用 Python 和 scikit-learn 实现 k 均值聚类有多么容易。

第一步是创建要聚类的随机数据。简单起见，我们将在虚构数据中建立几个簇，假装数据之间存在着基本的联系，而且确实存在几个簇。

为了达到这个目的，可以使用 Python 编写一个简单的函数 createClusteredData()：

```
from numpy import random, array

#创建虚构的收入/年龄簇，N 个人 k 个簇
def createClusteredData(N, k):
    random.seed(10)
    pointsPerCluster = float(N)/k
    X = []
    for i in range (k):
        incomeCentroid = random.uniform(20000.0, 200000.0)
        ageCentroid = random.uniform(20.0, 70.0)
        for j in range(int(pointsPerCluster)):
            X.append([random.normal(incomeCentroid, 10000.0),
            random.normal(ageCentroid, 2.0)])
    X = array(X)
    return X
```

这个函数首先设定了一个固定的随机数种子，这样每次运行时都会得到同样的结果。我们想创建 N 个人，分布在 k 个簇中，所以将 N 和 k 传递给函数 createClusteredData()。

代码先找出每个簇中有多少个数据点，并将这个值保存在 pointsPerCluster 中。然后，建立一个空列表 X。对于每个簇，都创建一个随机的收入中心点（incomeCentroid），其值在 20 000 美元和 200 000 美元之间，还有一个年龄中心点（ageCentroid），其值在 20 和 70 之间。

我们创建一个散点图，展示出 N 个人和 k 个簇的虚构的收入和年龄数据。对于每个随机创建

的中心点，都为其创建一组服从正态分布的随机数据，收入的标准差为 10 000，年龄的标准差为 2。这样，我们就预置了一些随机的簇，用来聚集年龄和收入数据。好了，可以运行一下代码了。

现在，实际进行一下 k 均值聚类，非常容易。

```python
from sklearn.cluster import KMeans
import matplotlib.pyplot as plt
from sklearn.preprocessing import scale
from numpy import random, float

data = createClusteredData(100, 5)

model = KMeans(n_clusters=5)

# 请注意，我对数据进行了标准化! 为了取得好的结果，这个操作非常重要
model = model.fit(scale(data))

# 可以看一下每个数据点被分配到了哪个簇中
print model.labels_

# 对数据进行可视化:
plt.figure(figsize=(8, 6))
plt.scatter(data[:,0], data[:,1], c=model.labels_.astype(float))
plt.show()
```

我们要做的是从 **scikit-learn** 的 `cluster` 包中导入 `KMeans` 函数，还需要导入 `matplotlib` 进行数据可视化，以及导入 `scale` 函数用于数据缩放。

我们先使用 `createClusteredData()` 函数创建了 100 个随机分布的个人，分别分布在 5 个簇中，所以数据中应该有 5 个簇。然后使用 `KMeans` 函数创建了一个 $k = 5$ 的模型，选择簇的个数为 5，因为我们知道只有 5 个簇。再强调一下，在非监督式学习中，你不一定知道真实的 `k` 值，而是需要通过迭代找出最合适的值。接下来使用现有数据调用模型的 `model.fit` 函数。

本书前面提到过的 `scale` 函数可以对数据进行标准化。k 均值聚类的一个重要特点就是在标准化的数据上效果最好。 标准化使所有数据都是同一尺度。这个例子存在一个问题，就是年龄的值在 20 和 70 之间，而收入的值最大可以达到 200 000，所以这两种数据无法互相比较，收入值远远大于年龄值。`scale` 函数可以将所有数据变换为统一的尺度，以便我们一一进行比较，这对 k 均值聚类的结果非常重要。

调用了模型的 `fit` 方法之后，便可以看到最后结果中的标记。然后可以使用 `matplotlib` 的强大功能，将数据以可视化的方式表示出来。从代码中可知，我们使用了一点小技巧，将分配给每个簇的颜色标记转换成了浮点数，这种技巧可以将任意颜色转换为数值。结果如下。

```
[0 0 0 0 0 0 0 0 0 0 0 0 0 0 0 0 0 0 0 0 0 1 1 1 1 1 1 1 1 1 1 1 1 1 1 1 1 1
 1 1 1 4 4 4 4 4 4 4 4 4 4 4 4 4 4 4 4 4 4 4 4 4 4 4 2 3 3 3 3 3 3 3 3 3 3 3 3
 3 3 3 3 3 2 2 2 2 2 2 2 2 2 2 2 2 2 2 2 2 2 2 2 2 2]
```

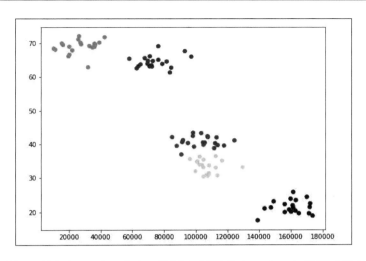

代码的运行时间不是很长。可以看出，结果和预设基本一致。在我们虚构的数据中，已经预设了几个簇，k 均值聚类很容易就识别出了第一个和第二个簇。但是，之后算法遇到了一点困难，因为图形中间的两个簇挨得很近，彼此之间界限不是很分明，这对于 k 均值聚类是个挑战。尽管如此，结果还是不错的。在这个例子中，可能 4 个簇更合适一些。

练习

这次的练习是试试不同的 k 值，看看会有什么结果。用肉眼观察一下前面的图，似乎 4 个簇效果会更好。真的是这样吗？如果将 k 增加到特别大，会出现什么情况？结果会怎样？算法会将数据进行什么样的划分？这种划分还有意义吗？去试试不同的 k 值吧。在函数 n_clusters() 中，将 5 改成别的值，重新运行代码，看看会是什么结果。

这就是 k 均值聚类，非常简单，你可以使用 scikit-learn 的 cluster 包中的 KMeans 函数来实现。需要注意的一点是，一定要对数据进行缩放以达到标准化。在应用 k 均值聚类时，一定要使数据能够互相比较，可以使用 scale() 函数对数据进行缩放。这就是 k 均值聚类的主要内容，它的概念非常简单，使用 scikit-learn 实现起来更加简单。

如果你有一堆未分类数据，而且事先不知道正确的分类，那么 k 均值聚类就是一种非常合适的方法，它可以找出数据中有趣的分组，或许可以增进你对数据的了解。这是一种非常好的工具，我在实际工作中使用过，用起来并不难，你们都应该掌握它。

5.7 熵的度量

我们马上就要讨论机器学习中最有趣（至少我认为是这样）的一个部分了，那就是决策树。但是，在讨论决策树之前，有必要先介绍一下数学科学中熵的概念。

　　就像在物理学和热力学中一样，熵是度量一个数据集混乱程度（即数据间相似或差异程度）的一个指标。例如，假设我们有一个表示不同动物分类的数据集，其中有很多按照物种进行分类的动物。如果数据集中的所有动物都是鬣鳞蜥，那么它的熵就很小，因为所有动物都是一样的。如果数据集中每个动物都是不同的，比如有鬣鳞蜥、猪、树懒或其他稀奇古怪的动物，那么数据集的熵就很高，因为它更混乱，比前一种情况具有更多差异。

　　熵是度量数据间相似程度或差异程度的一种方式。熵为 0 意味着所有数据都是相同的，如果所有数据都不相同，那么熵就会很大。如果数据间有些是相同的，那么熵就是一个中间值。熵是用来描述数据集的相似或差异程度的。

　　在数学上，熵的定义要更复杂一些，如果要计算出熵的值，可以使用以下公式。

$$H(S) = -p_1 \ln p_1 - \cdots - p_n \ln p_n$$

p_i 表示每个类别数据在总数据中的比例

　　对于数据中的每个不同类别，可以用 $p_1, p_2, \cdots, p_n$ 来表示，p 表示这个类别中的数据在全体数据中的比例。如果将每个 - pi* ln * pi 绘制出来，就可以得到类似下面的图形。

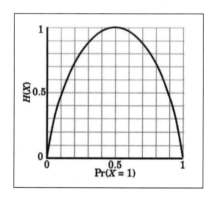

　　将每个类别的值相加。例如，如果某个类别的数据比例是 0，那么它对整个熵的贡献就是 0。如果某个类别的数据就是全体数据，那么它对整个熵的贡献也是 0。因为不论是这个类别中没有数据，还是这个类别就是全体数据，它都不会对整个熵有什么贡献。

　　只有在中间情况下，这个类别才对熵有贡献，这时候数据集是这个类别和其他类别数据的混合体。如果把这些项加在一起，就能得到整个数据集的熵。数学上就是这样计算熵的，它的概念非常简单。熵就是度量数据集混乱程度、数据间相似或差异程度的一种方式。

5.8　决策树——概念

　　信不信由你，给定一组训练数据，可以使用 Python 生成一个流程图来进行决策。如果想预测数据分类,可以使用决策树来检查数据的多个特性,这些特性可以在流程图的每个水平上确定。你可以将流程图打印出来,基于真正的机器学习来进行决策。这是多棒的事情啊!下面我们来看看决策树的原理。

我个人认为决策树是机器学习中最有趣的应用之一。决策树可以为你生成一张流程图来说明如何进行决策。你有一些独立的变量,比如根据天气状态决定是否出去玩。如果你有一个决策问题需要考虑多个属性或多个变量,那么决策树就是很好的选择。

有很多天气因素可以影响是否出去玩的决定,比如湿度、温度、晴天与否,等等。决策树可以检查所有不同的天气属性和其他因素。每种因素的阈值是多少?在做出是否出去玩的决定之前,对于这些属性需要进行何种决策?这就是决策树的作用,它是一种监督式学习方法。

使用决策树解决这个问题的方式如下。我们有一个包含历史天气以及人们在某一天是否外出活动的数据集。我们要在模型中包括每天是否晴天、湿度是多少、是否大风、是否适合外出活动这些信息。使用这些训练数据,决策树算法可以得出一个树形流程图,打印出来后,就是下面这张图。基于现有数据,你可以通过这张图确定某一天是否适合外出活动,并使用它来对新的数据进行预测。

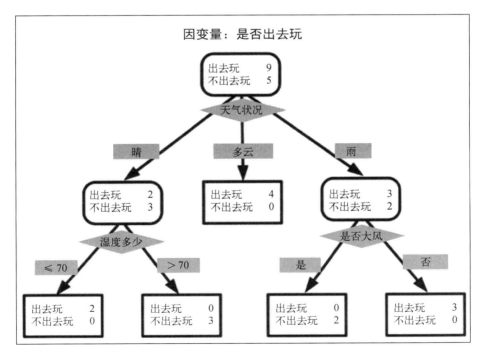

很棒吧?这个算法可以基于观测数据自动生成一张流程图。但更棒的是,一旦你掌握了它的原理,实现整个过程就会非常简单。

5.8.1   决策树实例

假设我们想建立一个根据简历信息进行自动过滤的系统。科技公司面临的一个大问题就是会收到海量的求职简历，我们必须确定哪些人可以接受面试，因为找出一些人来接受面试的成本非常高。是否有一种方法，可以根据公司以前的录用记录，来确定接受哪些简历呢？

可以创建一棵决策树，帮助我们检查简历，然后确定哪些人有很大的可能性被录用。使用历史数据来训练决策树，并用决策树来筛选新的申请人。这种做法简直太棒了！

下面来虚构一些录用数据以供这个例子使用。

申请人ID	工作经验	是否在职	前雇主数	教育水平	是否名校毕业	是否有实习经历	是否被录用
0	10	1	4	0	0	0	1
1	0	0	0	0	1	1	1
2	7	0	6	0	0	0	0
3	2	1	1	1	1	0	1
4	20	0	2	2	1	0	0

上面表格中列举了一些用数值标识符进行标识的职位申请人。我们选择了一些可以用来预测申请人能否被录用的属性，包括工作经验、是否在职、前雇主数、教育水平、是否名校毕业，以及是否有实习经历。检查一下这份历史数据，其中的因变量是 Hired，表示该申请人最终是否被录用。

很显然，还有很多非常重要的因素没有包括在这个模型中，但根据这份数据训练出的决策树应该对申请人的初选非常有用。我们会得到如下所示的一棵决策树。

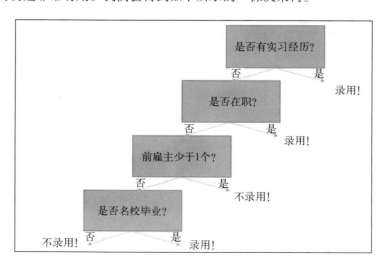

❑ 我们发现，在全部虚构数据中，有过实习经历的申请人都被录用了。所以，第一个决策点就是"是否有实习经历"，如果有，就直接录用。以我自己的经验来看，实习经历确实可以非常好地预测一个人是否优秀。如果他有走出校园进行实习的主动精神，并从实习过程中真正学到了一些东西，那么这是一个非常好的迹象。

❑ 他们现在有工作吗？如果申请人现在有工作，那么在我们这个非常小的虚构数据集中，这个人非常值得录用，因为别人也认为他值得录用。显然，在现实世界中，还需要考虑得更周全一些。

❑ 如果他们现在没有工作，那么他们的前雇主少于 1 个吗？如果是的，那么这个人就从来没有一份正式工作或实习经历。录用这个人恐怕不是一个好主意。不应该录用这样的人。

❑ 如果他们有过前雇主，那么他们是名校毕业吗？如果不是，那就应该再考虑一下。如果是，那就录用，根据训练数据，应该录用这样的人。

5.8.2　生成决策树

上面就是得出决策树结果的过程，就像是按照流程图做下来一样。算法能够生成决策树，这真是一件极好的事情。算法本身非常简单，下面解释一下它是如何工作的。

在决策树流程图的每个步骤中，都要找到这样一个属性，它对数据的划分使得下一步中的熵是最小的。我们会得到两个分类，在这个例子中就是录用和不录用，我们要在这个步骤中确定一个属性，使得下一步的熵最小。

在每个步骤中，都要使划分后的两个集合中确定录用或确定不录用的人尽量多。要使数据越来越统一，按照这种方法继续做下去，直到最终的申请人集合中全部是录用或是不录用，这样我们就可以使用决策树做出是或否的决策。要生成决策树，就要在每个步骤中选择正确的属性使得结果中的熵最小，一直做下去直至最后。

这种算法有个很别致的名字，叫作 **ID3**（Iterative Dichotomiser 3）。它是一种贪婪算法，在生成树的每个步骤中都要选择使熵最小的属性。在给定数据时，这种算法不一定能得到一棵最优的树，使你需要做出决策的次数最少，但结果基本上令人满意。

5.8.3　随机森林

决策树的一个问题是非常容易过拟合，你可以生成一棵决策树，它在训练数据上的结果非常漂亮，在对新值预测分类时效果却没有那么好。决策树关心的只是对现有的训练数据得出正确决策，但它选择的不一定是正确的属性，它进行学习的样本可能不具备完全的代表性。这会导致一些实际的问题。

为了解决这个问题，我们使用一种称为随机森林的技术。它的做法是使用不同的方法从训练数据中进行抽样，然后生成多棵决策树。每棵决策树都是通过对训练数据的随机抽样数据得出的。

随后，这些决策树再进行投票，决定最后的结果。

这种对同一模型的数据进行多次随机抽样的技术称为自助聚集，或称装袋。这是集成学习的一种形式，我们随后会详细介绍。随机森林的基本思想就是生成多棵树，用训练数据的随机样本生成每一棵树，并组成森林。然后，每棵树对最终结果进行投票，这可以使我们消除对训练数据的过拟合。

随机森林能做的另一件事是，在每个阶段中试图使熵最小化的同时限制可选择属性的数量。我们可以随机选择一些在每个水平上使用的属性，这样可以增加树的多样性，从而使算法更加丰富，并在彼此之间进行竞争。它们可以使用殊途同归的方法对结果进行投票。

这就是随机森林的工作原理。总的说来，随机森林就是一组决策树组成的森林，其中每棵树都来自于不同的样本数据，每个阶段能够选择的属性集也不相同。

下面来练习一下决策树，然后再使用一下随机森林，scikit-learn 可以非常容易地实现它们。

5.9   决策树——使用 Python 预测录用决策

事实证明，生成决策树非常容易，实际上是意想不到的容易，只需几行 Python 代码就能完成。来试一下。

本书附带的文件中包括一个 PastHires.csv 文件，里面是一些我虚构的基于申请人的属性决定其是否被录用的数据。

```
import numpy as np
import pandas as pd
from sklearn import tree

input_file = "c:/spark/DataScience/PastHires.csv"
df = pd.read_csv(input_file, header = 0)
```

你应该将代码中的路径（c:/spark/DataScience/PastHires.csv）修改为你存放该文件的目录。我不确定你放在了哪里，但肯定不是这个目录。

使用 pandas 来读取 CSV 文件，并创建一个数据框对象。运行上面的代码，然后使用数据框的 head() 函数输出前几行数据，确定我们的代码有效。

```
df.head()
```

结果显然是有效的。

Out[2]:		Years Experience	Employed?	Previous employers	Level of Education	Top-tier school	Interned	Hired
	0	10	Y	4	BS	N	N	Y
	1	0	N	0	BS	Y	Y	Y
	2	7	N	6	BS	N	N	N
	3	2	Y	1	MS	Y	N	Y
	4	20	N	2	PhD	Y	N	N

　　对于每个申请人 ID，这里都有他们的工作经验、是否在职、前雇主数、最高教育水平、是否名校毕业，以及是否有实习经历的数据。最后，在 Hired 列中，保存着最终结果——是否被录用。

　　通常，最大的工作量在于真正运行算法之前的处理数据和准备数据阶段，这也是下面我们要做的工作。scikit-learn 要求每个属性都是数值型，所以不能有 Y、N、BS、MS 和 PhD 这样的数据。我们必须将它们转换为数值型以使决策树模型能够运行。可以使用 pandas 中提供的快捷转换方法，这非常容易，例如：

```
d = {'Y': 1, 'N': 0}
df['Hired'] = df['Hired'].map(d)
df['Employed?'] = df['Employed?'].map(d)
df['Top-tier school'] = df['Top-tier school'].map(d)
df['Interned'] = df['Interned'].map(d)
d = {'BS': 0, 'MS': 1, 'PhD': 2}
df['Level of Education'] = df['Level of Education'].map(d)
df.head()
```

　　简单地说，我们建立一个 Python 字典，将字母 Y 映射为数值 1，将字母 N 映射为 0，也就是说，要将所有的 Y 转换为 1，N 转换为 0。所以，转换后的 1 表示是，0 表示否。我们对数据框中的 Hired 列调用 map() 函数，并用字典作为参数。这个函数会遍历整个 Hired 列，使用字典检查可以转换的项目，返回一个新的数据框列，代替原来的 Hired 列。原来的 Hired 列就被替换为转换后包含 1 和 0 的列。

　　对是否在职、是否名校毕业和是否有实习经历各列进行同样的操作，这些列都使用上面的字典进行映射转换，Y 和 N 都被转换为 1 和 0。对于教育水平，也进行同样的转换，创建一个字典将 BS 映射为 0，MS 映射为 1，PhD 映射为 2，并使用这个字典将学位名称重新映射为数值。如果运行上面的代码，并再次使用 head() 函数，那么可以看到数据确实转换成功了。

Out[3]:		Years Experience	Employed?	Previous employers	Level of Education	Top-tier school	Interned	Hired
	0	10	1	4	0	0	0	1
	1	0	0	0	0	1	1	1
	2	7	0	6	0	0	0	0
	3	2	1	1	1	1	0	1
	4	20	0	2	2	1	0	0

所有的 Y 都转换成了 1，N 都转换成了 0，教育水平也由一个具有实际意义的数值型数据来表示。

下一步需要将所有准备好的数据放到决策树分类器中，这也并不难。要完成这个操作，需要把特征信息（用来进行预测的属性）和目标列（需要预测的数据）分离开。要提取出特征名称，只需创建一个列表，包含数据框的前 6 列名称即可。运行下面的代码，打印出结果。

```
features = list(df.columns[:6])
features
```

结果如下。

```
Out[4]:  ['Years Experience',
          'Employed?',
          'Previous employers',
          'Level of Education',
          'Top-tier school',
          'Interned']
```

以上就是包含特性信息的列名：工作经验、是否在职、前雇主数、教育水平、是否名校毕业和是否有实习经历。这就是用来预测录用决策的申请人属性。

下面创建 y 向量，并赋给它要预测的内容，即 Hired 列：

```
y = df["Hired"]
X = df[features]
clf = tree.DecisionTreeClassifier()
clf = clf.fit(X,y)
```

这段代码提取出整个 Hired 列，并称其为 y。然后将所有特征列放在一个称为 X 的对象中，这是一个所有特征数据的集合。决策树分类器需要的就是 X 和 y 这两个对象。

要想创建分类器，只需两行代码：调用 tree.DecisionTreeClassifier() 函数创建分类器，然后使用特征数据（X）和结果数据（y，是否被录用）进行拟合。来运行一下上面的代码。

要显示图形数据有点难度，而且我们也不想在这些细节上分心，所以只要按照下面的代码模板做就可以了，不需要知道 Graphviz 是干什么的，以及 dot 文件等的意义：它们对于现在的学习还不是很重要。显示最后决策树结果的代码非常简洁：

```
from IPython.display import Image
from sklearn.externals.six import StringIO
import pydot

dot_data = StringIO()
tree.export_graphviz(clf, out_file=dot_data,
                          feature_names=features)
graph = pydot.graph_from_dot_data(dot_data.getvalue())
Image(graph.create_png())
```

运行上面的代码。

结果如下。

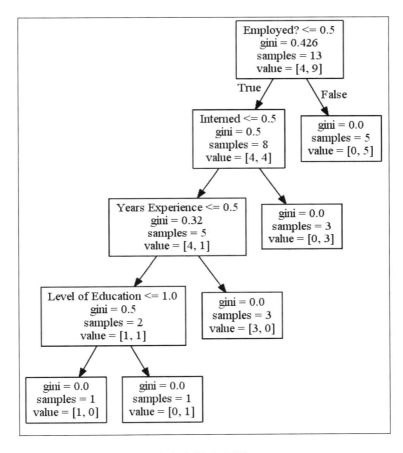

大功告成！太棒了！我们得到了一张真实的流程图。

下面解释一下这张图。在每个阶段，我们都需要做一个决策。请记住我们的数据大多是 Y 和 N，已经被转换成了 1 和 0。第一个决策点是：是否在职？小于 0.5 吗？其含义是，如果是否在职的值是 0，也就是不在职，那么向左走；如果是否在职的值是 1，也就是在职，那么向右走。

他们是否有工作？如果没有就去左边，如果有就去右边。这说明在我们的样本数据中，现在有工作的人都得到了录用，所以可以非常确定地说，如果你现在有工作，那么好的，你值得录用，可以讨论第二个阶段了。

应该如何理解上面的步骤呢？gini 就是在每一步中用来度量熵的指标，你应该记得我们的算法就是要使熵的总量最小。samples 是指经过前面的决策后还没有被明确分类的样本数量。

假如一个人现在在职。右边叶子节点中的 value 表示当前有 0 个申请人未被录用，5 个申请人被录用。所以，第一个决策点可以这样理解：如果是否在职为 1，就应该去右边（表示申请人在职），这时的情况是所有人都被录用，所以应该录用这个人。

如果这个人现在没有工作，那么需要检查的另一个属性就是他是否有实习经历。如果有实习经历，在我们的训练数据中，所有这样的人都被录用了，所以可以说这时的熵是 0（gini=0.0000），因为所有人都是一样的，都被录用了。但是，如果继续向下的话（当这个人没有实习经历时），这时的熵是 0.32，它变得越来越小，这是个好事情。

下一步要检查一下他有多少工作经验，工作经验是否小于 1 年？如果他有一些工作经验，但至今还没找到工作，那最好不要录用他。这时的熵是 0，但训练集中剩余的 3 个样本都是不录用，有 3 个不录用，0 个录用。如果他基本没有工作经验，那他很可能刚大学毕业，还值得继续考察。

最后要检查的一个属性是是否名校毕业，如果是，就录用，如果不是，就不录用。如果不是名校毕业，这时只有一个申请人样本，这个类别中有 1 个录用，0 个不录用。相反，在名校毕业的情况下，有 0 个不录用和 1 个录用。

所以，就这样一直做下去，直到熵为 0，考虑各种可能，各种情况。

5.9.1　集成学习——使用随机森林

下面练习使用随机森林，因为我们担心会对训练数据过拟合。实际上，创建一个包含多棵决策树的随机森林非常简单。

要使用随机森林，可以使用与前面一样的数据。只需要 X 向量和 y 向量，它们分别是特征集合和要预测的目标列：

```
from sklearn.ensemble import RandomForestClassifier

clf = RandomForestClassifier(n_estimators=10)
clf = clf.fit(X, y)

# 预测一位有 10 年工作经验、目前在职的求职者能否被录用
print clf.predict([[10, 1, 4, 0, 0, 0]])
# 同样是 10 年工作经验，如果目前不在职呢
print clf.predict([[10, 0, 4, 0, 0, 0]])
```

还是通过 scikit-learn 建立一个随机森林分类器，然后传给它想在森林里包含的树的数量。在上面的代码中，我们在随机森林中建立了 10 棵树。然后拟合模型。

你不能手动地用这些树得出结果，在处理随机森林时，手动无能为力。所以，要使用模型的 predict() 函数，这个模型就是我们生成的分类器。对于一个给定的申请人，要预测他能否被录用，将其属性列表传给 predict() 函数即可。

你是否还记得这些列：工作经验、是否在职、前雇主数、教育水平、是否名校毕业、是否有实习经历，它们都是以数值型来表示的。我们预测一个具有 10 年工作经验、目前在职的求职者和一个具有 10 年工作经验、目前不在职的求职者的录用情况。结果如下。

```
[1]
[1]
```

在这个例子中，两种情形下的结果都是录用。有趣的是，结果中有随机因素，每一次的结果可能是不同的。在后一种情形下，结果往往是不录用，如果你多次运行代码，就会知道这是通常的情况。但是，由于装袋或自助聚集的随机本质，我们不可能每次都得到同样的结果。所以，10 棵树可能还远远不够。不管怎样，我们学到了很多。

5.9.2 练习

为了做练习，你可以回过头去修改一下输入数据，可以天马行空随心所欲地修改代码，比如将那些以前录用的人都改为不录用，或者将以前不录用的人都改为录用。然后，看看决策树会受到什么影响。去试试吧，看看结果如何，并解释一下。

这就是决策树和随机森林，在我看来，这是机器学习中最有趣的部分之一。我一直认为凭空地生成一张流程图是非常奇妙的事情，希望它对你有所帮助。

5.10 集成学习

随机森林就是集成学习的一个例子。在集成学习中，可以将多个模型组合在一起，以得到比任何一个单模型都更好的结果。下面，我们更详细地讨论一下集成学习。

还记得随机森林吗？随机森林中有很多棵使用输入数据的不同子样本和不同属性集得出的决策树，当确定最终分类时，它通过投票得出最终结果。这就是集成学习的一个例子。再举一个例子：k 均值聚类。我们通过不同的随机中心点，得到多个不同的 k 均值模型，然后让它们都对最终结果投票。这也是集成学习的一个例子。

总体来说，集成学习的思想就是：你有不止一个模型，这些模型可以是同类型的，也可以是不同类型的，但你可以在同样的训练数据上运行它们，它们通过投票来决定你要预测的最终结果。一般情况下，相比于任何一个单模型，集成模型的结果会更好。

Netflix 奖金是近年来集成学习的一个非常好的例子。Netflix 举办了一场竞赛，奖金高达百万美元，任何一位可以胜过他们现有电影推荐算法的研究者都可以获得这份奖金。最后赢得奖金的就是集成算法，它同时运行多个推荐算法，并让它们对最终结果投票。所以，集成学习是一种非常强大但又非常简单的可以提高机器学习最终结果质量的方法。下面介绍几种集成学习方法。

❑ **自助聚集（装袋）**：随机森林使用的方法称为自助聚集，简称装袋。我们使用这种方法从训练数据中提取出随机子样本，然后将其装入到同一模型的不同版本，并让它们对最终结果进行投票。如果你还记得，随机森林中有多棵决策树，它们是使用训练数据的不同子样本训练出来的，然后它们一起投票选出最终结果。这就是装袋。

❑ **提升**：提升法是另一种生成模型的方法，它从一个基础模型开始，随后的每个模型都对前面模型中定义了误分类区域的属性进行提升。这样，你通过训练/测试法得到一个模型，然后找出出现错误的属性，在后面的模型中对这些属性进行提升，即希望后面的模型对这些属性给予更多关注并使其回到正轨。这就是提升法的一般思路。运行一个模型，找到它的弱点，然后对弱点给予更多关注，就这样建立越来越多的模型，基于前面模型的弱点持续进行改进。

❑ **桶装模型**：另一种集成学习方法称为桶装模型，这也是 Netflix 奖金获得者使用的方法。这种方法可以使用完全不同类型的模型进行预测，比如 k 均值模型、决策树模型和回归模型。我们可以在训练数据上一起运行这 3 种模型，并对最终分类结果进行投票。这样得出的结果会比单独使用任何一种模型要好。

❑ **融合**：融合模型与桶装模型的思路很相似，也是在数据上运行多个模型，然后将结果以某种方式组合起来。二者的细微差别是，桶装模型遵循的原则是胜者为王，它先通过训练/测试法找出对数据效果最好的模型，然后使用这个模型。相比之下，融合模型会将所有模型的结果组合起来得到最终结果。

在集成学习领域内，现在的一个方向是研究集成学习的最优方法，如果你想让方法听起来很高级，通常做法就是在方法名称中包含贝叶斯这个词。现在有很多集成学习的高级方法，但所有方法都有缺陷，这也是我们认为应该使用那些适合我们的最简单方法的原因之一。

现在的复杂方法太多了，我不可能在本书中完全介绍，总之，这些方法的效果也不见得比前面介绍过的那些简单方法好。下面就是几种复杂的方法。

❑ **贝叶斯最优分类器**：理论上，能称为贝叶斯最优分类器的方法肯定是效果最好的，但它有些不切实际，因为它对计算能力的要求令人望而却步。

❑ **贝叶斯参数平均**：很多人试图对贝叶斯最优分类器进行修改，来使它更可行，贝叶斯参数平均就是修改方法之一。但它还是容易出现过拟合，使用与随机森林相同的装袋方法可以克服这种现象，只需对数据进行多次重抽样，运行多个不同模型，然后对最终结果进行投票。它的效果与贝叶斯最优分类器一样好，但简单多了。

❑ **组合贝叶斯模型**：最后，还有一种组合贝叶斯模型，它试图解决贝叶斯最优分类器和贝叶斯参数平均的所有问题。但是，它的效果并没有比通过交叉验证找出的模型组合好到哪里去。

以上这些都是复杂的方法，它们使用起来非常困难。实际上，我们最好还是使用前面详细讨论过的更简单的方法。但是，如果你想使方法听起来更高级一些，或是想使用贝叶斯这个词，还是至少要熟悉一下这些方法，并且知道它们的特点。

这就是集成学习。我们最好还是使用简单的方法，比如自助聚集（装袋）、提升、桶装模型或融合，一般来说它们是正确的选择。还有很多更时髦的方法，它们多半不实用，但至少你应该了解一下。

试验一下集成学习总是个好主意，人们已经屡次证明集成学习可以生成比单一模型更好的结果，所以，一定不要忘了它！

5.11　支持向量机简介

最后讨论一下**支持向量机**（Support Vector Machine，SVM），它是一种对高维数据进行聚集和分类的高级方法。

如果你想使用具有多个特征的数据进行预测，那么 SVM 是完成这种任务的一种强有力的技术，而且结果会出奇地好！SVM 的底层技术非常复杂，但更重要的是知道何时使用它，以及它在更高的层次上是如何运行的。下面我们介绍 SVM。

支持向量机是一个听上去很高级的名字，实际上这个概念也确实很高级。幸运的是，它使用起来相当简单。重要的是知道它能做什么以及适合做什么。支持向量机适合对高维数据进行分类，高维数据就是那些有很多特征的数据。我们可以很容易地使用 k 均值聚类对二维数据进行聚类，比如一个维度是年龄，另一个维度是收入。但是，如果我们使用有很多很多不同特征的数据进行预测，那么应该怎么办呢？支持向量机或许是完成这种任务的一种好方法。

支持向量机找出更高维的支持向量来划分数据（从数学上来说，支持向量定义了超平面）。更确切地说，在数学上，支持向量机能够找出更高维的支持向量（这就是这个方法名称的由来），由支持向量定义更高维的平面来将数据划分为不同的簇。

显然，支持向量机背后的数学原理非常复杂。幸好，scikit-learn 包可以为你完成所有工作，你不用去搞清楚复杂的数学原理。但你需要知道的是，在底层它使用了核方法来找出支持向量（或超平面），这些支持向量在低维度上是不明显的。你可以使用多个不同的核方法以不同的方式找到支持向量。重点是如果你的数据是有很多特征的高维数据，那么 SVM 是一种非常好的选择。你可以使用不同的核方法，它们的计算成本和适用问题都是不同的。

重点是 SVM 使用了一些高级数学方法来聚集数据，它可以处理带有大量特征的数据集。它使用起来相当有难度——“核方法”是实现 SVM 的关键。

需要指出的是，SVM 是一种监督式学习方法。我们需要使用训练数据对其进行训练，还可以使用它对未知数据或测试数据进行预测。它和 k 均值聚类有一点差别，k 均值聚类是完完全全的非监督式。相比之下，支持向量机基于实际的训练数据进行训练，训练数据的正确分类是已知的，可以用来学习。所以，SVM 适合用来进行分类和聚集——如果你愿意的话——但它是一种监督式学习方法！

一个常见的 SVM 例子是支持向量分类，这个典型的例子使用了 scikit-learn 自带的示例数据集之一——鸢尾花数据集。这个数据集包含了各种鸢尾花的观测数据，可以进行分类。分类思路是按照每朵花花瓣和萼片（萼片就是花瓣下面的支撑结构，我以前根本不知道）的长度和宽度来进行划分。你有 4 个维度，也就是 4 个属性，花瓣的长度和宽度，萼片的长度和宽度。你可以使用这些信息来预测鸢尾花的种类。

下面是使用 SVC（SVC 是 SVM 的一种形式）进行分类的示例：从根本上来讲，我们使用萼片宽度和萼片长度这两个维度进行可视化。

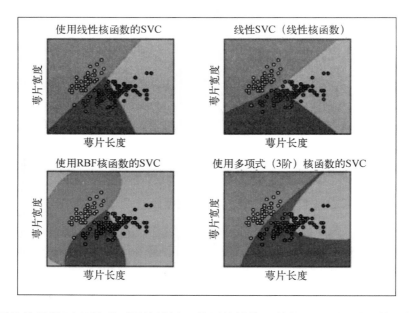

通过不同的核函数可以得到不同的结果。使用线性核函数的 SVC 得到的结果如前面两张图所示。你还可以使用多项式核函数或更高级的核函数，它们可以在二维平面中投射出曲线，如图中所示。通过这种方式，你可以进行非常有趣的分类。

这些方法会提高计算成本，可以生成更复杂的关系。同样，过于复杂的关系会产生误导性的结果，所以，你需要谨慎对待，在必要的时候应该使用训练/测试方法。因为这是一种监督式学习方法，所以你可以使用训练/测试方法，找到合适有效的模型，也可以使用集成学习方法。

你需要找出正确的核函数来完成当前任务。比如多项式 SVC，应该使用几阶多项式呢？即使是线性 SVC，也有很多参数需要进行优化。通过一个实际的例子，可以将这些问题说得更清楚，所以，下面我们介绍实际的 Python 代码，看看它是如何工作的！

5.12 使用 scikit-learn 通过 SVM 进行人员聚集

下面来应用一下支持向量机，幸运的是，支持向量机的使用要比理解更容易。我们使用与 k 均值聚类相同的例子，当时是创建了 100 个人员的年龄和收入的随机虚拟数据用于聚类。

如果你回头复习一下 k 均值聚类那一节，就能对生成虚拟数据的代码理解得更透彻一些。如果你准备好了，那么来看一下下面的代码：

```python
import numpy as np

# 创建虚构的收入/年龄簇，N 个人 k 个簇
def createClusteredData(N, k):
    pointsPerCluster = float(N)/k
    X = []
    y = []
    for i in range (k):
        incomeCentroid = np.random.uniform(20000.0, 200000.0)
        ageCentroid = np.random.uniform(20.0, 70.0)
        for j in range(int(pointsPerCluster)):
            X.append([np.random.normal(incomeCentroid, 10000.0),
            np.random.normal(ageCentroid, 2.0)])
            y.append(i)
    X = np.array(X)
    y = np.array(y)
    return X, y
```

请注意，因为 SVM 是一种监督式学习，所以我们不仅需要特征数据，还需要训练集的正确的结果。

createClusteredData() 函数创建了一些人员的年龄和收入的随机数据，聚集在 k 个点附近，返回两个数组。第一个数组是特征数组，名称为 x，第二个数组是预测值数值，名称为 y。在 scikit-learn 中，很多时候用于预测的模型都需要这两个输入，一个是特征向量列表，一个是要预测的值，预测值可以用来学习。可以运行一下上面的代码。

下面使用 createClusteredData() 函数创建 100 个随机人员，使其分布在 5 个不同的簇中。再创建一个散点图表示出数据的分布：

```python
%matplotlib inline
from pylab import *

(X, y) = createClusteredData(100, 5)

plt.figure(figsize=(8, 6))
plt.scatter(X[:,0], X[:,1], c=y.astype(np.float))
plt.show()
```

接下来的图形展示了我们要处理的数据。每运行一次代码，都会得到一些不同的簇，因为我们没有设定随机数种子。

代码中有一些新知识，`plt.figure()`函数中使用 `figsize` 参数生成了一张更大的图形。所以，如果想在 `matplotlib` 中调整图形大小，就可以使用这个参数。我们采用同样的技巧使用颜色作为最后的分类编号，所以，在图形中使用初始的簇标号作为数据点的颜色。这个问题有些难度，你可以看到有些簇是混在一起的。

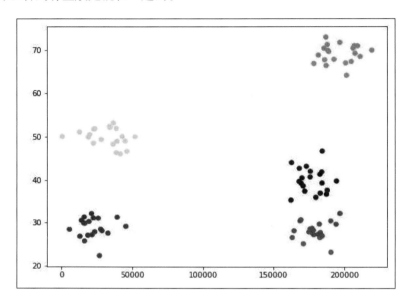

下面使用线性 SVC 将数据分成多个簇。我们要使用带有线性核函数的 SVM，C 值为 `1.0`。C 是一个可以调整的误差惩罚项，默认值为 1。一般情况下，不用调整这个值，但如果你使用集成学习方法或训练/测试法寻找正确模型时，可以调整一下这个值。然后，使用特征数据和训练集中的实际分类来拟合模型。

```
from sklearn import svm, datasets

C = 1.0
svc = svm.SVC(kernel='linear', C=C).fit(X, y)
```

运行一下代码。我们只需得到能够进行可视化的结果就可以了，`plotPredictions()`函数可以绘制出分类的范围和 SVC。

这个函数可以帮助我们将不同的分类可视化，它先创建一个网格，再将 SVC 模型中的各个分类以不同颜色绘制在网格上，然后我们在上面绘制出初始数据：

```
def plotPredictions(clf):
    xx, yy = np.meshgrid(np.arange(0, 250000, 10),
                         np.arange(10, 70, 0.5))
    Z = clf.predict(np.c_[xx.ravel(), yy.ravel()])
```

```
plt.figure(figsize=(8, 6))
Z = Z.reshape(xx.shape)
plt.contourf(xx, yy, Z, cmap=plt.cm.Paired, alpha=0.8)
plt.scatter(X[:,0], X[:,1], c=y.astype(np.float))
plt.show()
```

```
plotPredictions(svc)
```

来看看代码的结果。SVC 需要强大的计算能力，所以代码的运行时间会比较长。

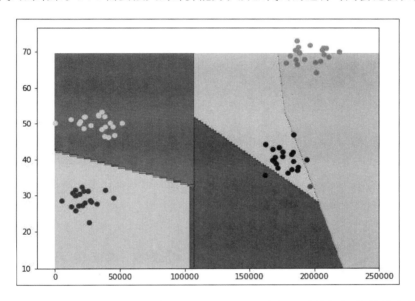

可以看出，这个结果非常好。通过直线和多边形，这种方法对数据拟合得非常好。虽然不是十全十美，但总的来说这个结果相当不错。

SVC 是一种非常强大的技术，它的真正威力在于处理高维数据。你一定要试试它。如果你不想只做结果的可视化，那么可以像 scikit-learn 中的多数模型一样，使用 SVC 模型的 `predict()` 函数，通过传入一个特征数组得到结果。如果想预测一个年龄为 40 岁、年收入为 200 000 美元的人的分类，可以使用以下代码：

```
svc.predict([[200000, 40]])
```

结果是这个人在第一个簇中。

```
Out[5]:  array([3])
```

如果想预测一个年龄为 65 岁、年收入为 50 000 美元的人的分类，可以使用以下代码：

```
svc.predict([[50000, 65]])
```

结果如下。

```
Out[6]: array([4])
```

这个人应该在第二个簇中，不管在这个例子中它表示的是什么。去练习一下吧！

练习

线性核函数只是你可以使用的很多核函数中的一种，还有很多其他的核函数可以使用，其中之一就是多项式模型，可以试试这个核函数。你需要先看看文档，这对你来说是一种很好的实践。如果你更加深入地使用 scikit-learn，就会发现更多可以使用的功能和选项。所以，去查一下 scikit-learn 的在线文档吧，找出在 SVC 方法中还可以使用哪些核函数，试用一下，看看能否得到更好的结果。

这只是一个很小的练习，它不仅能让你练习一下 SVM 和各种 SVC，还能让你知道如何自学关于 SVC 的知识。说真的，数据科学家或数据工程师的一个重要特点就是具有自学新知识的能力。

我之所以不告诉你其他核函数是什么，并不是犯懒，只是想让你养成自己寻找答案的习惯。如果你总是向别人询问这种事情，就会令人生厌。所以，自己去找答案，试一试，看看能得到什么结果。

这就是 SVM/SVC，监督式学习中的一种非常强大的数据分类技术。现在你已经了解了它的工作原理和使用方法，好好地使用它吧！

5.13　小结

本章介绍了一些有趣的机器学习方法。首先介绍了机器学习中的一个基本概念，即训练/测试方法，介绍了如何使用这种方法找出合适的多项式阶数来拟合给定的数据。然后分析了监督式学习和非监督式学习之间的差异。

接下来介绍了如何实现一个垃圾邮件分类器，并通过它使用朴素贝叶斯方法来确定一封邮件是否为垃圾邮件。我们不仅讨论了一种非监督式学习方法——k 均值聚类，使用它将数据聚集成簇，还给出了一个例子，使用 scikit-learn 基于收入和年龄对人员进行聚集。

随后又介绍了熵的概念和度量方法，介绍了决策树的概念，以及如何在给定了训练数据的情况下，使用 Python 代码生成一张流程图来制定决策。我们还建立了一个能自动筛选简历的系统，它可以基于简历信息预测某个人能否被录用。

最后我们学习了集成学习的概念，又讨论了支持向量机——一种对高维数据进行聚类或分类的高级方法。然后使用 scikit-learn 中的 SVM 功能进行了人员聚类。下一章将讨论推荐系统。

## 第 6 章

推荐系统

本章将讨论我个人的专业领域——推荐系统，这种系统可以根据他人的行为向人们推荐感兴趣的内容。我们将介绍几个推荐系统的例子以及一些实现方法，并会专门介绍两种技术：基于用户的协同过滤与基于项目的协同过滤。下面开始本章内容。

我在 Amazon 和 IMDb 度过了大部分职业生涯，主要工作就是开发推荐系统，会做如"购买了这种商品的人也会购买……""向您推荐……"，以及为人们推荐电影这样的事情。所以，推荐系统是我的专业领域，我希望能与你分享这些知识。本章将循序渐进地介绍以下内容：

- ❑ 什么是推荐系统；
- ❑ 基于用户的协同过滤；
- ❑ 基于项目的协同过滤；
- ❑ 找出电影相似度；
- ❑ 向人们推荐电影；
- ❑ 改善推荐结果。

6.1 什么是推荐系统

Amazon 是个非常好的例子，我对其也非常了解。如果你看一下它的推荐页面，如下图所示，就会知道它是基于你过去在网站上的购买行为来向你推荐或许会感兴趣的商品的。

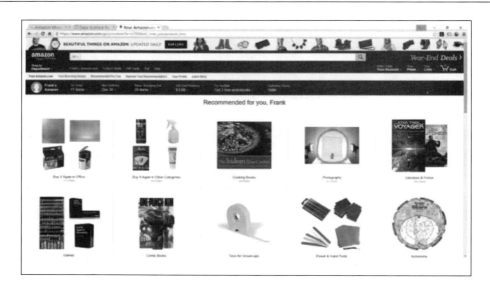

这个推荐系统推荐的东西包括你评价过的商品、购买过的商品，以及根据其他数据确定的商品，等等。它确实非常棒。你可以认为"购买了这种商品的人也会购买……"这种功能在 Amazon 上也是一种推荐系统。

二者之间的区别在于，Amazon 推荐页面上的推荐内容是基于你过去的所有行为而确定的，而像"购买了这种商品的人也会购买……"或者"查看了这种商品的人也会查看……"之类的功能仅是基于你正在查看的内容，向你展示与之相似的你或许会感兴趣的商品。确实，你的当前行为可能是确定你兴趣的最强烈信号。

另一个例子来自 Netflix，如下图所示（这是 Netflix 的一个屏幕截图）。

　　Netflix 有各种功能可以基于你的喜好或观影记录向你推荐最新的或是你没有看过的电影，并可以按影片风格进行分类。他们对每部电影信息都进行了处理，从而可以识别出你最感兴趣的电影风格和电影类型，然后向你推荐同样风格的更多电影。这是实际推荐系统的另一个例子。

　　推荐系统的作用就是帮助你发现以前不知道的东西，所以，它真是太棒了。它可以让人们有机会发现那些以前没有被注意到的电影、书、音乐或其他物品。它不仅是一项非常强大的技术，还能创造一种公平竞争的环境，使新产品能为大众所知。所以，它在当今社会非常重要，至少我是这么认为的！实现推荐系统的方法有若干种，本章将介绍几种主要方法。

基于用户的协同过滤

　　首先，我们讨论一下基于你以前行为的推荐。这种技术称为基于用户的协同过滤，下面是它的工作原理。

　　协同过滤是一个时髦的名称，它的意思就是基于你和他人的行为来推荐内容。它检查你的行为，然后与其他人的行为进行比较，找出你还不知道的但可能感兴趣的东西。

　　(1) 这种方法的思路就是建立一个矩阵，记录每个用户对每件商品曾经进行的购买、查看、评价或其他任何对推荐系统有价值的信息。总的说来，在系统中，每个用户都有一行记录，其中包含了能够指示出他对某种商品可能具有兴趣的所有信息。你可以想象出一个表格，其中的行是用户，列是一个项目，它可以是一部电影、一件商品、一个网页或其他什么东西，你可以用它来表示很多东西。

　　(2) 然后，我们使用这个矩阵计算出不同用户之间的相似度。可以将矩阵中的每一行看作一个向量，然后基于用户行为计算出每个用户向量之间的相似度。

　　(3) 如果两个用户喜欢的商品多数都相同，那他们彼此非常相似。可以按照相似度的值来为用户排序。如果能基于过去的行为找到与你相似的所有用户，那么就可以找到与你最相似的用户，然后可以将他喜欢的但你还不知道的内容推荐给你。

　　下面来看一个实际的例子，这样可以说得更清楚一些。

6

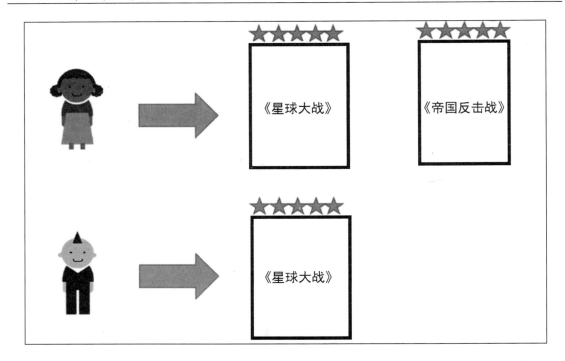

假设上面这位迷人的女士看了《星球大战》和《帝国反击战》这两部电影，而且都非常喜欢。这样，我们就可以建立这位女士的用户向量，她对《星球大战》和《帝国反击战》的评价都是 5 星。

然后，这位顶着莫西干发型的潮男出场了，他只看过《星球大战》。这是他看过的唯一一部电影，他对《帝国反击战》一无所知，就像生活在另一个时空，根本不知道有很多部《星球大战》系列电影，几乎每年一部。

我们可以认为这个潮男和上面那位女士非常相似，因为他们都特别喜欢《星球大战》，他们的相似度很高。那么，这个潮男还没有看过这位女士喜欢的哪些电影呢？《帝国反击战》就是其中之一。这样，我们就掌握了以下知识：因为他们都喜欢《星球大战》，所以非常相似；因为这位女士还喜欢《帝国反击战》，所以《帝国反击战》对这个莫西干发型男来说，是个好的推荐。

可以将《帝国反击战》推荐给这个潮男，他应该会喜欢这部电影。在我看来，它比《星球大战》还要好。本章中不会过多讨论电影的好坏。

基于用户的协同过滤的局限性

遗憾的是，基于用户的协同过滤具有一些局限性。当考虑基于项目和人员之间的关系来做推荐时，我们的思维总是倾向于先考虑人和人之间的关系。所以，我们想找到相似的人，然后推荐他们喜欢的东西。这种方法符合直觉，但不是最好的。下面列出了几种基于用户的协同过滤的局限性。

❑ 一个问题就是人是善变的，他们的喜好是一直在变化的。在上面例子中的那位迷人女士，可能正处于一个迷恋科幻电影的时期，但过了这个阶段之后，她可能开始喜欢剧情片或情感剧。如果基于她早期对科幻电影的迷恋，我们认为她与莫西干发型男具有很高的相似度，然后向他推荐浪漫喜剧，那会怎么样呢？结果可能会很糟糕。尽管在计算相似度时，可以对时间范围有所限制，但因为人们的喜好总是在变，所以还是会对数据有影响。因为人们的善变，人和人之间的比较并不总是一件简单的事情。

❑ 另一个问题是，系统中的人通常要比物品多得多。世界上有 70 亿人，但没有 70 亿部电影，或者说，在你的推荐目录中，没有 70 亿个项目。找出系统中所有用户相似度所需的计算成本通常远远高于找出系统中所有项目相似度所需的计算成本。所以，如果系统重点关注用户，就会使计算能力问题特别突出，因为用户数量特别多，特别是当你供职于一家成功公司的时候。

❑ 最后一个问题是，人们会做坏事。自己的产品、电影或其他项目被推荐，会使人们获得非常实际的经济利益，所以有人会想尽办法欺骗系统，让系统推荐他们的新电影、新产品、新书或其他东西。

> 伪造一个系统用户非常容易，即创建一个新用户，让他喜欢大量流行商品，然后再喜欢你的商品。这种行为称为**托攻击**，理想的系统可以应付这种攻击。

现在有人研究如何在基于用户的协同过滤系统中检测和避免这种托攻击。但是，还有一种更好的方法，通过完全不同的策略可以使系统不易受到这种攻击。

以上就是基于用户的协同过滤。它的概念非常简单，基于用户行为找出他们之间的相似度，然后将与你相似的用户喜欢的、你还未看到的内容推荐给你。这种方法确实有局限性，所以我们转换一下思路，介绍一种称为基于项目的协同过滤的技术。

6.2　基于项目的协同过滤

基于用户的协同过滤中存在一些问题，下面试着解决一下这些问题，解决的方法称为基于项目的协同过滤。我们来解释一下为什么这种技术更强大。这种技术就是 Amazon 在底层使用的技术，他们已经公开宣称了这一点，所以我们可以介绍得更详细一些，并说明为什么这是一种伟大的构想。在基于用户的协同过滤中，我们根据人与人之间的关系进行推荐，但是，如果换种思路，根据物品与物品之间的关系进行推荐，会怎么样呢？这就是基于项目的协同过滤。

理解基于项目的协同过滤

这种技术来自于一些对推荐系统的深刻理解。我们曾经说过，人是非常善变的，他们的喜好一直在变，所以基于过往行为对人和人进行比较是非常复杂的。人们在不同阶段有不同的兴趣，在对人进行比较时，他们可能处于不同的阶段。但是，项目是不会变的。电影永远是电影，它从来不变。《星球大战》一直是《星球大战》，直到乔治·卢卡斯对它进行了一点修改。但在多数情况下，项目不会像人那么善变。项目之间的关系更加长久，计算项目之间的相似度时，可以进行更加直接的比较，因为项目不随着时间发生变化。

这种技术的另一优点是，通常情况下，要推荐的项目比人少得多。世界上有 70 亿人，但你不会在网站上提供 70 亿产品以供推荐。因为系统中的项目比用户少得多，所以，相比于计算用户之间的关系，计算项目之间的关系可以节省大量计算能力。这意味着你可以更加频繁地运行推荐系统，使其更加实时，推荐效果更好。你可以使用更加复杂的算法，因为要计算的关系会更少，这是好事！

通过这种方法开发的系统也更加难以欺骗。我们已经说过了，欺骗一个基于用户的协同过滤系统非常容易，只需创建一些虚假用户，使其喜欢一些流行的东西，然后再喜欢你想要推销的东西就可以了。要欺骗基于项目的协同过滤系统则困难得多。你必须让系统认为项目之间存在联系，必须建立虚假的项目，并且在海量用户的基础上让这个虚假项目与其他项目之间存在虚假的联系，你不大可能有这种能力。所以，欺骗基于项目的协同过滤系统非常困难，这是其非常大的优点。

关于防止系统欺骗，另一个重要的原则是确保人们可以用钱表决。防止托攻击或系统欺骗的一种通用方法就是，只有在人们真正花了钱之后，才将他们的行为纳入推荐系统的考虑范围之内。所以，相对于人们查看了什么或点击了什么，根据他们购买了什么来进行推荐通常会得到更好也更可靠的结果。

6.3   基于项目的协同过滤是如何工作的

我们讨论一下基于项目的协同过滤是如何工作的。它与基于用户的协同过滤非常相似，但考虑的不是用户，而是项目。

回到前面那个电影推荐的例子。首先，我们要找到所有同一个人看过的两部电影。所以，我们找出同一个人看过的每部电影，然后计算出所有看过那部电影的人之间的相似度。通过这种方式，基于看过两部电影的人的评分，可以计算出两部电影之间的相似度。

假设有两部电影，比如《星球大战》和《帝国反击战》。我们找出所有看过这两部电影的人，然后比较他们的评分，如果评分相似，那么可以说这两部电影是相似的，因为看过它们的人对它们的评分相似。这就是这种方法的思路，也是一种实现方法，当然实现的方法不止一种。

然后，我们可以对电影按照相似度进行排序，找出相似的电影。这样就可以得到"喜欢这部电影的人也喜欢……"或者"对这部电影评价很高的人也对这些电影评价很高"等结果。正如我所说的，这只是一种实现方式。

这就是基于项目的协同过滤的第一步，首先要根据看过两部电影的人之间的关系找到电影之间的关系。用下面的例子会说得更清楚一些。

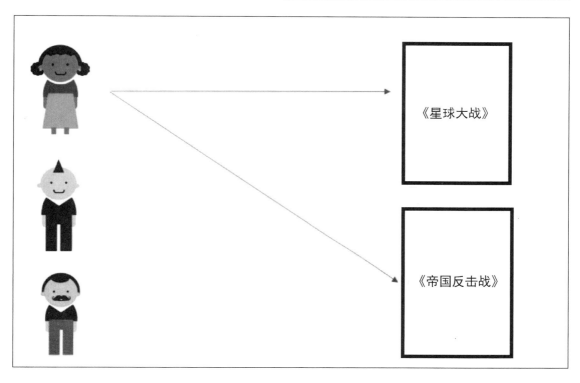

假设前面例子中那位年轻迷人的女士看过《星球大战》和《帝国反击战》，而且都很喜欢，所以给两部电影都打了 5 星。莫西干发型潮男也看过这两部电影，同样很喜欢。因此，我们可以找到一种关系，因为有两位用户都喜欢这两部电影，所以《星球大战》和《帝国反击战》是相似的。

我们需要检查所有两部电影的组合。以《星球大战》和《帝国反击战》这个组合为例，我们要找出所有看过这两部电影的用户，也就是上面的两个人，如果他们都喜欢这两部电影，就可以说这两部电影是相似的。或者，如果他们都不喜欢这两部电影，也可以说这两部电影是相似的。所以，在这个电影组合中，要依据两位用户与两部电影的相关行为来确定相似度。

现在，又来了一位留着漂亮小胡子、穿着短夹克衫的嬉皮士先生，他看过《帝国反击战》。他生活在一个奇怪的世界，虽然看过《帝国反击战》，但根本不知道《星球大战》是这个系列电影的第一部。

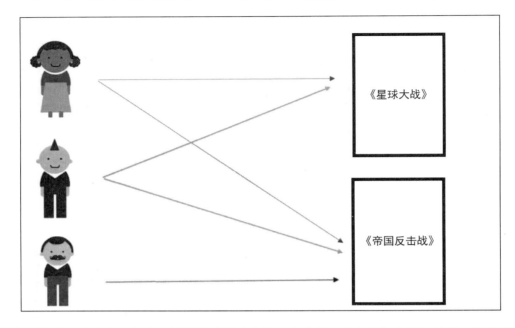

　　我们根据前两个人的行为,计算了《星球大战》和《帝国反击战》之间的关系,知道了这两部电影是相似的。所以,在知道嬉皮士先生喜欢《帝国反击战》之后,我们非常确信他也会喜欢《星球大战》,于是将《星球大战》推荐给他,并将其放在推荐列表的第一位。如下所示。

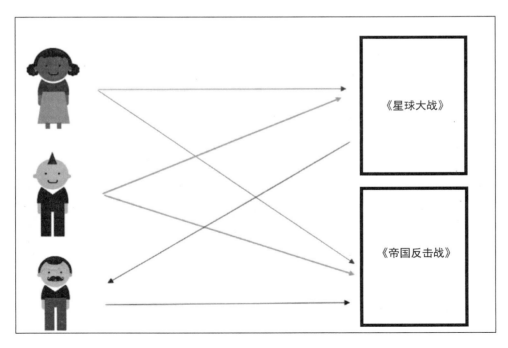

这个例子的结果和上一个例子很相似，但采取的是完全不同的思路。我们没有重点关注人和人之间的关系，而是将重点放在了项目之间的关系上。项目之间的关系也是建立在所有看过电影的人的总体行为上的。但本质上依据的是项目之间的关系，不是人之间的关系。明白了吗？

使用 Python 实现协同过滤

好了，来大干一番吧！我们要编写一些 Python 代码，使用 pandas 和其他能用的工具创建电影推荐，代码少得会让你吃惊。

我们要做的第一件事是建立一个能实际使用的基于项目的协同过滤系统，也就是说，要实现"看了这部电影的人也看了……"和"对这部电影高度评价的人也高度评价了……"这些功能，即建立电影之间的联系。我们将使用来自于 MovieLens 项目的真实数据，如果你访问 MovieLens.org，就会看到一个开放的电影推荐系统，人们可以对电影进行评价，也可以获取新电影的推荐。

这个项目的所有基础数据对于研究者都是公开的。我们将使用真实的电影评价数据，需要注意的是，这些数据有点过时，都是 10 年前的。但是，我们要处理的是真实的行为数据，要使用这些数据计算出电影之间的相似度，所以数据本身是非常有价值的。你可以使用这些数据找出喜欢某部电影的人还喜欢什么电影。如果我们查看了某部电影的网页，系统就会告诉我们：如果你喜欢这部电影，如果你看了这部电影并很感兴趣，那么你或许也会喜欢这些电影。这就是一种类型的推荐系统，尽管它甚至不知道你是谁。

既然使用了实际数据，就会遇到实际问题。我们的初始结果不会太好，需要花点时间找出原因，作为一名数据科学家，花费大量时间修正问题是很正常的现象。然后重新运行代码，直至得到有意义的结果。

最后，我们要得到一个完整的基于项目的协同过滤系统，并使用它基于个人的行为做出电影推荐。下面就开始吧！

6.4 找出电影相似度

我们按照基于项目的协同过滤的思路来进行。首先，计算电影相似度，它可以表示出哪些电影是相似的。特别地，我们要根据用户评分数据找出哪些电影与《星球大战》相似。来看看能找出哪些电影，马上开始！

先进行基于项目的协同过滤方法的前半部分，计算出项目之间的相似度。下载并打开 SimilarMovies.ipynb 文件。

Finding Similar Movies

We'll start by loading up the MovieLens dataset. Using Pandas, we can very quickly load the rows of the u.data and u.item files that we care about, and merge them together so we can work with movie names instead of ID's. (In a real production job, you'd stick with ID's and worry about the names at the display layer to make things more efficient. But this lets us understand what's going on better for now.)

```
In [1]:  import pandas as pd

         r_cols = ['user_id', 'movie_id', 'rating']
         ratings = pd.read_csv('e:/sundog-consult/udemy/datascience/ml-100k/u.data', sep='\t', names=r_cols, usecols=range(3))

         m_cols = ['movie_id', 'title']
         movies = pd.read_csv('e:/sundog-consult/udemy/datascience/ml-100k/u.item', sep='|', names=m_cols, usecols=range(2))

         ratings = pd.merge(movies, ratings)
```

```
In [2]:  ratings.head()
```

Out[2]:

	movie_id	title	user_id	rating
0	1	Toy Story (1995)	308	4
1	1	Toy Story (1995)	287	5
2	1	Toy Story (1995)	148	4
3	1	Toy Story (1995)	280	4
4	1	Toy Story (1995)	66	3

在这个例子中，我们要根据用户行为找出电影之间的相似度，将使用来自于 GroupLens 项目的一些真实数据。GroupLens.org 提供了真实的电影评分数据，这些数据来自于 MovieLens.org 的真实用户，他们在网站上给电影打分，并获得新电影推荐。

本书附带文件中提供了所需的数据文件。首先要将这些数据文件导入 pandas 数据框中，在这个例子中我们将看到 pandas 的强大威力。它绝对是个非常好的工具！

理解代码

首先要做的是导入 u.data 文件，将其作为 MovieLens 数据集的一部分，这是个制表符分隔文件，包含了数据集中的评分信息。

```
import pandas as pd

r_cols = ['user_id', 'movie_id', 'rating']
ratings = pd.read_csv('e:/sundog-consult/packt/datascience/ml-100k/u.data',
                      sep='\\t', names=r_cols, usecols=range(3))
```

请注意，应该将代码中的路径替换为你电脑上保存 MovieLens 文件的路径。在调用 pandas 的 read_csv() 函数时，可以指定一个分隔符来代替逗号，这个例子中使用的是制表符。

我们只使用 u.data 文件的前 3 列，将其导入一个新数据框中，这 3 列是：user_id、movie_id 和 rating。

我们会得到一个数据框，每个 user_id 都对应一行，它可以标识一个特定用户。对于每个用户评价过的电影，都有一个 movie_id，它是某部电影的数值型标识，比如《星球大战》的标识是 53。评分为 1 星到 5 星。这样，我们就有了一个数据库，也就是一个数据框，里面包含了所有用户以及他们对电影的评分。

下面处理一下电影标题，为了让结果更直观一些，我们使用人类可读的标题。

如果你使用的是大规模数据集，那么最好使用数值型标识，因为它可以最大限度地节省空间。但出于教学与示例的目的，我们还是保留电影的标题，这样可以将过程看得更清楚一些。

```
m_cols = ['movie_id', 'title']
movies = pd.read_csv('e:/sundog-consult/packt/datascience/ml-100k/u.item',
                     sep='|', names=m_cols, usecols=range(2))
```

MovieLens 数据集中还有另外一个独立文件 u.item，它是使用竖线分隔的，我们导入文件的前两列，也就是电影的 movie_id 和 title。这样就有了两个数据框：带有所有用户评分的 r_cols 和带有每个 movie_id 的标题的 m_cols。可以使用 pandas 中强大的 merge 函数将这两个数据框合在一起。

```
ratings = pd.merge(movies, ratings)
```

添加 ratings.head()命令，然后运行数据框的单元格，可以得到以下一张表格。速度非常快！

```
In [2]:  ratings.head()
Out[2]:
```

	movie_id	title	user_id	rating
0	1	Toy Story (1995)	308	4
1	1	Toy Story (1995)	287	5
2	1	Toy Story (1995)	148	4
3	1	Toy Story (1995)	280	4
4	1	Toy Story (1995)	66	3

我们得到了一个新数据框，其中包括 user_id 和用户对每部电影的评价，还有 movie_id 和 title，通过这两列可以知道电影的名称。从上图可知，user_id 为 308 的用户对 Toy Story (1995)这部电影的评价是 4 星，user_id 为 287 的用户对 Toy Story (1995)的评价是 5 星，等等。如果继续查看这个数据框中的更多信息，便可以知道各个影片获得的不同评分。

下面可以看到 pandas 真正强大的功能。我们想要的是根据观看了每部影片的用户所得到的两部影片之间的关系。最终需要一个矩阵，其中包括了所有电影和所有用户，以及每个用户对每部电影的评价。pandas 中的 pivot_table 命令可以帮助我们完成这个任务，它可以根据给定的数据框建立一个新表格，其形式可以是你需要的任何形式。对于这个例子，可以使用以下代码：

```
movieRatings = ratings.pivot_table(index=['user_id'],
                                   columns=['title'],values='rating')
movieRatings.head()
```

这段代码使用 ratings 数据框创建了一个名为 movieRatings 的新数据框，其索引为 user_id，所以每个 user_id 占一行。我们想让数据框的所有列都是电影名称，所以数据框中的每部电影名称都占一列。数据框的每个单元格中包含的是 rating 值（如果有的话）。运行一下这段代码。

最后将得到一个新数据框，如下所示。

title	'Til There Was You (1997)	1-900 (1994)	101 Dalmatians (1996)	12 Angry Men (1957)	187 (1997)	2 Days in the Valley (1996)	20,000 Leagues Under the Sea (1954)	2001: A Space Odyssey (1968)	3 Ninjas: High Noon At Mega Mountain (1998)	39 Steps, The (1935)	...	Yankee Zulu (1994)	Year of the Horse (1997)	You So Crazy (1994)	Young Frankenstein (1974)	Young Guns (1988)
user_id																
0	NaN	NaN	NaN	NaN	NaN	NaN	NaN	NaN	NaN	NaN	...	NaN	NaN	NaN	NaN	NaN
1	NaN	NaN	2	5	NaN	NaN	3	4	NaN	NaN	...	NaN	NaN	NaN	5	3
2	NaN	NaN	NaN	NaN	NaN	NaN	NaN	NaN	1	NaN	...	NaN	NaN	NaN	NaN	NaN
3	NaN	NaN	NaN	NaN	2	NaN	NaN	NaN	NaN	NaN	...	NaN	NaN	NaN	NaN	NaN
4	NaN	NaN	NaN	NaN	NaN	NaN	NaN	NaN	NaN	NaN	...	NaN	NaN	NaN	NaN	NaN

5 rows × 1664 columns

这个结果真是太棒了。在表中你会看到很多 NaN 值，它表示"不是一个数值"，pandas 用它来表示缺失值。举例来说，user_id 为 1 的用户没有看过电影 1-900 (1994)，但他看过 101 Dalmatians (1996) 并对其评分为 2 星。user_id 为 1 的用户还看过电影 12 Angry Man (1957) 并评为 5 星，但他没有看过 2 Days in the Valley (1996)，是不是？所以，我们得到的就是一个稀疏矩阵，其中包含每个用户和每部电影，只要用户评价了电影，就会在它们的交叉点上有个评分值。

从上图可知，你可以很轻松地提取出一个向量，表示某个用户看过的所有电影，还可以提取出一个向量，表示对某部电影进行了评价的所有用户，这就是我们需要的结果。这个表格既适用于基于用户的协同过滤，也适用于基于项目的协同过滤。如果想找出用户之间的关系，那么可以检查一下用户之间的相关性。如果想找出电影之间的关系，用于基于项目的协同过滤，则可以基于用户行为检查列之间的相关性。这就是通过用户相似度得到项目相似度的方法。

下面将进行基于项目的协同过滤，我们要提取所需的列，需运行以下代码：

```
starWarsRatings = movieRatings['Star Wars (1977)']
starWarsRatings.head()
```

通过以上代码，可以继续提取出所有评价了 Star Wars (1977) 的用户。

```
Out[4]: user_id
        0      5
        1      5
        2      5
        3    NaN
        4      5
        Name: Star Wars (1977), dtype: float64
```

可以看到，多数人都看过并评价过 Star Wars (1977)，而且所有人都喜欢它，至少在从数据框头部提取出的这个小样本中是这样的。于是，我们得到了一个包括用户 ID 和用户对 Star Wars (1977) 的评价的结果集合。ID 为 3 的用户没有评价 Star Wars (1977)，所以有一个 NaN 值，表示这里有一个缺失值，但问题不大。我们要确定是否保留这个缺失值，以便可以直接比较不同的电影列。如何来做呢？

corrwith 函数

pandas 总是可以帮我们轻松地达到目的，它有一个 corrwith 函数，下面的代码中就使用了这个函数：

```
similarMovies = movieRatings.corrwith(starWarsRatings)
similarMovies = similarMovies.dropna()
df = pd.DataFrame(similarMovies)
df.head(10)
```

上面的代码可以将给定的列与数据框中其他的列关联起来，并返回相关系数。在这段代码中，我们在整个 movieRatings 数据框上使用 corrwith 函数，这个数据框是一个包含用户评价的矩阵，我们将它与 starWarsRatings 列关联起来，然后使用 dropna 函数丢弃所有缺失值。最后剩下的就是带有相关系数的项目，其显示看过这些电影的用户都不止一个。然后，根据结果新建一个数据框，并显示出前 10 个结果。概括如下。

(1) 计算出《星球大战》和其他电影之间的相关系数。

(2) 丢弃所有 NaN 值，只保留那些有实际值的电影相似度，其显示评价这些电影的用户都不止一个。

(3) 根据结果新建一个数据框，并查看前 10 个结果。

结果见下面的屏幕截图。

	0
title	
'Til There Was You (1997)	0.872872
1-900 (1994)	-0.645497
101 Dalmatians (1996)	0.211132
12 Angry Men (1957)	0.184289
187 (1997)	0.027398
2 Days in the Valley (1996)	0.066654
20,000 Leagues Under the Sea (1954)	0.289768
2001: A Space Odyssey (1968)	0.230884
39 Steps, The (1935)	0.106453
8 1/2 (1963)	-0.142977

Out[5]:

上图显示了《星球大战》和其他电影之间的相关系数。例如，《星球大战》与电影 `'Til There Was You (1997)` 之间的相关系数惊人地高，但与 `1-900 (1994)` 之间则是负相关，与 `101 Dalmatians (1996)` 之间只有微弱的相关。

现在，只需按照相似度排序，就可以找出与《星球大战》相似度最高的电影，不是吗？来做一下：

```
similarMovies.sort_values(ascending=False)
```

对前面得到的数据框调用 `sort_values` 函数，pandas 又一次轻松地完成了任务，我们需要指定 `ascending=False`，使它按照相关系数的降序排序。结果如下。

```
Out[6]: title
        Full Speed (1996)                                                              1.000000
        Star Wars (1977)                                                               1.000000
        Mondo (1996)                                                                   1.000000
        Man of the Year (1995)                                                         1.000000
        Line King: Al Hirschfeld, The (1996)                                           1.000000
        Outlaw, The (1943)                                                             1.000000
        Hurricane Streets (1998)                                                       1.000000
        Hollow Reed (1996)                                                             1.000000
        Scarlet Letter, The (1926)                                                     1.000000
        Safe Passage (1994)                                                            1.000000
        Good Man in Africa, A (1994)                                                   1.000000
        Golden Earrings (1947)                                                         1.000000
        Old Lady Who Walked in the Sea, The (Vieille qui marchait dans la mer, La) (1991) 1.000000
        No Escape (1994)                                                               1.000000
        Ed's Next Move (1996)                                                          1.000000
        Stripes (1981)                                                                 1.000000
        Cosi (1996)                                                                    1.000000
        Commandments (1997)                                                            1.000000
        Twisted (1996)                                                                 1.000000
        Beans of Egypt, Maine, The (1994)                                              1.000000
        Last Time I Saw Paris, The (1954)                                              1.000000
        Maya Lin: A Strong Clear Vision (1994)                                         1.000000
        Designated Mourner, The (1997)                                                 0.970725
        Albino Alligator (1996)                                                        0.968496
        Angel Baby (1995)                                                              0.962250
        Prisoner of the Mountains (Kavkazsky Plennik) (1996)                           0.927173
        Love in the Afternoon (1957)                                                   0.923381
        'Til There Was You (1997)                                                      0.872872
        A Chef in Love (1996)                                                          0.868599
```

★ 数据科学

详解第三方库与工具

Amazon 畅销书

零基础上手

Facebook 数据科学家作品

★ 机器学习与深度学习

机器学习畅销经典

深入理解 TensorFlow
深度学习进阶必备

机器学习入门首选

图解深度学习
高清彩图辅助理解

深度学习入门
Deep Learning from Scratch

深度学习书入门首选

★ 重点新书及预告

深度学习的数学

详解深度学习
日亚深度学习畅销书

通过 PyTorch 入门深度学习

Python 进阶必备

★ 编程入门

需有其他编程语言基础

Python编程导论（第2版）
MIT编程教材

Python基础教程（第3版）
需有其他编程语言基础

零基础入门

★ 编程进阶

Python深度学习
Keras之父作品

算法图解
超超轻松学习实用算法

流畅的Python
进阶必备经典

Python测试驱动开发
Amazon 全五星好评

Flask Web开发
Flask 第一书

★ 网络爬虫与数据挖掘

Python数据挖掘
入门与实践
掌握数据挖掘最佳实践

数据挖掘与分析
详细剖析数据挖掘算法

Python 3
网络爬虫开发实战
百万访问量
博客作者静觅作品

Python
网络爬虫权威指南
超受欢迎爬虫入门

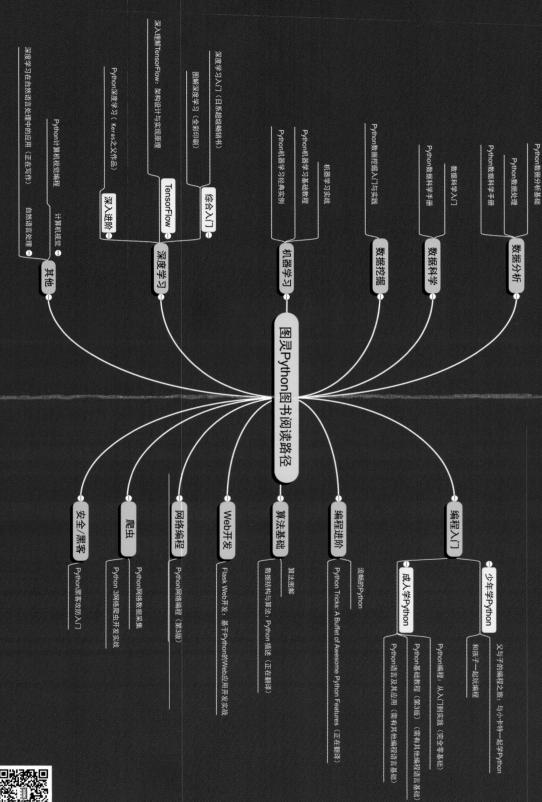

图灵Python图书阅读路径

数据分析
- Python数据分析基础
- Python数据处理
- Python数据科学手册

数据科学
- 数据科学入门
- Python数据科学手册

数据挖掘
- Python数据挖掘入门与实践

机器学习
- 机器学习实战
- Python机器学习基础教程
- Python机器学习经典实例

深度学习
- *综合入门*
  - 深度学习入门（日系超级畅销书）
  - 图解深度学习（全彩印刷）
  - Python深度学习（Keras之父作品）
- *TensorFlow*
  - 深入理解TensorFlow：深度学习与实现原理
- *深入进阶*

其他
- 计算机视觉
  - Python计算机视觉编程
- 自然语言处理
  - 深度学习在自然语言处理中的应用（正在写作）

编程入门
- *少年学Python*
  - 父与子的编程之旅：与小卡特一起学Python
  - 和孩子一起玩编程
- *成人学Python*
  - Python编程：从入门到实践（完全零基础）
  - Python基础教程（第3版）（需有其他编程语言基础）
  - Python语言及其应用（需有其他编程语言基础）

编程进阶
- 流畅的Python
- Python Tricks: A Buffet of Awesome Python Features（正在翻译）

算法基础
- 算法图解
- 数据结构与算法：Python描述（正在翻译）

Web开发
- Flask Web开发：基于Python的Web应用开发实战

网络编程
- Python网络编程（第3版）
- Python网络数据采集

爬虫
- Python 3网络爬虫开发实战

安全/黑客
- Python黑客攻防入门

好了，`Star Wars (1977)`基本上位于最上面，因为它跟自己肯定很相似，但其他影片是怎么回事？在上面的结果中，像 `Full Speed (1996)`、`Man of the Year (1995)` 和 `The Outlaw (1943)` 这些影片，都不是什么热门影片，其中大多数我根本就没有听说过，但它们与《星球大战》完美相关。这有点荒唐！所以，肯定在哪里做错了，是哪里呢？

关于这个问题有一个非常合理的解释，它也给了我们一个非常好的教训：在进行数据科学任务时，总是要对结果进行检查，因为我们经常会漏掉一些因素，或许是要对数据进行清理，或许是犯了一些错误。但是，你应该一直对结果持怀疑态度，不要轻易相信它。否则就会遇到麻烦。如果我真的将这些电影推荐给那些喜欢《星球大战》的人们，那我就会被"炒鱿鱼"。为了避免这种事情，一定要注意你的结果！在下一节中，我们将看看错误出在哪里。

6.5 改善电影相似度结果

让我们来弄清楚电影相似度的错误在哪里。我们根据用户评价向量计算出了不同电影之间的相关系数，但是得到了一个非常荒唐的结果。只是提醒一下，我们要使用这种方法找出与《星球大战》相似的电影，结果却在完全相关的电影列表顶部出现了一堆怪异的推荐。

大多数推荐是非常冷门的电影，你觉得为什么会这样？一个很有道理的解释是，如果有很多人看了《星球大战》与一部冷门电影，那么这两部电影之间就会有很强的相关性，因为它们被《星球大战》联系起来了。但是，我们真的会根据一两个看过冷门电影的人的行为来做出推荐吗？

恐怕不会！但这是可能的，如果有两个人，除了看过《星球大战》，还看了 *Full Speed*，而且喜欢这两部电影，那么对他们来说，这就是好的推荐。但是，对其他人来说，这可能不是好的推荐。我们需要强制规定一个看过某部电影的人的最小数量来为相似度引入某种置信程度，不能仅凭一两个人的行为判断某部电影的好坏。

试着使用以下代码实现上面的想法：

```
import numpy as np
movieStats = ratings.groupby('title').agg({'rating': [np.size, np.mean]})
movieStats.head()
```

我们要做的是找出那些没有被很多人评价的电影，将它们丢弃之后，再来看看结果。为了达到这个目的，对初始的 `ratings` 数据框使用 `groupby('title')` 方法，在此 pandas 又一次发挥了它的强大功能。这样会创建一个新数据框，将具有某个电影名称的所有行聚合成一行。

我们要对评分进行聚合，找出每部电影被评价的次数和评分的均值。通过上面的代码，可以得到以下结果。

Out[8]:		rating	
		size	mean
title			
'Til There Was You (1997)	9		2.333333
1-900 (1994)	5		2.600000
101 Dalmatians (1996)	109		2.908257
12 Angry Men (1957)	125		4.344000
187 (1997)	41		3.024390

由上图可知，对于电影 101 Dalmatians (1996)，有 109 个人进行了评价，评分的均值是 2.9 星，这并不是一个很好的评分。这些数据仅凭肉眼就可以看得比较清楚。我认为冷门的电影，比如 187 (1997) 有 41 个评价，而我知道的电影，比如 101 Dalmatians (1996) 和 12 Angry Man (1957)，评价数量都在 100 以上。似乎 100 个评价是个自然的分界值，当一部电影得到的评价人数超过 100 时，才对我们有意义。

将评价人数少于 100 的电影丢弃掉，是的，我们现在是通过一种很直观的方式确定这个值的。后面将会讲到，确定这个值的一般方法是进行实际的试验，通过训练/测试方法试验多个不同的阈值，然后找到实际效果最好的那个值。现在，我们只是通过常识确定了这个值，再过滤掉评价人数少于 100 的那些电影。同样，pandas 可以轻松地完成这个任务。来看以下代码：

```
popularMovies = movieStats['rating']['size'] >= 100
movieStats[popularMovies].sort_values([('rating', 'mean')],
ascending=False)[:15]
```

对 movieStats 进行处理，只保留 rating 数量大于或等于 100 的那些行，并创建一个新数据框 popularMovies。然后，按照 mean 进行排序，仅仅为了好玩，看看那些评分最高、最受欢迎的电影。

Out[9]:		rating	
		size	mean
title			
Close Shave, A (1995)	112		4.491071
Schindler's List (1993)	298		4.466443
Wrong Trousers, The (1993)	118		4.466102
Casablanca (1942)	243		4.456790
Shawshank Redemption, The (1994)	283		4.445230
Rear Window (1954)	209		4.387560
Usual Suspects, The (1995)	267		4.385768
Star Wars (1977)	584		4.359589
12 Angry Men (1957)	125		4.344000
Citizen Kane (1941)	198		4.292929
To Kill a Mockingbird (1962)	219		4.292237
One Flew Over the Cuckoo's Nest (1975)	264		4.291667
Silence of the Lambs, The (1991)	390		4.289744
North by Northwest (1959)	179		4.284916
Godfather, The (1972)	413		4.283293

这是一张被多于 100 个人评价的电影的列表，按照评分的均值进行排序，这个列表本身就是一种推荐系统。这些都是获得广泛好评的流行电影。A Close Shave (1995) 显然是部非常好的电影，很多人看过它并且真心喜欢。

再说一次，这是个比较老的数据集，完成于 20 世纪 90 年代后期。尽管你可能对 A Close Shave (1995) 不太熟悉，但它还是值得回头再看一次的，把它添加到你的 Netflix 上吧！Schindler's List (1993) 出现在这个列表的最上方，这没什么大惊小怪的。The Wrong Trousers (1993) 则是另一部冷门电影，但它显然非常好，也非常受欢迎。所以，仅凭这张表格，我们就有一些很有趣的发现。

情况似乎有了一点好转，我们继续创建新的数据框，根据这个数据框中的电影进行与《星球大战》相关的推荐。使用 join 操作，将初始的 similarMovies 数据框与新的只包含超过 100 个评价的电影的数据框连接起来。

```
df = movieStats[popularMovies].join(pd.DataFrame(similarMovies,
columns=['similarity']))
df.head()
```

上面代码创建了一个新数据框，从 similarMovies 数据框中提取出 similarity 列，然后与 movieStats 数据框，也就是 popularMovies 数据框连接起来，再检查一下组合后的结果。输出如下。

Out[11]:	(rating, size)	(rating, mean)	similarity
title			
101 Dalmatians (1996)	109	2.908257	0.211132
12 Angry Men (1957)	125	4.344000	0.184289
2001: A Space Odyssey (1968)	259	3.969112	0.230884
Absolute Power (1997)	127	3.370079	0.085440
Abyss, The (1989)	151	3.589404	0.203709

我们有了与《星球大战》相关的电影的相似度，并限制在评价人数多于 100 的电影范围内。现在只需使用以下代码进行排序：

```
df.sort_values(['similarity'], ascending=False)[:15]
```

按照相似度从高到低的顺序排序，并输出前 15 个结果。运行代码的结果如下。

Out[12]:		(rating, size)	(rating, mean)	similarity
title				
Star Wars (1977)		584	4.359589	1.000000
Empire Strikes Back, The (1980)		368	4.206522	0.748353
Return of the Jedi (1983)		507	4.007890	0.672556
Raiders of the Lost Ark (1981)		420	4.252381	0.536117
Austin Powers: International Man of Mystery (1997)		130	3.246154	0.377433
Sting, The (1973)		241	4.058091	0.367538
Indiana Jones and the Last Crusade (1989)		331	3.930514	0.350107
Pinocchio (1940)		101	3.673267	0.347868
Frighteners, The (1996)		115	3.234783	0.332729
L.A. Confidential (1997)		297	4.161616	0.319065
Wag the Dog (1997)		137	3.510949	0.318645
Dumbo (1941)		123	3.495935	0.317656
Bridge on the River Kwai, The (1957)		165	4.175758	0.316580
Philadelphia Story, The (1940)		104	4.115385	0.314272
Miracle on 34th Street (1994)		101	3.722772	0.310921

这个结果看上去好多了！Star Wars (1977)排在第一位，因为它跟自己相比肯定相似度最高。The Empire Strike Back (1980)排在第二位，Return of the Jedi (1983)是第三位，Raiders of the Lost Ark (1981)是第四位。虽然还不完美，但已经相当不错了。我们希望《星球大战》三部曲是彼此相似的，它们也的确占据了前三位，Raiders of the Lost Ark (1981)也是一部与《星球大战》风格非常相似的电影，它排在了第四位。感觉这个结果好多了，当然还有改善的空间，但我们已经得到了一个很好的结果。

理想情况下还应该过滤掉《星球大战》，因为我们不想看到原来的电影，但这个问题等一会儿再处理。我们随意地指定了 100 这个最小评价数量的阈值，如果你还想多练习一下，可以试验其他数值，看看能得到什么结果，这种行为是值得鼓励的。在前面的表格中，结果非常令人满意，其中很多电影的评价数量远远超过 100。Austin Powers: International Man of Mystery (1997)的排名非常高，但评价数量只有 130，所以 100 可能还不够高。Pinocchio (1940)与《星球大战》不是非常相似，它的评价数量是 101，所以，你可以考虑使用更高的阈值，看看结果如何。

 请记住，这是个非常小而有限的数据集，只是用于实验的目的，而且是基于过往数据的，所以你只能看到比较老的电影。对结果的解释有一点困难，但这个结果真的不坏。

下面，我们使用更加完善的基于项目的协同过滤方法建立一个更完整的系统，向人们推荐电影。

6.6　向人们推荐电影

让我们实际建立一个完整的推荐系统，检查系统中所有人的行为信息，看看他们都评价了哪些电影，然后使用这个系统对数据集中的任一用户给出最优推荐。这真是令人激动，而且也出奇地简单。开始吧！

这里要使用的是 ItemBasedCF.ipynb 文件。首先导入 MovieLens 数据集，我们要使用这个数据集的一个子集，其中包含 100 000 条评价。如果愿意，你可以在 GroupLens.org 下载到更大的数据集，其中有几百万条评价。请记住，当你开始处理真正的大数据时，就需要对单机和 pandas 的功能进行扩展。闲话少说，来看第一段代码：

```python
import pandas as pd

r_cols = ['user_id', 'movie_id', 'rating']
ratings = pd.read_csv('e:/sundog-consult/packt/datascience/ml-100k/u.data',
                      sep='\t', names=r_cols, usecols=range(3))

m_cols = ['movie_id', 'title']
movies = pd.read_csv('e:/sundog-consult/packt/datascience/ml-100k/u.item',
                     sep='|', names=m_cols, usecols=range(2))
ratings = pd.merge(movies, ratings)

ratings.head()
```

和前面一样，我们要导入 u.data 文件，其中包含了每位用户的评价，以及他们看过的电影。然后在其中加入电影名称，以免我们去处理数值型的电影 ID。点击运行按钮，可以得到以下的数据框。

Out[1]:		movie_id	title	user_id	rating
	0	1	Toy Story (1995)	308	4
	1	1	Toy Story (1995)	287	5
	2	1	Toy Story (1995)	148	4
	3	1	Toy Story (1995)	280	4
	4	1	Toy Story (1995)	66	3

上图中信息的意义是，user_id 为 308 的用户对 Toy Story (1995) 的评价是 4 星，user_id 为 66 的用户对 Toy Story (1995) 的评价是 3 星。这个数据框中包含了所有用户对所有电影的所有评价。

还是和前面一样，我们使用强大的 pandas 命令 `pivot_table` 基于上面的信息建立一个新数据框：

```
userRatings = ratings.pivot_table(index=['user_id'],
                                  columns=['title'],values='rating')
userRatings.head()
```

这样，原数据集中的每个 `user_id` 占一行，每部电影占一列，每个单元格中是评价数据。

Out[2]:	title	'Til There Was You (1997)	1-900 (1994)	101 Dalmatians (1996)	12 Angry Men (1957)	187 (1997)	2 Days in the Valley (1996)	20,000 Leagues Under the Sea (1954)	2001: A Space Odyssey (1968)	3 Ninjas: High Noon At Mega Mountain (1998)	39 Steps, The (1935)	...	Yankee Zulu (1994)	Year of the Horse (1997)	You So Crazy (1994)	Young Frankenstein (1974)	Young Guns (1988)
	user_id																
	0	NaN	NaN	NaN	NaN	NaN	NaN	NaN	NaN	NaN	NaN	...	NaN	NaN	NaN	NaN	NaN
	1	NaN	NaN	2	5	NaN	NaN	3	4	NaN	NaN	...	NaN	NaN	NaN	5	3
	2	NaN	NaN	NaN	NaN	NaN	NaN	NaN	NaN	1	NaN	...	NaN	NaN	NaN	NaN	NaN
	3	NaN	NaN	NaN	NaN	2	NaN	NaN	NaN	NaN	NaN	...	NaN	NaN	NaN	NaN	NaN
	4	NaN	NaN	NaN	NaN	NaN	NaN	NaN	NaN	NaN	NaN	...	NaN	NaN	NaN	NaN	NaN

5 rows × 1664 columns

通过前面的步骤，我们得到了一个极其有用的矩阵，其中每行表示一个用户，每列是一部电影，所有用户对所有电影的评价也包含在内。例如，`user_id` 为 1 的用户对 `101 Dalmatians (1996)` 的评价是 2 星。同样，所有的 NaN 都表示缺失的数据，例如，`user_id` 为 1 的用户对电影 `1-900 (1994)` 没有进行评价。

这个矩阵非常有用。如果要进行基于用户的协同过滤，那么可以计算出每个用户评价向量之间的相关系数，从而找出相似的用户。因为要做的是基于项目的协同过滤，所以我们对列与列之间的关系更感兴趣。例如，计算出任意两列之间的相关系数，就可以告诉我们任意两部电影之间的相关系数。应该怎么做呢？pandas 可以帮助我们非常容易地完成这个任务。

pandas 有个内置函数 `corr`，可以计算出整个矩阵中任意两列之间的相关系数。

```
corrMatrix = userRatings.corr()
corrMatrix.head()
```

运行上面的代码。这要进行大量计算，所以需要一段时间才能得到结果。如下所示。

	title	'Til There Was You (1997)	1-900 (1994)	101 Dalmatians (1996)	12 Angry Men (1957)	187 (1997)	2 Days in the Valley (1996)	20,000 Leagues Under the Sea (1954)	2001: A Space Odyssey (1968)	3 Ninjas: High Noon At Mega Mountain (1998)	39 Steps, The (1935)	...	Yankee Zulu (1994)	Year of the Horse (1997)	You So Crazy (1994)
title															
'Til There Was You (1997)		1.0	NaN	-1.000000	-0.500000	-0.500000	0.522233	NaN	-0.426401	NaN	NaN	...	NaN	NaN	NaN
1-900 (1994)		NaN	1	NaN	NaN	NaN	NaN	NaN	-0.981981	NaN	NaN	...	NaN	NaN	NaN
101 Dalmatians (1996)		-1.0	NaN	1.000000	-0.049890	0.269191	0.048973	0.266928	-0.043407	NaN	0.111111	...	NaN	-1.000000	NaN
12 Angry Men (1957)		-0.5	NaN	-0.049890	1.000000	0.666667	0.256625	0.274772	0.178848	NaN	0.457176	...	NaN	NaN	NaN
187 (1997)		-0.5	NaN	0.269191	0.666667	1.000000	0.596644	NaN	-0.554700	NaN	1.000000	...	NaN	0.866025	NaN

5 rows × 1664 columns

上面的结果有何意义？我们得到了一个新数据框，它的每行和每列都是一部电影。所以，给定两部电影，就可以在它们的交叉点上找到相关系数，这个值是基于原来的 userRatings 数据得出的。这真是太棒了！例如，显然电影 101 Dalmatians (1996) 和它自己完全相关，因为它们具有同样的用户评价向量。但是，如果你检查一下 101 Dalmatians (1996) 和 12 Angry Man (1957) 之间的关系，就会发现它们之间的相关系数很小，因为这两部电影是非常不同的。很有道理，是不是？

现在我们有了这个美妙的矩阵，便可以得到任意两部电影之间的相似度，这种感觉很棒，而且对接下来的工作相当有用。和前面一样，我们还必须处理一下那些虚假的结果，因为不想被那些基于少数人行为的信息所误导。

pandas 的 corr 函数中有一些参数你可以进行设置，其中有一种设置方法就是我们要使用的相关系数方法，我们使用皮尔逊相关系数。

```
corrMatrix = userRatings.corr(method='pearson', min_periods=100)
corrMatrix.head()
```

你会发现函数中还有一个 min_periods 参数需要设置，这个参数的意义是，我们只想考虑那些基于具有超过 100 个人评价的电影计算出的相关系数。通过这个参数，将除掉那些基于少数用户得到的虚假关系。运行代码后得到的矩阵如下所示。

Out[4]:	title	'Til There Was You (1997)	1-900 (1994)	101 Dalmatians (1996)	12 Angry Men (1957)	187 (1997)	2 Days in the Valley (1996)	20,000 Leagues Under the Sea (1954)	2001: A Space Odyssey (1968)	3 Ninjas: High Noon At Mega Mountain (1998)	39 Steps, The (1935)	...	Yankee Zulu (1994)	Year of the Horse (1997)	You So Crazy (1994)	Young Frankenstein (1974)
	title															
	'Til There Was You (1997)	NaN	NaN	NaN	NaN	NaN	NaN	NaN	NaN	NaN	NaN	...	NaN	NaN	NaN	NaN
	1-900 (1994)	NaN	NaN	NaN	NaN	NaN	NaN	NaN	NaN	NaN	NaN		NaN	NaN	NaN	NaN
	101 Dalmatians (1996)	NaN	NaN	1	NaN	NaN	NaN	NaN	NaN	NaN	NaN		NaN	NaN	NaN	NaN
	12 Angry Men (1957)	NaN	NaN	NaN	1	NaN	NaN	NaN	NaN	NaN	NaN		NaN	NaN	NaN	NaN
	187 (1997)	NaN	NaN	NaN	NaN	NaN	NaN	NaN	NaN	NaN	NaN		NaN	NaN	NaN	NaN

5 rows × 1664 columns

这个结果与前面项目相似度练习中的结果有些差别。在前面的练习中，我们丢弃了那些评价人数少于 100 的电影；在这里，丢弃的是评价人数少于 100 的电影之间的相似度。所以，你可以看到在上面的矩阵中有更多的 NaN 值。

实际上，甚至有些与自己相似的电影也被丢弃了，例如，电影 1-900 (1994) 的观看人数少于 100，所以与它相关的所有相似度都被丢弃了。相反，电影 101 Dalmatians (1996) 值为 1 的相似度却被保留下来了。在这个数据集小样本中，没有观看人数少于 100 的两部不同电影之间的相似度信息。尽管如此，保留下来的电影也足够得出有意义的结果。

通过一个例子理解电影推荐

使用这些数据能做什么呢？当然是为人们推荐电影。我们的推荐方法是先检查一个人的所有评价信息，然后找到与他评价过的电影相似的电影，作为向这个人推荐的电影候选。

我们先创建一个虚拟用户，为他推荐电影。我已经向 MovieLens 数据集中手动添加了一个虚拟用户，他的 ID 号是 0。你可以使用以下代码查看这个用户：

```
myRatings = userRatings.loc[0].dropna()
myRatings
```

结果如下。

```
Out[5]: title
        Empire Strikes Back, The (1980)    5
        Gone with the Wind (1939)          1
        Star Wars (1977)                   5
        Name: 0, dtype: float64
```

这个用户和我有点像，都喜欢《星球大战》和《帝国反击战》，但不喜欢《乱世佳人》。所以，他代表了那些喜欢《星球大战》但讨厌老式浪漫电影的人。因此，我将他对 The Empire Strikes Back (1980) 和 Star Wars (1977) 的评价设为 5 星，而将他对 Gone with the Wind (1939) 的评价设为 1 星。我们将为这个虚拟用户推荐电影。

那么，如何来做呢？首先创建一个名为 simCandidates 的序列，然后加入所有我评价过的电影。

```
simCandidates = pd.Series()
for i in range(0, len(myRatings.index)):
    print "Adding sims for " + myRatings.index[i] + "..."
    # 找出我评价过的电影
    sims = corrMatrix[myRatings.index[i]].dropna()
    # 通过我对电影的评分放大相似度
    sims = sims.map(lambda x: x * myRatings[i])
    # 将分数添加到相似度候选列表中
    simCandidates = simCandidates.append(sims)

# 看一下目前的结果：
print "sorting..."
simCandidates.sort_values(inplace = True, ascending = False)
print simCandidates.head(10)
```

对于从 0 到 myRatings 中评价数量范围内的每一个 i，我们要将与评价过的电影相似的电影加入序列中。我们要使用数据框 corrMatrix，这个神奇的数据框中包含所有的电影相似度。我们要通过 myRatings 创建一个相关系数矩阵，丢弃所有的缺失值，然后将得到的相关系数放大，放大的倍数为对相关电影的评价值。

举例说明一下上面的过程。我们先取得所有电影与《帝国反击战》的相似度，然后将它们乘以 5，因为我真的很喜欢《帝国反击战》。但是，当取得所有电影与《乱世佳人》的相似度后，将它们乘以 1，因为我真的不喜欢《乱世佳人》。这样便会给予与我喜欢的电影相似的电影更大的权重，并给予与我不喜欢的电影相似的电影更小的权重。

于是，我们就得到了这样一份候选相似度列表，如果你愿意，也可以叫作候选推荐。将列表排序然后打印出来，得到的结果如下。

```
Adding sims for Empire Strikes Back, The (1980)...
Adding sims for Gone with the Wind (1939)...
Adding sims for Star Wars (1977)...
sorting...
title
Empire Strikes Back, The (1980)                    5.000000
Star Wars (1977)                                   5.000000
Empire Strikes Back, The (1980)                    3.741763
Star Wars (1977)                                   3.741763
Return of the Jedi (1983)                          3.606146
Return of the Jedi (1983)                          3.362779
Raiders of the Lost Ark (1981)                     2.693297
Raiders of the Lost Ark (1981)                     2.680586
Austin Powers: International Man of Mystery (1997)  1.887164
Sting, The (1973)                                  1.837692
dtype: float64
```

看上去不错，是不是？显然，The Empire Strikes Back (1980)和 Star Wars (1977)位于列表最前面，因为我确实喜欢它们，我已经看过这两部电影并做出了评价。此外，不出所料，位于列表前面的还有 Return of the Jedi (1983)和 Raiders of the Ark (1981)。

我们看到有一些重复的结果，需要再进行一些优化。如果有一部电影与不止一部我们评价过的电影相似，那么它就会在结果中出现不止一次，我们要将重复的结果合并起来。如果结果中确实有重复的电影，那么在合并的时候，应该将它们的相关系数加起来，得到一个更强的推荐分数。比如拿《绝地归来》来说，它既与《星球大战》相似，又与《帝国反击战》相似，那么应该如何处理呢？

1. 使用 groupby 命令合并行

我们的处理方法是，先使用 groupby 命令将相同的电影行组合在一起，然后再将它们的相关系数加起来并看一下结果：

```
simCandidates = simCandidates.groupby(simCandidates.index).sum()
simCandidates.sort_values(inplace = True, ascending = False)
simCandidates.head(10)
```

结果如下。

```
Out[8]: title
        Empire Strikes Back, The (1980)                8.877450
        Star Wars (1977)                               8.870971
        Return of the Jedi (1983)                      7.178172
        Raiders of the Lost Ark (1981)                 5.519700
        Indiana Jones and the Last Crusade (1989)      3.488028
        Bridge on the River Kwai, The (1957)           3.366616
        Back to the Future (1985)                      3.357941
        Sting, The (1973)                              3.329843
        Cinderella (1950)                              3.245412
        Field of Dreams (1989)                         3.222311
        dtype: float64
```

看起来相当不错！

Return of the Jedi (1983)实至名归地位于第一位，它的分数是 7，Raiders of the Lost Ark (1981)屈居第二，分数为 5，下面就是 Indiana Jones and the Last Crusade (1989)。还有更多的电影，如 The Bridge on the River Kwai (1957)、Back to the Future (1985)和 The Sting (1973)。这些电影确实都是我想看的！我还很喜欢以前的迪士尼电影，所以列表中出现 Cinderella (1950)也并不奇怪。

最后需要做的改进是过滤掉那些我已经评价过的电影，因为推荐我们已经看过的电影毫无意义。

2. 使用 **drop** 命令删除记录

使用以下代码可以从候选推荐中快速删除位于评价序列中的所有电影：

```
filteredSims = simCandidates.drop(myRatings.index)
filteredSims.head(10)
```

运行以上代码可以看到最前面的 10 个推荐。

```
Out[9]:  title
         Return of the Jedi (1983)                   7.178172
         Raiders of the Lost Ark (1981)              5.519700
         Indiana Jones and the Last Crusade (1989)   3.488028
         Bridge on the River Kwai, The (1957)        3.366616
         Back to the Future (1985)                   3.357941
         Sting, The (1973)                           3.329843
         Cinderella (1950)                           3.245412
         Field of Dreams (1989)                      3.222311
         Wizard of Oz, The (1939)                    3.200268
         Dumbo (1941)                                2.981645
         dtype: float64
```

就是这样！对我们这个虚拟用户的最佳推荐就是 Return of the Jedi (1983)、Raiders of the Lost Ark (1981)和 Indiana Jones and the Last Crusade (1989)，都非常准确。我们看到列表中还有一些适合全家人一起看的电影，比如 Cinderella (1950)、The Wizard of Oz (1939)和 Dumbo (1941)，这可能是因为我还评价了《乱世佳人》，尽管把它的权重调低了，但它还是有影响的。这就是我们的成果，也是你的！真是太棒了！

我们确实为一个特定用户生成了推荐，我们也可以为整个数据框中的任何一个用户生成推荐。如果你想试一下，就去做吧。我希望你能亲自动手，试着去做一下这个练习，并努力对结果进行改善。

数据科学和机器学习中有时需要一点艺术，你需要不断尝试各种不同的想法和技术，以得到越来越好的结果，这个过程要持续很久。我几乎用整个职业生涯来做这件事。我并不希望你像我一样，花费以后 10 年的时间来改善这个结果，你可以做些更简单的事情，下面来看一下。

6.7　改善推荐结果

作为一项练习，我希望你接受挑战，将推荐结果变得更好。下面介绍一些我的想法。你也可以有自己的想法，然后将想法付诸实践，亲自动手去尝试，努力使电影推荐的结果更加完善。

好的，这些推荐结果还有很大的改善空间。关于如何基于电影评价确定不同推荐结果的权重，以及评价两部电影最小人数阈值的选择，我们做了很多决定。所以，这就会有很多参数可以调整，有很多算法可以试验，在努力使系统做出更好电影推荐的过程中，你会觉得乐在其中。如果觉得自己有能力去做，那就赶快动手吧！

　　下面是改善本章练习结果的一些想法。首先，你可以使用 ItembasedCF.ipynb 文件进行试验。例如，我们知道在计算相关系数的方法中，有一些参数需要设置，书中使用的是皮尔逊相关系数，但你可以试试一些其他方法，看看它们对结果会有什么影响。我们使用的 min_period 值是 100，它可能太高，也可能太低，这只是随便选择的一个值。如果使用其他值会怎么样？例如，如果将这个值调低，那么你可能会看到一些新的电影推荐，虽然闻所未闻，但仍可能是一个好的推荐。如果将这个值调得更高，那么除了那些爆红大片，你可能什么也看不见。

　　有时你需要思考一下，推荐系统到底应该给出什么结果？是要向人们展示那些他们知道的电影，还是那些他们根本不知道的，这中间是否有个好的平衡？是发现新电影重要，还是推荐熟悉的电影以保持人们对推荐系统的信赖更重要？同样，这也是一门艺术。

　　在结果中，我们看到了一些与《乱世佳人》相似的电影，实际上我是不喜欢《乱世佳人》的，这也是一个可以改进的地方。我们调低了这些电影相对于我喜欢的电影的权重，但或许应该对这些电影进行惩罚。如果我讨厌《乱世佳人》，那么与《乱世佳人》相似的电影，比如《绿野仙踪》，就应该受到惩罚，不但不能提高它们的评分，还要降低评分。

　　还可以进行另一项简单的修改。在用户评分数据集中可能有一些异常值，如果将那些评价了荒谬数量电影的用户去掉，会怎么样？也许这些用户歪曲了所有结果。作为一种改善方法，你应该试着找出这些用户，然后将他们去掉。如果想大干一番，全身心地投入到这个项目中，你就应该使用训练/测试的方法去评价推荐引擎的结果。不能简单随意地将每部电影的相关系数相加作为推荐分数，而是要为每部电影预测一个评分。

　　如果推荐系统的输出是一部电影和这部电影的预测评分，那么在一个训练/测试系统中，对于用户以前真正看过和评价过的电影，我们能知道预测的有多么好吗？我们需要留出一些评价数据，看看推荐系统对这些电影评价的预测效果有多好。而且，还要有一个度量推荐引擎预测误差的定量的原则性的方法。同样，这种方法不仅仅是一门科学，从某种程度上说还是一门艺术。尽管 Netflix 竞赛获奖者使用的是均方根误差度量方法，但它真的是适合优秀推荐系统的度量方法吗？

　　一般来说，你要度量的是推荐系统对人们已看过电影的评价的预测能力，而不是推荐系统向人们推荐他们没看过，但可能喜欢的电影的能力。二者不是一回事。遗憾的是，我们真正需要度量的事情却非常难以实现。有时候只能凭借直觉来进行度量。度量推荐引擎结果的正确方法是度量推荐引擎的提升结果。

　　你可能希望使人们看更多的电影，或者给新电影更高的评价，又或者购买更多内容。相对于训练/测试法，在真实网站上运行一个受控实验应该是一种正确的优化方法。这里我讲得稍微多了一点，但你要知道，事情并不总是非黑即白，有时候确实不能直接地、定量地去度量事物，你不得不使用一点常识，推荐系统的度量就是一个例子。

无论如何，我们给出了改进上面推荐引擎的一些思路。请放手去修改，看看是否能有所改善，最好能在其中找到乐趣。这确实是本书中特别有趣的一部分，希望你喜欢！

6.8 小结

动手去做吧！看看你能否改进我们的结果。这里有一些比较简单的提高推荐效果的想法，也有一些比较复杂的。你的答案没有正确与错误之分，我不要求你交作业，也不会去评价你的工作。你只要动手去做、去熟悉、去试验，看看能得到什么结果就行了。这就是我的全部目的——让你熟悉使用 Python 完成任务的方法，以及理解基于项目的协同过滤背后的理念。

本章介绍了几种不同的推荐系统，我们跳过了基于用户的协同过滤系统，直接研究了基于项目的协同过滤系统，然后使用 pandas 中的功能生成了一个系统，并改进了结果，希望你体会到了 pandas 的强大威力。

下一章将介绍更高级的数据挖掘和机器学习技术，包括 k 最近邻方法。期待下一章的学习，希望它对你有用。

6

## 第 7 章

更多数据挖掘和机器学习技术

本章将再介绍几种数据挖掘和机器学习技术。我们首先介绍一种非常简单的技术，称为 k 最近邻（KNN），然后使用 KNN 预测一下电影评分。在此之后继续介绍数据降维与主成分分析，再介绍一个 PCA 示例，将 4D 数据降低到二维，同时保留数据的大部分方差。

接下来，我们将简单介绍数据仓库的概念，并了解一下新型 ELT 过程相对于 ETL 过程的优点。我们还将学习非常有趣的强化学习概念，并介绍吃豆游戏智能代理背后使用的技术。最后再介绍一些在强化学习中使用的时髦名词。

本章将介绍以下内容：

- k 最近邻的概念；
- 使用 KNN 预测电影评分；
- 数据降维与主成分分析；
- 对鸢尾花数据集的 PCA 示例；
- 数据仓库以及 ETL 与 ELT 的比较；
- 什么是强化学习；
- 智能吃豆游戏背后的技术；
- 强化学习中使用的一些时髦名词。

7.1 k 最近邻的概念

下面介绍几种雇主希望你掌握的数据挖掘和机器学习技术。先从一个非常简单的技术开始，它简称 KNN。你一定会感到惊讶，这么优秀的机器学习技术居然如此简单。来看一下！

KNN 听起来很高深，但实际上是最简单的机器学习技术之一。假设你有一张散点图，而且可以计算出散点图上任意两点之间的距离。再假设你有一些分类完成的数据，可以用来训练系统。

如果有一个新数据点，那么只要基于距离度量使用 KNN 方法找出最近邻，然后让最近邻投票确定新数据点的分类即可。

假设下面散点图中的点表示电影，方块表示科幻类电影，三角形表示剧情类电影。我们可以说散点图表示的是评分与流行度之间的关系，当然也可以是你能想到的其他关系。

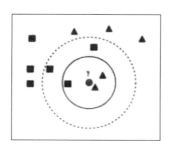

基于散点图中两个点的评分和流行度，可以计算出两点之间的某种距离。假设有一个新点，也就是一个我们还不清楚其类型的电影。我们要做的就是设定 k 为 3，在散点图上找出这个新点的 3 个最近邻，然后让这 3 个点投票确定这个新点/电影的分类。

从图中可以看出，如果取 3 个最近邻（$k=3$），则可以找到 2 个剧情类电影和 1 个科幻类电影。然后让它们都参与投票，那么根据这 3 个最近邻，可以选择新点的分类为剧情类。如果扩展一下图中的圆以包括 5 个最近邻，也就是令 $k=5$，那么会得到一个不同的结果。这样，我们会找出 3 个科幻类电影和 2 个剧情类电影。如果让它们都投票，便会确定新电影为科幻类电影。

k 的选择是非常重要的。你要确定它足够小，使你不会找出不相关的邻居，同时也要足够大，使你能够找出有意义的样本。所以，通常你需要使用训练/测试方法或类似的技术来为给定的数据集确定正确的 k 值。但说到底，还是要从直觉开始。

这就是 k 最近邻，就这么简单。它是一种非常简单的技术，你只需在散点图上找出 k 个最近邻，让它们投票确定分类即可。它是一种监督式学习方法，因为它使用一组已知分类的点作为训练数据，以此来推断出新点的分类。

让我们使用 KNN 做一些更复杂的工作，根据元数据来处理电影，看看能否基于电影的固有数据（比如评分和类型）找出一部电影的最近邻。

Customers Who Watched This Item Also Watched

理论上，可以使用 k 最近邻重新建立一个"看过这部电影的顾客也看过……"（上面的图片是 Amazon 的一个截图）的功能。还可以更进一步：一旦根据 k 最近邻算法识别出与某部电影相似的电影，就可以让这些电影投票确定出这部电影的评分预测值。

这就是下一个例子中要做的事。既然你已经清楚了 KNN 的概念，就可以将这个概念应用到实际例子中，找出彼此相似的电影，然后使用最近邻电影预测我们未曾看过的电影的评分。

7.2　使用 KNN 预测电影评分

好的，现在使用 KNN 的简单理念来解决一个实际的复杂问题，根据一部电影的类型和评价数量预测它的评分。我们看看基于 KNN 算法预测电影评分的结果如何。如果你想跟着练习，请打开 KNN.ipynb 文件，一起来做。

我们需要根据电影的元数据定义一个距离指标。元数据指的是电影本身固有的数据，也就是与电影相关的数据。特别地，我们要检查电影的类型。

MovieLens 数据集中的每部电影都有一个其所属类型的附加信息。一部电影可以属于多个类型，比如科幻、剧情、喜剧或动画。我们还会检查电影的流行度，也就是评价过这部电影的人数，并且还知道每部电影的平均评分。将这些信息组合在一起，就可以创建一个距离指标，这个距离指标是基于两部电影的评分信息和类型信息的。来看看这样做能得到什么结果。

我们将再次使用 pandas 以使工作更容易一些。如果你正在跟着一起练习，请再次确认将 MovieLens 数据库的路径更改为了你的安装路径，它和本书中的路径肯定是不一样的。

如果你想跟着做，那么赶快去修改路径吧。和以前一样，我们要使用 pandas 的 read_csv() 函数导入评分数据文件 u.data。这个文件是使用制表符进行分隔的，不是逗号。我们要导入文件的前 3 列，也就是数据集中每部电影的 user_id、movie_id 和 rating 数据：

```
import pandas as pd

r_cols = ['user_id', 'movie_id', 'rating']
ratings = pd.read_csv('C:\DataScience\ml-100k\u.data', sep='\t',
names=r_cols, usecols=range(3))
ratings.head()ratings.head()
```

运行上面的代码，然后查看前几条记录，结果如下。

Out[1]:		user_id	movie_id	rating
	0	0	50	5
	1	0	172	5
	2	0	133	1
	3	196	242	3
	4	186	302	3

我们得到了一个包括 user_id、movie_id 和 rating 的数据框。例如，user_id 为 0 的用户对 movie_id 为 50 的电影（我相信是《星球大战》）的评分是 5 星，等等。

下一步要汇集每部电影的评分数据，这需要使用 pandas 中的 groupby() 函数按照 movie_id 进行聚集。我们要将每部电影的所有评分数据都合并起来，然后输出评价数量和平均评分，也就是评分的均值：

```
movieProperties = ratings.groupby('movie_id').agg({'rating':
 [np.size, np.mean]})
movieProperties.head()
```

运行上面的代码，速度非常快，结果如下。

Out[3]:		rating	
		size	mean
movie_id			
1		452	3.878319
2		131	3.206107
3		90	3.033333
4		209	3.550239
5		86	3.302326

代码为我们生成了一个新数据框，以其中一条记录为例，它告诉我们 movie_id 为 1 的电影有 452 条评价（这就是电影的流行度，表示有多少人看过电影并进行了评价），评分均值是 3.8。所以，有 452 人看过了 movie_id 为 1 的电影，而且给出的平均评分是 3.87，这是个相当高的评分。

原始评分数据对我们没什么用，我的意思是我们不知道 452 是否意味着电影很受欢迎。为了进行标准化，必须将这个评分与所有电影的最多评分数量和最少评分数量比较一下。可以使用 lambda 函数来完成这个任务。因此，可以对整个数据框都应用一个函数。

我们需要使用 np.min() 和 np.max() 函数找出数据集中评价数量的最大值和最小值，也就是要找出最受欢迎的电影和最不受欢迎的电影，在这个范围内对所有评价数量进行标准化：

```
movieNumRatings = pd.DataFrame(movieProperties['rating']['size'])
movieNormalizedNumRatings = movieNumRatings.apply(lambda x: (x - np.min(x))
/ (np.max(x) - np.min(x)))
movieNormalizedNumRatings.head()
```

代码运行后的结果如下。

Out[4]:		size
	movie_id	
	1	0.773585
	2	0.222985
	3	0.152659
	4	0.356775
	5	0.145798

这就是每部电影的流行度，范围在 0 和 1 之间。0 表示没有人看过，它是最不流行的电影；1 表示所有人都看过，它是最流行的电影，更准确地说，是最多人看过的电影。这样，我们就有了一个度量电影流行度的指标，其可以用来计算电影之间的距离。

接下来再提取一些通用信息。我们有一个 u.item 文件，其中不仅包含电影名称，还包含了每部电影的类型：

```
movieDict = {}
with open(r'c:/DataScience/ml-100k/u.item') as f:
    temp = ''
    for line in f:
        fields = line.rstrip('\n').split('|')
        movieID = int(fields[0])
        name = fields[1]
        genres = fields[5:25]
        genres = map(int, genres)
        movieDict[movieID] = (name, genres,
movieNormalizedNumRatings.loc[movieID].get('size'),movieProperties.loc[movieID].
rating.get('mean'))
```

上面的代码可以遍历 u.item 中的每一行。这次使用的不是简单方法，我们没有使用任何 pandas 函数，而是直接使用了 Python 代码。同样，确定你已将代码中的路径改成了自己机器上的路径。

下一步，打开 u.item 文件，依次遍历文件中的每一行，除去每行末尾的换行符，按照竖线分隔符对行进行拆分。这样就可以提取出 movieID、电影名称和电影类型。源数据中有 19 个字段表示电影类型，每个字段表示一种类型，它们的值都是 0 或 1。然后，我们创建一个 Python 字典，将电影的 ID 映射为电影名称、电影类型，以及前面得到的标准化后的评价数量和评分均值。这样，我们就得到了电影名称、电影类型、在 0 和 1 之间的流行度和平均评分。这就是这段代码的作用。运行一下这段代码，看看能得到什么结果。取出 movie_id 为 1 的值看一下：

```
movieDict[1]
```

上面代码的输出结果如下。

```
('Toy Story (1995)',
 [0, 0, 0, 1, 1, 1, 0, 0, 0, 0, 0, 0, 0, 0, 0, 0, 0, 0, 0],
 0.77358490566037741,
 3.8783185840707963)
```

字典中 `movie_id` 为 1 的项目是《玩具总动员》，一部 1995 年的皮克斯老电影，你可能听说过。电影名称后面是类型列表，0 表示不属于该类型，1 表示属于该类型。`MovieLens` 数据集中有一个数据文件，它会告诉你这些字段对应的到底是哪种类型。

从我们的目的出发，这些类型到底是什么并不重要，我们只是基于这些类型来计算电影之间的距离。从数学的角度来看，重要的只是不同电影类型向量的相似程度，至于电影类型本身，根本不重要！我们想要知道的是，两部电影在类型上相似或差异的程度有多大。现在有了《玩具总动员》的类型列表、计算出的流行度，以及平均评分，可以将这些信息组合为一个距离指标，然后找出《玩具总动员》的 k 最近邻。

我们使用 `ComputeDistance()` 函数来计算距离，它先读入两部电影的 ID，然后计算出两部电影之间的距离。首先，函数使用余弦相似度计算出两个类型向量之间的相似度。和前面说的一样，要使用每部电影的类型列表找出两部电影之间的相似程度。再说一遍，0 表示不属于该类型，1 表示属于该类型。

然后，我们比较两部电影的流行度，将两部电影流行度的差的绝对值也作为一个距离指标。最后将这个绝对值与前面的余弦相似度相加作为两部电影之间的距离。举个例子，如果要计算 ID 为 2 和 ID 为 4 的电影之间的距离，这个函数就会返回基于这两部电影的流行度和类型计算出的距离。

你可以想象有一张散点图，就像前面小节中的例子一样，它的一条坐标轴是基于余弦相似度的类型相似度，另一条坐标轴是流行度，我们就是要找出这两者之间的距离：

```python
from scipy import spatial

def ComputeDistance(a, b):
    genresA = a[1]
    genresB = b[1]
    genreDistance = spatial.distance.cosine(genresA, genresB)
    popularityA = a[2]
    popularityB = b[2]
    popularityDistance = abs(popularityA - popularityB)
    return genreDistance + popularityDistance
ComputeDistance(movieDict[2], movieDict[4])
```

在这个例子中，我们要计算出 ID 为 2 和 ID 为 4 的电影之间的距离，结果是 0.8。

```
0.8004574042309891
```

请记住，距离远表示不相似。我们要找出最近邻，所以要使用最小距离。那么，在 0 和 1 的范围内，0.8 是一个相当高的值。所以，这说明这两部电影非常不相似。下面快速检查一下，看看是哪两部电影：

```
print movieDict[2]
print movieDict[4]
```

它们是《黄金眼》和《矮子当道》，确实差别比较大。

```
('GoldenEye (1995)', [0, 1, 1, 0, 0, 0, 0, 0, 0, 0, 0, 0, 0, 0, 0, 1, 0, 0], 0.22298456260720412, 3.2061068702290076)
('Get Shorty (1995)', [0, 1, 0, 0, 0, 1, 0, 0, 1, 0, 0, 0, 0, 0, 0, 0, 0, 0], 0.35677530017152659, 3.5502392344497609)
```

你看，一个是 007 动作冒险片，另一个是喜剧片——根本不一样。它们在流行度上确实有一比，但类型迥然不同。好吧，把它们放在一起吧。

接下来，我们要写点代码取某个特定的电影 ID，然后找出它的最近邻。我们要做的就是计算出《玩具总动员》和我们的电影字典中所有其他电影之间的距离，然后基于距离进行排序。这就是接下来这段代码要做的事。如果你想花点时间好好琢磨一下，这段代码非常简单。

我们要编写一个非常简单的 getNeighbors() 函数，它会读入我们感兴趣的电影，以及需要找出的最近邻数量 k。然后，它会遍历所有电影，如果发现了符合我们要求的新电影，就算出它的距离，将其追加到结果列表中，并对结果排序。最后，返回前 k 个结果。

在这个例子中，要将 k 设定为 10，找到 10 个最近邻。我们要使用 getNeighbors()函数找出 10 个最近邻，然后遍历这 10 个最近邻，计算出所有近邻的评分的均值，这个平均评分就是对《玩具总动员》的评分预测。

 作为一种副作用，我们还基于距离函数得到了 10 个最近邻，可以称它们为相似电影，这个信息本身就是非常有用的。回到"看了这部电影的顾客也看了"这项功能，如果你想基于距离度量而不是实际的行为数据来实现同样的功能，那么这里就是一个非常好的起点。

```
import operator

def getNeighbors(movieID, K):
    distances = []
    for movie in movieDict:
        if (movie != movieID):
            dist = ComputeDistance(movieDict[movieID],
 movieDict[movie])
            distances.append((movie, dist))
    distances.sort(key=operator.itemgetter(1))
    neighbors = []
    for x in range(K):
        neighbors.append(distances[x][0])
    return neighbors
```

```
K = 10
avgRating = 0
neighbors = getNeighbors(1, K)
for neighbor in neighbors:
    avgRating += movieDict[neighbor][3]
    print movieDict[neighbor][0] + " " +
 str(movieDict[neighbor][3])
    avgRating /= float(K)
```

上面代码的运行结果如下。

```
Liar Liar (1997) 3.15670103093
Aladdin (1992) 3.81278538813
Willy Wonka and the Chocolate Factory (1971) 3.63190184049
Monty Python and the Holy Grail (1974) 4.0664556962
Full Monty, The (1997) 3.92698412698
George of the Jungle (1997) 2.68518518519
Beavis and Butt-head Do America (1996) 2.78846153846
Birdcage, The (1996) 3.44368600683
Home Alone (1990) 3.08759124088
Aladdin and the King of Thieves (1996) 2.84615384615
```

　　结果还可以接受。以 ID 为 1 的《玩具总动员》为例，它的前 10 个最近邻包括了一些喜剧和儿童电影，这是个不错的结果。《玩具总动员》是部流行喜剧和儿童电影，于是我们得到了一些其他的喜剧和儿童电影。所以，这种方法应该是有效的！我们不必使用听上去很高级的协同过滤算法，得到的结果也非常不错。

　　下一步就是使用 KNN 预测电影评分，我们认为这部电影的评分是：

```
avgRating
```

上面代码的运行结果如下。

```
3.3445905900235564
```

　　预测评分是 3.34，与这部电影的实际评分 3.87 相差不大。尽管不是很理想，但也不坏！我的意思是，如此简单的算法能取得这样的结果已经是个惊喜了。

练习

　　这个例子中的大多数复杂性在于如何确定距离。为了保持趣味性，我们故意把这个距离弄得比较高级，你可以任意试用其他的距离方式。如果你想修改一下这个例子，那我完全支持你。我们选择 k 值为 10，没有任何依据，只是随意的选择。不同的 k 值会产生什么影响呢？k 值再高一些或低一些会不会结果更好？k 值是否很重要？

　　如果你真的想多做一些相关练习，那么可以试着应用一下训练/测试方法，找到使用 KNN 方法预测电影评分的最优 k 值。你还可以使用不同的距离测量方式，例子中的距离测量方式也是我自己弄出来的！自己去试验各种距离吧，可以使用另外的信息，也可以使用不同的权重。这事儿做起来非常有意思。或许，流行度不如电影类型那么重要，也可能相反。看看它们对结果能有什么影响。还可以试验各种算法，编写各种代码，看看你能得到什么结果！如果你真的取得了显著的进展，请一定要与他人分享。

这就是 KNN 实战！KNN 的概念非常简单，但威力确实很大。它让我们知道：仅仅通过类型和流行度就能找到相似的电影，而且效果相当好！通过 KNN 方法，可以使用最近邻预测新电影的评分，预测结果也非常不错。这就是 KNN，一种非常简单的技术，但常常会取得惊人的效果。

7.3　数据降维与主成分分析

好的，是时候学习一些真正高级的东西了！下面我们要介绍高维数据和数据降维方法。听起来很可怕吧！这部分内容要涉及一些比较高深的数学知识，但概念并不像你想的那么难以理解。接下来我们介绍数据降维和主成分分析，真令人激动！当人们说起数据降维时，通常使用的技术就是主成分分析，简称 PCA，还有一种特别的技术称为奇异值分解，简称 SVD。所以，本节内容就是 PCA 和 SVD，开始吧！

7.3.1　数据降维

什么是"维数灾难"？当数据有很多维度时，会引发一系列问题。例如，在进行电影推荐时，我们有各种各样的电影，每一部电影都可以被认为是数据空间中的一个维度。

如果有很多电影，就会有很多维度。当超过 3 个维度时，大脑就难以理解了，因为我们都是在三维空间中长大的。但我们肯定会遇到具有多个不同特征的数据，比如前面为鸢尾花进行分类时，就是根据它们的 4 个不同特征进行分类的。4 个不同特征就是表示 4 个维度的 4 种指标，很难进行可视化。

正是由于这个原因，我们需要使用数据降维技术将高维度的数据缩减为低维度数据。这样不但可以使数据更易于查看和归类，而且有利于数据压缩。在降低维度数量时，要最大限度地保留原来的方差，这样可以更加简洁地表示一个数据集。一种常见的数据降维应用不仅可以进行数据可视化，还可以压缩数据和提取特征，随后我们会对此进行更多讨论。

可以认为 k 均值聚类是一种非常简单的数据降维方法。

比如，我们从很多数据点开始，每个数据点都代表数据集中的不同维度。但最终，可以将这些数据点转换为 k 个不同的中心点以及到这些中心点的距离。这就是将数据降低到低维表示的一个例子。

7.3.2 主成分分析

通常，当人们说起数据降维时，指的就是一种称为主成分分析的技术。这是一种非常高级的技术，需要相当多的数学知识。但是，从更高的层次来看，你只需知道它要处理的是一个高维数据空间，并要在这种空间中找出几个平面。

这些高维平面称为超平面，定义超平面的向量称为特征向量。最后需要几个维度，你就要找出几个超平面，将数据投射到超平面上之后，它们就成为了低维数据空间中的新轴。

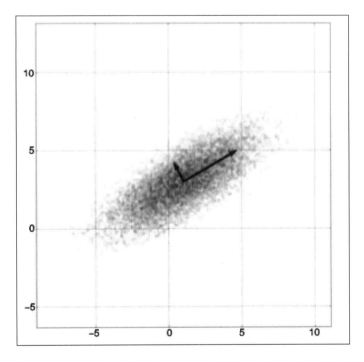

除非你精通高维数学，并且以前仔细思考过这个问题，否则一定难以理解以上内容。但说到底，PCA 就是在高维空间中选择能够保持数据中大多数方差的超平面，然后将数据投射到这些高维平面上，从而得到一个低维的数据空间。

要使用 PCA，你无须理解其中的所有数学知识。最重要的一点是，它是一种非常规范的方法，在将一个数据集降低维度的同时仍然保留其中大部分方差。图像压缩就是 PCA 的应用之一，如果想降低一个图像的维度，可以使用 PCA 只保留它的精华部分。

面部识别是 PCA 的另一个应用。如果我们有一个人脸数据库，可能每张脸都表示二维图像的第三个维度，我们需要对其降维。奇异值分解和主成分分析都可以用来识别出脸部的主要特征。例如，它们可能最后集中于眼睛和嘴，这些重要特征是保持原有数据集中方差所必需的。所以，这些技术可以从数据中得到非常有趣也非常有用的结果，真是太棒了！

我们使用鸢尾花数据集给出一个 PCA 的实际例子，这是一个包含在 scikit-learn 中的数据集。这个数据集经常用于示例。例子的基本思路是：鸢尾花实际上有两种不同的花瓣，一种是真的花瓣，即常见的花瓣，另一种实际上是萼片，也就是花瓣下面的支撑部分。

我们可以找到很多不同种类的鸢尾花，量出它们花瓣的长度和宽度以及萼片的长度和宽度。花瓣的长度和宽度、萼片的长度和宽度是 4 种不同的指标，对应于数据集的 4 个维度。我们想使用这些信息来区分一株鸢尾花属于哪个种类。PCA 可以让你在二维空间进行数据可视化，而不是四维空间，而且同时保持数据集中的大部分方差。下面就来看看 PCA 的效果，并编写代码在鸢尾花数据集上实现 PCA。

这就是数据降维、主成分分析和奇异值分解的概念，都是些高级名词，它们做的也确实是高级的事情。要知道，我们要在保留大部分方差的情况下将高维空间降为低维空间。幸运的是，scikit-learn 可以非常容易地实现 PCA，你要做的只是写 3 行代码。下面来试试。

7.4　对鸢尾花数据集的 PCA 示例

让我们在鸢尾花数据集上应用主成分分析。这是个四维数据集，我们要将其降低到二维。我们将看到，即使丢掉了一半维度，仍然可以保留数据集中的大部分信息。这个例子非常棒，也非常简单。下面来进行主成分分析，治愈维数灾难。请打开 PCA.ipynb 文件。

使用 scikit-learn 可以非常容易地实现 PCA。再说一遍，PCA 是一种数据降维技术，它处理的都是高维数据，这听起来有些科幻色彩。为了使它具体且真实一些，我们讨论一下它的一种常见应用——图形压缩。你可以将一张黑白照片看作三维数据，其中 x 轴是宽度，y 轴是高度，每个独立单元都有一个亮度值，范围从 0 到 1，也就是黑或白，或中间值。所以，这是三维数据，你有两个空间维度，还有一个亮度和密度维度。

如果你想对图像进行压缩，将其提炼为二维数据，如果你想使用一种技术尽可能地保留图像中的方差，使你可以在理论上不丢失大量信息的情况下重新恢复图像，那么这就是数据降维的一个实际例子。

下面我们要使用鸢尾花数据集提供另一个例子。这个数据集包含在 scikit-learn 中，里面有各种鸢尾花的数据，以及每种鸢尾花所属的分类。和前面说的一样，其中还有每种鸢尾花的花瓣和萼片的长度和宽度。所以，花瓣的长度和宽度加上萼片的长度和宽度，这个数据集中有 4 个维度的特征数据。

我们要将这份数据提炼成能够看到和理解的数据，因为我们的思维不能很好地处理四维数据，但可以非常容易地理解画在一张纸上的二维数据。来看下面的代码：

```
from sklearn.datasets import load_iris
from sklearn.decomposition import PCA
import pylab as pl
from itertools import cycle

iris = load_iris()

numSamples, numFeatures = iris.data.shape
print numSamples
print numFeatures
print list(iris.target_names)
```

scikit-learn 中有一个非常方便好用的函数 load_iris()，可以直接载入鸢尾花数据集，不用任何额外工作，这样你便可以将注意力集中在感兴趣的部分。来看一下数据集中的内容，上面代码的运行结果如下。

```
150
4
['setosa', 'versicolor', 'virginica']
```

从上图可知，我们提取出了数据集的结构，知道了数据集中有多少个数据点，即 150 个，还知道了其中有多少个特征，也就是多少个维度，即 4 个。所以，我们有 150 条鸢尾花样本信息，信息有 4 个维度。再说一次，数据集的 4 个特征是花瓣的长度和宽度以及萼片的长度和宽度，可以将它们看作 4 个维度。

还可以打印出数据集的目标名称列表，也就是分类名称。由此我们知道每株鸢尾花都属于以下三个种类之一：山鸢尾、杂色鸢尾以及维吉尼亚鸢尾。这就是我们要处理的数据：150 个鸢尾花样本，分为 3 个类别，每个样本有 4 个特征。

下面来看一下实现 PCA 有多么容易。尽管 PCA 底层的技术很复杂，但只需几行代码就可以实现它。先将整个鸢尾花数据集赋给一个对象 x，然后建立一个 PCA 模型，设定 n_components = 2，因为我们需要两个维度，也就是说，我们要将数据集从四维降低到二维。

还要设定 whiten = True，这意味着要对所有数据进行标准化，以保证它们彼此之间可以互相比较。一般来说，标准化可以帮助我们取得更好的结果。然后，我们对鸢尾花数据集 x 拟合一个 PCA 模型。在此之后，可以使用这个模型将数据集转换为二维。运行下面的代码，很快就能得到结果！

```
X = iris.data
pca = PCA(n_components=2, whiten=True).fit(X)
X_pca = pca.transform(X)
```

请思考一下发生了什么。我们创建了一个 PCA 模型将四维数据降低到了二维，做法是选择两个四维向量创建一个超平面，然后将四维数据投射到两个维度上。你可以打印出 PCA 模型的主成分，看看这两个四维向量（也就是特征向量）到底是什么。PCA 表示**主成分分析（Principal Component Analysis）**，这些主成分就是用来定义超平面的特征向量：

```
print pca.components_
```

上面代码的运行结果如下。

```
[[ 0.36158968 -0.08226889  0.85657211  0.35884393]
 [-0.65653988 -0.72971237  0.1757674   0.07470647]]
```

你可以看看这些值，它们对你来说意义不大，因为我们无法想象出 4 个维度，但是可以让你知道主成分做了一些什么事情。来评价一下结果：

```
print pca.explained_variance_ratio_
print sum(pca.explained_variance_ratio_)
```

PCA 模型中有一个结果称为 explained_variance_ratio，它会告诉你在降到二维之后，原来的四维数据中有多少方差被保留下来。来看看这个结果。

```
[ 0.92461621  0.05301557]
0.977631775025
```

结果是一个 2 元素列表，因为我们保留了两个维度。列表告诉我们在第一个维度上保留了源数据 92% 的方差，而第二个维度仅贡献了其余 5% 的方差。如果把它们加在一起，那么在投射数据的两个维度上我们就保留了源数据中超过 97% 的方差。由此可知，要捕获数据集中的全部信息，4 个维度不是必要的。一个非常有趣的结论，一个非常棒的结果！

为什么会这样呢？或许鸢尾花的整体大小与它的种类之间存在某种关系，或许花瓣的长度和宽度与萼片的长度和宽度之间存在某种比例。对于某个种类，有些特征会随着其他特征一起变化。所以，PCA 可能提取出了 4 个维度之间的某种关系。可见，PCA 是一种非常强大的方法。下面对结果进行可视化。

将这个数据集降为二维的主要目的就是要使我们能够建立一张美观的二维散点图，至少在这个例子中是这样的。我们要使用 Matplotlib 中的强大功能来进行可视化，其中有些内容已经提到过了。我们要创建一个颜色列表：红、绿和蓝。然后再创建一个目标 ID 列表，用 0、1 和 2 分别表示不同的鸢尾花种类。

将这两个列表和每种鸢尾花种类名称打成一个包，然后使用 for 循环在 3 种鸢尾花种类之间迭代。在迭代过程中，我们会依次得到每个鸢尾花种类的索引、与种类对应的颜色以及实际名称。每次处理一个种类，在散点图中使用相应的颜色和相应的标签绘制出该种类的数据。然后添

加图例并显示图形:

```
colors = cycle('rgb')
target_ids = range(len(iris.target_names))
pl.figure()
for i, c, label in zip(target_ids, colors, iris.target_names):
    pl.scatter(X_pca[iris.target == i, 0], X_pca[iris.target == i, 1],
        c=c, label=label)
pl.legend()
pl.show()
```

结果如下。

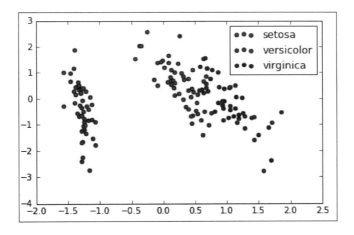

　　这就是我们投射到两个维度上的四维数据，相当有趣！可以看出，这些数据还非常好地保持着原来的分组。维吉尼亚鸢尾聚集在右侧，杂色鸢尾位于图形中间，山鸢尾孤零零的在左边。很难想象出这些实际数据的意义，但重要的是，我们将四维数据投射成了二维数据，同时保留了方差。我们还能清楚地看出 3 个种类的范围，虽然有一点重合，并不完美，但总体来说已经很不错了。

练习

　　回忆一下 explained_variance_ratio，实际上我们用一个维度就捕获了大部分方差。或许鸢尾花的整体大小就是决定其种类的最重要因素，你用一个特征就可以表示它。所以，如果可以的话，去修改一下上面的结果，看看能不能避开二维数据，或是将二维降低到一维。将 n_components 改为 1，看看能得到什么样的方差比。

　　结果如何？有意义吗？请练习一下，并熟悉 PCA 的做法。这就是数据降维、主成分分析和奇异值分解的实战。它们都是非常非常高级的名词，其方法底层的数学知识也很高级，但如你所见，使用 scikit-learn 可以非常容易地实现这种强大的技术。所以，一定要掌握它。

就是这样！一个包含鸢尾花信息的四维数据集降低到二维，会使得我们既可以轻松地进行可视化，又能够清楚地看到分类之间的界限。PCA 在这个例子中表现得非常好。再说一遍，PCA是一种非常有用的工具，可以用于压缩、特征提取或面部识别。所以一定要掌握它。

7.5　数据仓库简介

下面简单地介绍一下数据仓库。由于 Hadoop、大数据技术和云计算的出现，数据仓库领域已经被完全颠覆。这个领域现在充斥着大量乱七八糟的名词，但其中的重要概念是你需要理解的。

我们来介绍一下这些概念，其中主要介绍 ELT 和 ETL，以及数据仓库。与具体实用的技术相比，数据仓库更像是一个概念，所以我们只做概念上的介绍。但是，在工作面试中很可能会出现这些名词，因此你应该确保自己理解这些概念。

我们从通常意义上的数据仓库开始。什么是数据仓库？一般来说，数据仓库就是个巨大的数据库，它包含来自各种不同数据源的信息，并把它们连接在一起。例如，如果你在一个大商业公司工作，那这个公司就可能通过订单系统将顾客购买信息注入到数据仓库中。

你可能还会有需要放到数据仓库中的来自于 Web 服务器的日志信息。你可以将网站浏览信息与顾客最终订单联系起来，还可以接入来自于客户服务系统的数据，度量一下浏览行为与顾客满意度之间是否存在联系。

数据仓库的挑战在于，它需要处理来自于很多不同数据源的数据，将它们转换成某种模式，让我们能够同时查询这些不同的数据源，并通过数据分析获取洞察。所以，通常是大公司或组织具有数据仓库。我们再介绍一下大数据的概念。例如，你有一个巨大的 Oracle 数据库，它包含了组织的所有信息，这些信息按照某种方式进行了划分，并可以复制，其中有各种各样的复杂性。你可以通过结构化查询语言（SQL）查询数据库，也可以通过图形化界面（比如最近很流行的 Tableau）来查询。这就是数据分析师的工作，他们使用像 Tableau 这样的工具查询大数据库。

这就是数据科学家与数据分析师之间的区别。数据科学家要写代码，以便在数据上运行各种高级的方法，类似于人工智能。而数据分析师的工作是使用工具从数据仓库中提取图像和关系。在 Amazon，有一个完整的数据仓库部门整天做这种事，他们的人手总是不够，我可以告诉你，这工作相当不错！

数据仓库中有很多难题，其中之一就是数据标准化。你必须清楚这些问题：在不同的数据源中所有字段是如何关联的？你能否确定一个数据源中的一列可以和另一个数据源中的一列相比较，而且有同样的数据、同样的规模，并使用同样的术语？如何处理缺失数据？如何处理损坏数据、异常数据或是来自于机器人的数据？这些都是非常大的挑战，维护这些数据来源也是一个非常大的问题。

当你向数据仓库中导入来自不同数据源的信息时，会出现很多问题，特别是对于那些来自于 Web 日志的原始数据，它们需要做大量的转换，保存到结构化的数据库表格后才能导入数据仓库中。在管理庞大的数据仓库时，如何扩展也是个难题。最终，数据会变得特别大，使得数据转换都成为问题。这就会涉及 ETL 和 ELT 的话题。

ETL 与 ELT

下面先介绍 ETL。什么是 ETL？它表示抽取、转换和加载，它是使用数据仓库的传统方式。

一般情况下，你首先要从操作系统中提取出所需数据。例如，我会每天从 Web 服务器中提取所有 Web 日志。然后，我们需要将这些信息转换为能够导入到数据仓库中的结构化的数据库表格。

在转换阶段，我们会处理 Web 服务器日志文件的每一行，将其转换成表格数据。我们会从每一行日志中提取会话 ID、访问网页、访问时间、来源链接等信息，然后将它们组织成表格结构，以便随后可以像真实的数据库表格一样加载到数据仓库中。当数据量变得越来越大时，这个转换步骤就会成为一个实际的问题。思考一下，像 Google、Amazon 或任何大型网站，处理所有 Web 日志并将其转换为数据库可以读取形式的工作量会有多大。数据转换本身就是一个扩展性难题，而且在整个数据仓库工作流中还会带来很多稳定性问题。

这就是引入 ELT 概念的原因，它是一种比较彻底的改变。它的想法是："好吧，为什么一定要使用巨大的 Oracle 实例？为什么不使用一些新技术，比如建立在 Hadoop 集群上的分布式数据库，这样就可以发挥像 Hive、Spark 或 MapReduce 这样的分布式数据库的威力，在数据加载之后进行转换了。"

ELT 的理念是，像以往一样提取所需数据，比如从一组 Web 服务器日志文件中提取数据。然后直接将数据加载到数据仓库中，再使用数据仓库本身的能力原地进行数据转换。所以，ELT 不进行离线的处理（比如将 Web 日志转换为结构化形式），而是将它们以原始文本文件的形式读入，然后再使用像 Hadoop 这样的系统逐行处理，将其转换为更加结构化的形式，使得我们可以在整个数据仓库系统的层次上进行查询。

像 Hive 这样的系统可以让我们将大规模数据库安装在 Hadoop 集群上。Spark SQL 可以让我们像 SQL 一样来查询分布在 Hadoop 集群上的数据仓库。现在还有分布式的 NoSQL 数据存储方式，可以使用 Spark 和 MapReduce 进行查询。这些系统的理念是，不使用单一数据库作为数据仓库，而是使用建立在 Hadoop 或某种集群上的系统，这样不仅可以扩展对数据的处理和查询能力，还可以扩展数据转换能力。

同样，你要先提取原始数据，然后将其加载到数据仓库系统中。在此之后，使用数据仓库（可能建立在 Hadoop 上）的功能进行数据转换，以此作为第三个步骤。这之后就可以进行数据查询了。数据仓库是个非常大的项目,包括很多内容,它有一整套自己的规则。本书很快就会讲到 Spark,它是实现数据仓库的一种方式,尤其是它支持 Spark SQL,这非常重要。

本节的中心思想是,如果你从单一数据库(比如 Oracle 或 MySQL)转移到某种更加现代的建立在 Hadoop 之上的分布式数据库,那么就可以在加载完原始数据之后再进行数据转换,这和以前是不同的。这种方式更简单,也更容易扩展,而且可以充分利用现有的大规模计算集群的能力。

这就是 ETL 与 ELT,传统的实现方式是使用基于云计算的大规模集群系统,而这种概念在当今更有意义,因为我们确实具有了能转换大型数据集的云计算能力。

ETL 是一种传统方法,它需要先对数据进行转换,然后再将数据导入并加载到大型数据仓库或单一数据库中。但是,通过当今的技术和基于云的数据库,比如 Hadoop、Hive、Spark 以及 MapReduce,你可以将原始数据加载到数据仓库之后再进行转换,这样更有效率,也更能利用集群的能力。

这是一个充满变化的领域,了解它是非常重要的。对于这个主题,需要学习的还有很多,所以我鼓励你对这部分内容再更多地探索一下。本节介绍了基本的概念,因此,当人们说起 ETL 和 ELT 时,你应该知道他们说的是什么了。

7.6 强化学习

下一个话题非常有意思:强化学习。我们以吃豆游戏为例来说明强化学习的理念。我们将创建一个简单的智能吃豆代理,它可以自动完成吃豆游戏。建立这个智能吃豆代理的技术简单得令人吃惊,下面来看一下。

强化学习背后的理念就是建立一个代理(在这个例子中就是吃豆人),探索某个区域(吃豆人所在的迷宫),在探索过程中,代理不断学习随情况变化的状态值。

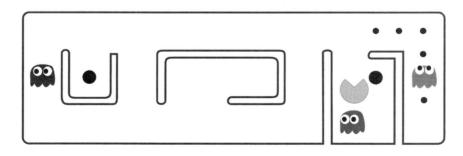

举例来说,在上面的图片中,吃豆人的当前状态可以被定义为南面有幽灵,西面有墙,北面和东面是空地。当它向某个方向移动时,状态就会改变。我们可以学习它向某个方向移动后的值。

例如，如果它向北移动，那什么都不会发生，也不会得到任何奖励。但如果向南移动，就会被幽灵吃掉，得到一个负分。

如果我们探索了整个区域，就可以建立一个包括吃豆人所有可能状态的集合，以及在那些状态下向某个方向移动后所得的值。这就是强化学习。在探索整个区域的时候，代理会修正某个给定状态的奖励值，它可以使用这些保存下来的奖励值来选择当前情况下的最优决策。除了吃豆游戏，还有一个叫作猫和老鼠的游戏也是使用强化学习的一个例子。

这种技术的优点是，一旦你探索过了代理的所有可能状态，那么在进行另一轮探索时，会表现得非常好。所以，你可以通过强化学习建立一个智能吃豆代理，让它探索在不同状态下不同决策的值，并把结果保存下来，这样就可以在处于未知条件下的某个状态时快速做出正确决策。

7.6.1　Q-learning

强化学习的一种特殊应用称为 Q-learning，我们使用 Q-learning 将吃豆游戏表述得更正式一些。

- 同样，要从代理的一组环境状态（附近有幽灵吗？前面有大力丸吗？等等）开始，我们称其为 s。
- 我们还有一组在这些状态下能够使用的动作，称为动作集合 a。在吃豆游戏中，能够使用的动作是向上、向下、向左和向右。
- 这样，对每一个状态/动作组合，都可以得到一个值，称其为 Q，这就是 Q-learning 的由来。所以，对每个状态（吃豆人周围的条件集合），每个动作都会产生一个 Q 值。例如，向上移动可能得到某个 Q 值，向下移动如果碰到幽灵的话，则可能得到某个负的 Q 值。

我们从吃豆人 Q 值为 0 的一个可能状态开始。在吃豆人探索迷宫的过程中，如果出现了不利情况，就减去吃豆人当前状态的 Q 值。所以，如果吃豆人被幽灵吃掉，不管它在当前状态采取了什么动作，都要受到惩罚。如果出现了有利情况，比如它吃了大力丸，或者吃掉了幽灵，那么就要给它加上当前状态下相应动作的 Q 值。然后，我们要做的是，使用 Q 值确定吃豆人下一步的选择，以及建立一个简单的能执行最优操作的智能代理，来完美地完成这个吃豆游戏。根据前面的吃豆游戏图片，可以进一步定义吃豆人的当前状态，即西面有墙、北面和东面是空地，南面是幽灵。

可以检查一下吃豆人可能采取的动作：它根本不可能向左，但可以向上、向下或向右移动，我们为每个动作赋一个值。向上或向右时，什么都不会发生，既没有大力丸，也没有能吃的豆。但如果它向下，显然会得到一个负值。我们完全可以说，在当前状态下，根据吃豆人周围的形势，向下肯定是个糟糕的选择，它会得到一个负的 Q 值。向左根本不可能，向上、向右或是原地不动，对于给定状态的这些操作，Q 值将保持为 0。

还可以看得更远一点，建立更加智能的代理。我们实际上离吃到大力丸只有两步。所以，吃豆人在探索这个状态时，如果遇到在下一个状态能够吃到大力丸的情况，就应该把这个因素体现在上一个状态的 Q 值中。如果基于距离和步数设定一个折扣因子，就可以把两个状态的因素组合起来。这就是在系统中加入记忆能力的方法。在计算 Q 值时（s 表示前一个状态，s' 表示当前状态），通过使用折扣因子可以"看得更远一点儿"，不仅仅只考虑一步。

$$Q(s, a) \mathrel{+}= discount \times (reward(s, a) + \max(Q(s')) - Q(s, a))$$

于是，在吃到大力丸时获得的 Q 值会对前一个状态的 Q 值起到提升的作用，这是提高 Q-learning 效果的一种方法。

7.6.2 探索问题

强化学习中的一个问题就是探索问题。在探索过程中，如何才能有效地覆盖所有状态和状态下的动作呢？

1. 简单方法

一种简单的方法是，对于一个给定的状态，总选择能使 Q 值最大的那个动作，如果有多个同样的 Q 值，就随机选择。初始的 Q 值都是 0，所以一开始就随机地选择一个动作。

在对给定状态下哪些动作能获得更好的 Q 值有了一些了解之后，就要利用这些信息。但是，这样做的效率不高，而且如果总是选择能获得最大 Q 值的动作，那么就太机械了，会丢掉很多路径。

2. 更好的方法

更好的方法是探索时在动作中引用一些随机变动，称之为 ε 项。假设有一些可以选择的值，这时我们会扔骰子，得到一个随机数。如果随机数小于 ε 的值，就不遵循 Q 值最大原则，不按常理出牌，而是随机地选择一个路径，看看会发生什么。这种方法可以让探索具有更大范围的可能性，采用更多的动作，达到更多状态，从而更有效率。

上面的做法可以用非常时髦的数学名词来描述，但它的概念非常简单。

7.6.3 时髦名词

对于一个给定的状态集合，我们要对在这些状态下能够采用的动作进行探索，并确定特定状态下特定动作能获得的奖励。探索完毕后，要使用这些信息（也就是 Q 值）智能地探索新的迷宫。

这个过程也称为马尔可夫决策过程。又是这样，很多数据科学家喜欢给简单的概念赋予一个既时髦又唬人的名词，在强化学习领域，这种名词屡见不鲜。

1. 马尔可夫决策过程

如果你看一下马尔可夫决策过程的定义，就会知道它是"一种用于决策建模的数学框架，适合于结果部分随机、部分由决策者控制的情况"。

- ❑ **决策**：在给定一组特定状态的概率的情况下，应该采取什么动作？
- ❑ **结果部分随机的情况**：就像我们的随机探索过程一样。
- ❑ **部分由决策者控制**：决策者就是我们计算出的 Q 值。

所以，MDP（马尔可夫决策过程的缩写）是刚刚描述过的强化学习探索算法的时髦名称。甚至它们的表述方法都差不多，状态还是用 s 表示，下一个状态是 s'。对于特定的状态 s 和 s'，有一个状态转换函数 P_a。对于 Q 值，MDP 用奖励函数来表示，特定状态 s 和 s' 的奖励函数为 R_a。从一个状态转换到另一个状态会有奖励，从一个状态到另一个状态的转换是由状态转换函数定义的。

- ❑ 状态还是用 s 和 s' 表示。
- ❑ 状态转换函数是 $P_a(s, s')$。
- ❑ Q 值用奖励函数 $R_a(s, s')$ 表示。

再说一遍，马尔可夫决策过程只是一种数学表示方法，是描述上面做法的一种听起来很时髦的名词。如果你想听起来更有知识含量一些，可以使用马尔可夫决策过程的另一个名称：离散时间随机控制过程。这样是不是显得你很聪明？但它的概念和我们刚刚描述过的是同一回事。

2. 动态规划

有一个更加时髦的名词也可以用来描述我们的做法：动态规划。这听起来就像是人工智能、电脑自编程、终结者 2、天网之类的东西。其实不是，它就是我们刚才做过的东西。如果你查看一下动态规划的定义，就会知道它是解决复杂问题的一种方法，其将复杂问题分解为一系列简单的子问题，然后使用基于内存的数据结构，对每个子问题只求解一次，并把它们的解都保存下来。

当同样的子问题再次出现时，动态规划并不重新求解，而是简单地在前面的解中查找，这样可以节省大量计算时间，付出的代价是需要一定的存储空间。

- ❑ **解决复杂问题的一种方法**：比如建立一个智能吃豆代理，这个问题相当复杂。
- ❑ **将复杂问题分解为一系列简单的子问题**：例如，对于吃豆人的一个可能状态，它能采取的最优动作是什么？吃豆人会处于很多不同的状态，每种状态都可以表示为一个简单的子问题，子问题中的选择非常有限，而且最优移动方向只有一个正确答案。
- ❑ **保存子问题的解**：这些解就是每个状态下每个可能动作的 Q 值。
- ❑ **使用基于内存的数据结构**：显然，要把 Q 值保存下来，并与状态关联起来。
- ❑ **同样的子问题再次出现**：在下一次探索中，吃豆人会处于某个状态，这个状态的 Q 值我们已经知道了。
- ❑ **不重新求解，而是简单地在前面的解中查找**：根据前面的探索过程，我们已经知道了 Q 值。

❑ 可以节省大量计算时间，付出的代价是需要一定的存储空间：这正是使用强化学习所做的事情。

我们有一个非常复杂的探索阶段，需要找到与某个状态下每个动作相关的最优奖励。一旦有了某个状态下正确动作的表格，在一个未知的全新迷宫中，就可以通过表格快速做出决策，使吃豆人以最优方式移动。所以，强化学习也是一种动态规划。

概括一下，我们可以建立一个智能吃豆代理，它可以半随机化地进行探索，在不同条件下选择不同的移动方式。这些选择就是动作，条件就是状态。在探索过程中，要跟踪记录与每个动作或状态相关的奖励和惩罚。如果想取得更好的效果，还可以将后面几步的奖励和惩罚折算到当前。

然后，将得到的与每个状态相关的 Q 值保存起来，可以使用它们确定未来的选择。我们进入一个全新的迷宫，非常智能的吃豆代理可以避开幽灵并把它们快速吃掉，完全自动化。概念相当简单，威力却非常强大。你还了解了一大堆新名词，不过它们说的都是同一件事。Q-learning、强化学习、马尔可夫决策过程、动态规划：都是一个概念。

通过这样简单的技术，建立一个人工智能吃豆人，而且确实有效，这真是一件非常棒的事情！如果你想更加详细地了解一下这个事情，可以看看下面的几个例子，还有一份源代码，也可以动手试一下。参见 Python Markov Decision Process Toolbox。

这是一个 Python 马尔可夫决策过程工具箱，它包括了我们讨论过的所有方法，其中还有一个例子可以供你参考，这个例子是关于猫和老鼠游戏的，和吃豆游戏很相似，能够实际运行。网上确实也有吃豆游戏的例子，你可以看一下，它和我们介绍的内容联系得更加紧密。研究一下这些链接，你可以学到更多知识。

这就是强化学习。总体而言，它是一门非常有用的技术，可以建立一个代理，在一个包含各种可能出现的状态，每个状态都有一个动作集合的状态集合中找出一条路径。所以，我们主要通过迷宫游戏来介绍强化学习。但你的思路可以更开阔一些，只要需要在给定当前条件和动作集合的情况下预测某种行为，强化学习和 Q-learning 都可以发挥作用。所以，请把这种方法谨记于心。

7.7　小结

本章先介绍了最简单的机器学习技术之一，即 k 最近邻，还使用 KNN 实现了一个例子，预测电影评分。然后分析了数据降维和主成分分析的概念，并介绍了一个使用 PCA 的例子，将四维数据降低到二维，同时保留了大部分方差。

接下来本章学习了数据仓库的概念，并解释了为什么 ELT 相比于 ETL 在当今世界更有意义。之后简单介绍了强化学习的概念，并展示了它在吃豆游戏中的应用。最后介绍了强化学习中使用的一些时髦名词（Q-learning、马尔可夫决策过程和动态规划）。下一章将介绍如何处理真实数据。

第8章 处理真实数据

本章将讨论处理真实数据这个难题，以及你可能遇到的一些诡异问题。首先讨论偏差–方差权衡，以及二者是如何互相影响的，偏差–方差权衡是对数据处理中过拟合和欠拟合问题的一种更加原则性的表述。然后介绍 k 折交叉验证技术，这是克服过拟合的一种非常重要的方法，同时会介绍如何使用 Python 实现 k 折交叉验证。

接下来会分析在对数据应用算法之前对其进行清理和标准化的重要性。我们会用一个确定网站最受欢迎页面的例子来说明数据清理的重要性。本章还会介绍对数值型数据进行标准化的重要性。最后会介绍如何检测和处理异常值。

本章将介绍以下内容：

❑ 分析偏差–方差权衡；
❑ k 折交叉验证的概念和实现；
❑ 数据清理和标准化的重要性；
❑ 一个确定网站最受欢迎页面的例子；
❑ 数值型数据的标准化；
❑ 异常值检测与处理。

8.1 偏差–方差权衡

在处理真实数据时，我们面临的一个基本问题就是在对数据进行回归、建模或预测时会出现过拟合或欠拟合。在介绍过拟合和欠拟合时，通常会涉及偏差、方差以及偏差–方差权衡，下面就来介绍一下它们的意义。

概念上，偏差和方差都非常简单。偏差表示的是离正确值有多远，也就是预测的整体效果有多好。如果你计算一下预测的均值，它比正确值大还是小？你的误差是不是都向某个方向偏离？如果是，那么你的预测就存在某个方向上的偏差。

方差则表示预测的分散程度。如果你的预测非常分散，那么就具有高方差。但是，如果它们非常紧密地集中在正确值附近，甚至是集中在错误值附近（如果存在高偏差的话），那么方差就非常小。

来看几个例子。假设下面 4 个靶子表示我们做的几个预测，要预测的真实值就是靶心。

- □ 先从左上角的靶子开始，可以看到靶上的点分散在靶心周围。从整体上说，这些点的均值应该和真实值差不多。预测的偏差很小，因为预测值比较均匀地分布在真实值周围。然而，它的方差非常大，因为这些预测值相当分散。所以，这是个低偏差高方差的例子。
- □ 再来看右上角的靶子，可以看出所有的点都一致向西北方向偏离了真实值。所以，这是个高偏差预测的例子，所有预测值都出现了某种程度的偏差。它的方差非常小，因为所有点都紧密聚集在一个错误值附近，足够紧密，所以这个预测还是具有一致性的。它的方差很小，但偏差很大。这就是高偏差低方差。
- □ 在左下角的靶子上，可以看到预测分散在一个错误点周围。所以，我们有高偏差，也就是所有预测都偏离了真实值。同时，方差也很高。因此，它是最糟糕的预测。这是高偏差高方差的例子。
- □ 最后是个非常完美的结果。在右下角的靶子中，偏差很小，所有预测都与真实值非常接近，同时方差也很小，所有预测都非常紧密地聚集在真实值周围。所以，这是你能得到的最好结果。

在实际工作中，你经常需要在偏差和方差之间选择。这个问题来自于对数据的过拟合与欠拟合。来看下面的例子。

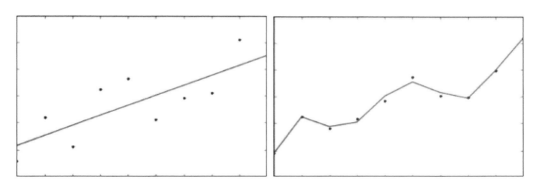

这是考虑偏差和方差的另外一种方式。在左边的图中有一条直线，你可以认为相对于那些观测来说，它的方差很小。因为直线上没有什么异动，所以方差很小。但直线与每个点之间的误差，也就是偏差，真的很高。

相比之下，右边的图中则存在对数据的过拟合，即对观测的拟合有些过分了。折线的方差很大，偏差很小，因为折线上的每个点都非常接近真实值。在这个例子中，我们为了偏差牺牲了方差。

说到底，我们的目的不是减小偏差，也不是减小方差，而是减小误差。这才是最重要的。误差可以表示为偏差和方差的函数。

$$误差 = 偏差^2 + 方差$$

由公式可知，误差等于偏差的平方加上方差。所以，偏差和方差都对总体误差有贡献，而偏差贡献得更多一些。但请记住，你真正想最小化的是误差，而不是偏差或方差。一个过于复杂的模型会导致高方差低偏差，一个过于简单的模型则会导致低方差高偏差，但它们最终的误差可能是一样的。当你拟合数据时，必须找到偏差和方差的合适折中值。在后面的几节中，会介绍几种避免过拟合的原则性方法。但是，我们要透彻理解的是偏差和方差的概念，因为人们会经常用到这两个概念，所以你必须熟练掌握。

下面再将这两个概念与本书前面的内容联系起来。例如，在 k 最近邻方法中，如果增大 k 值，那么就可以扩大近邻的范围，这样便可以起到降低方差的效果，因为有了更大的空间去调整模型。但是这样做可能会增大偏差，因为我们选择了更多与起始点相关性越来越小的点。使用更多近邻去构建 KNN 模型，可以减小方差，因为有更多的值发挥了作用。但是，这样会引入更多偏差，因为我们引入了更多的点，而这些点与起始点的相关性越来越小。

决策树是另一个例子。我们知道单棵决策树容易出现过拟合，这意味着它有很高的方差。但是，随机森林希望牺牲一些偏差来换取更小的方差，它的方法是使用多个随机变异的树，然后采用它们的平均结果。就像我们在 KNN 中增大 k 然后再进行平均一样，在随机森林中也可以使用同样的方法，使用不止一棵决策树，然后再取平均结果。

这就是偏差–方差权衡。你必须在总体精确度和分散度之间做个选择。偏差和方差对总体误差都有贡献，而误差是你真正需要最小化的，请记住这一点！

8.2 使用 k 折交叉验证避免过拟合

本书前面说过训练与测试是防止过拟合的一种好方法，它还可以度量模型预测未知数据的效果。使用一种称为 k 折交叉验证的技术，可以将训练与测试的效果再提高一个层次。下面就来介绍这种克服过拟合的强大技术，即 k 折交叉验证的概念及使用方法。

复习一下训练/测试法，它的做法是将用来建立机器学习模型的数据分为两个部分：训练数据集和测试数据集。然后使用训练集中的数据训练模型，再使用保留下来的测试集数据评价模型的表现。这样可以防止对现有数据的过拟合，因为用来测试的数据对模型来说是未知的。

但是，训练/测试法还有自身的局限性：对于某种训练集与测试集的划分，还是可能出现过拟合。你的训练集数据或许不能真正代表整个数据集，其中可能有过多的干扰因素。这就是引入 k 折交叉验证的原因，它也使用训练/测试方法，但更上一层楼。

这种方法听起来很复杂，实际上相当简单。

(1) 不是将数据分成两份，一份用来训练，一份用来测试，而是将其分成 k 份。

(2) 保留一份数据用于测试，评价模型结果。

(3) 使用余下的 $k-1$ 份数据训练模型，然后使用测试数据集，并用它来评价模型在所有这些不同的训练数据集中的效果。

(4) 对这些模型结果的误差指标（R 方）求平均值，得到 k 折交叉验证的最终误差。

就是这样，这是进行训练/测试的一种更强健的方法，也是 k 折交叉验证的方法之一。

你可能会有疑问，如果对保留的那份测试数据过拟合会怎么样？我们对每份训练数据集都使用同样的测试数据集，如果测试数据集没有代表性，又会怎么样？

现在有了使用随机方法的 k 折交叉验证的变种。在训练时，每次都可以随机地选择训练数据集，在划分数据和评价结果时，也可以随机分配。但通常情况下，人们说起 k 折交叉验证时，所说的就是特定的技术，即保留一份数据用于测试，使用余下的各份数据进行训练，通过每份数据构建了一个模型后，再使用测试数据集评价所有训练出的模型。

使用 scikit-learn 进行 k 折交叉验证

幸运的是，scikit-learn 可以非常容易地实现 k 折交叉验证，甚至比训练/测试法还要容易！真的是太容易了，你只要动手做就可以。

在实际工作中，需要使用 k 折交叉验证的情况是，你有一个模型需要调整，模型中有不同的变量和参数需要你去修正。

以多项式回归中多项式的阶数为例。我们的做法是使用 k 折交叉验证试验模型中所有能够变动的值，然后找出一个能使测试数据集误差最小的模型，这就是你的最佳选择。实际上，你还可以使用 k 折交叉验证来测量模型在测试数据集上的准确度，不断地优化模型。你可以一直试验模型中不同的参数值、不同的可变条件，甚至试验完全不同的模型，直到找出使误差最小的模型。

下面通过一个例子来看看如何进行 k 折交叉验证。我们将再次使用鸢尾花数据集和 SVC 方法，来告诉你实现 k 折交叉验证有多么容易。我们要编写一些代码，以实现 k 折交叉验证和训练/测试方法。你会看到这确实非常容易，这是件好事情，因为这是一种用来测量监督式学习模型准确度和有效性的方法。

请打开 KFoldCrossValidation.ipynb 文件跟着一起做。这里将再次使用鸢尾花数据集，在介绍数据降维时我们曾用过这个数据集。

回忆一下前面讲过的内容，鸢尾花数据集中有 150 条鸢尾花测量数据，这些数据中包含每株鸢尾花花瓣的长度和宽度以及萼片的长度和宽度。每株鸢尾花都属于三个种类之一。我们要做的是建立一个模型，在已知花瓣和萼片的长度和宽度的情况下，准确预测每株鸢尾花所属的种类。下面开始吧。

我们将使用 SVC 模型，如果你还记得，便会知道它是一种非常强大的数据分类方法。如果你需要复习一下，就去看看前面的章节。

```
import numpy as np
from sklearn import cross_validation
from sklearn import datasets
from sklearn import svm

iris = datasets.load_iris()
# 将鸢尾花数据划分为训练数据集和测试数据集，保留 40% 的数据用于测试
X_train, X_test, y_train, y_test =
cross_validation.train_test_split(iris.data,
                                  iris.target, test_size=0.4,
random_state=0)

# 建立一个 SVC 模型，使用训练数据预测鸢尾花分类
clf = svm.SVC(kernel='linear', C=1).fit(X_train, y_train)

# 使用测试数据测量模型性能
clf.score(X_test, y_test)
```

我们要使用 scikit-learn 中的 cross_validation 库。首先，进行一次传统的训练集与测试集划分，仅仅一次，看看效果如何。

使用train_test_split()函数可以非常轻松地完成任务,我们需要给train_test_split()函数提供特征数据。iris.data中包含了所有鸢尾花的实测数据,iris.target则是要预测的目标。

在这个例子中,每株鸢尾花都有对应的种类。test_size 表示的是训练数据所占的比例,0.4 表示我们要从总数据中随机抽取出 40%的数据用于测试,其余 60%用于训练。train_test_split()函数会返回 4 个数据集,即特征数据的训练集和测试集以及目标数据的训练集和测试集。所以,x_train 数据集中包含了 60%的鸢尾花测量数据,x_test 数据集中包含了 40%的鸢尾花测量数据,用于测试最终模型的结果。y_train 和 y_test 分别是训练数据和测试数据中鸢尾花的实际种类。

然后,我们建立一个 SVC 模型,用来在已知测量数据的情况下预测鸢尾花的种类,并只使用训练数据构建这个模型。在拟合 SVC 模型时,使用线性核函数,并仅使用用于训练的特征数据和目标数据。我们称这个模型为 clf。在此之后,对 clf 调用 score()函数来检验它在测试数据集上的表现,也就是说,使用保留的鸢尾花实测数据和种类为这个模型打分,看看它的效果如何。

```
Out[2]:  0.96666666666666667
```

结果非常好! 在基于实测数据预测未知鸢尾花的种类时,模型的准确度超过了 96%,真是太棒了!

但是,这是个非常小的数据集,如果没记错的话,只有 150 条记录。所以,我们只能使用 150 条记录的 60%训练模型,其余 40%测试模型。这个数量非常小,对于特定的训练集与测试集划分,仍然可能出现过拟合。我们要使用 k 折交叉验证避免这种情况。尽管 k 折交叉验证是一种非常强大的技术,但使用起来比训练/测试方法还要简单。真是太棒了! 下面来看看如何使用。

```
# 向 cross_val_score 中传入一个模型、完整数据集及其"真实"值,以及交叉验证的折数:
scores = cross_validation.cross_val_score(clf, iris.data, iris.target,
cv=5)

# 打印出每折的准确率:
print scores

# 打印出所有 5 折的平均准确率:
print scores.mean()
```

我们已经有了一个模型,即为了预测而定义的 SVC 模型,只需调用 cross_validation 包的 cross_val_score()函数即可。所以,我们要向这个函数中传入一个某种类型的模型(clf)、带有所有实测数据的完整数据集(特征数据 iris.data)和所有目标数据 iris.target(所有鸢尾花的种类)。

设定 cv=5,这表示要使用 5 份不同的训练数据集,同时保留 1 份作为测试数据集,也就是说，要运行 5 次。这就是我们需要做的。这个函数会自动在整个数据集上评价模型，以 5 种不同方式划分数据集，并分别给出结果。

如果打印出结果，就会看到一个列表，其中包含了每次迭代的误差指标。我们对这些指标求平均值，作为 k 折交叉验证的整体误差指标。

```
[ 1.          1.          0.9         0.93333333  1.          ]
0.966666666667
```

我们使用了 5 折交叉验证，结果比预想的还要好，98%的准确率，太棒了！实际上，其中有几次准确率是 100%，真是激动人心。

我们看看能不能做得更好。前面使用的是线性核函数，如果使用多项式核函数会如何？能更好吗？会不会出现过拟合？还是能更好地拟合数据？这取决于鸢尾花的那些指标与它的实际种类之间是否存在线性关系或者多项式关系。来试一下：

```
clf = svm.SVC(kernel='poly', C=1).fit(X_train, y_train)
scores = cross_validation.cross_val_score(clf, iris.data, iris.target, cv=5)
print scores
print scores.mean()
```

我们使用同样的方法又做了一次，但这次使用的是多项式核函数。我们又使用训练数据集拟合了一个模型，但 k 折交叉验证不会管你什么时候拟合模型，因为 cross_val_score() 会重复执行拟合的过程。

```
[ 1.          1.          0.9         0.93333333  1.          ]
0.966666666667
```

当改为使用多项式核函数时，我们发现总体得分还不如原来。由此可见，多项式核函数可能过拟合了，使用 k 折交叉验证便可发现它的得分不如线性核函数。

这里的重点是，如果只使用一次训练集和测试集的划分，则根本意识不到过拟合。只进行一次划分得到的结果确实和使用线性核函数的交叉验证的结果一样，这样，我们在不经意间对数据进行了过拟合。如果不进行 k 折交叉验证，则根本意识不到这种情况。这是一个非常好的例子，其使用 k 折交叉验证对过拟合进行了提醒和补救，单次的训练集与测试集划分是起不到这种作用的。所以，一定要掌握 k 折交叉验证。

如果你还想再练习一下，可以试试不同的多项式阶数。因此，实际上你可以指定不同的阶数。多项式核函数的默认阶数是三，但你可以试试不同的值，比如二阶。

这样会好些吗？如果你把阶数降到了一，那就是线性核函数了，不是吗？或许它们还是多项式关系，或许只是个二阶多项式关系。试一下，看看能得到什么结果。这就是 k 折交叉验证。如你所见，由于 scikit-learn 的存在，它使用起来非常容易。这是一种测量模型效果的更强大的方法。

8.3   数据清理和标准化

这可能是本书全部内容中最简单但最重要的一部分。我们将介绍对输入数据的清理，它将花费你大量的时间。

对输入数据清理的效果以及对原始输入数据理解的程度，会严重影响结果的质量，甚至比模型选择和模型调优的影响还要大。所以，千万注意，这部分非常重要！

    作为一名数据科学家，对原始输入数据的清理通常是其最重要也是最耗时的工作！

告诉你一个数据科学中残酷的事实，花费你时间最多的工作就是清理和准备数据，相对来说，数据分析和试验新算法花费的时间非常少。数据科学家并不总是像人们认为的那样光鲜亮丽。尽管如此，数据清理确实是非常重要的，需要你足够重视。

在原始数据中，你会发现很多乱七八糟的东西。你拿到的数据确实是很原始的数据，它会非常"脏"，会以各种各样的方式被污染。如果不进行清理，就会严重影响你的结果，最终导致企业做出错误决策。

如果你接收了糟糕的数据，但没有发现问题并进行数据清理，进而又基于这些数据结果给企业提供了错误信息，那麻烦就大了。所以一定要注意！

数据中有各种各样的问题需要你注意。

❑ **异常值**：在数据中，或许有些数据表现得很奇怪，如果仔细研究一下，你会发现它们不是原来的样子了。一个很好的例子就是 Web 日志数据，你会看到一个会话 ID 重复出现，并以不可思议的、人类不能完成的速度做某种事情。这可能是个机器人，是运行在某个地方爬取你网站数据的一段代码。它也可能是恶意攻击。但不管怎样，你都不想让这些行为数据出现在你的模型中，因为你的模型是用来预测真实人类使用网站的行为的。所以，要注意异常值，在建模时要能够识别出异常值，并在数据中除掉它们。

❑ **缺失数据**：如果有缺失数据，应该怎么办呢？再回到 Web 日志的例子，某一行中可能有链接来源，也可能没有，那么如果没有，应该怎么办呢？创建一个新分类，表示缺失或不确定？或者干脆把这一行扔掉？这需要你慎重地考虑一下。

❑ **恶意数据**：有人会试图攻击你的系统，有人会试图欺骗你的系统，而你不会让这些人得逞。假设你正在运行一个推荐系统，那么就会有人试图伪造行为数据来推销他们的新产品。所以，你需要注意这种事情，确保能识别出托攻击或对输入数据的其他攻击，并把它们从最终结果中过滤出去，不能让它们为所欲为。

❑ **错误数据**：如果有些系统中存在软件缺陷，在某些情况下输出了错误的数据，应该怎么办？这是可能发生的。遗憾的是，我们没有什么好的方法来预知这种事情。不过，如果你觉得数据不正常或结果讲不通，那么就应该仔细研究一下，有时就能发现当初导致数据错误的系统底层缺陷。可能是系统的某个地方没有正确地组合好，可能是会话在某个时候中断了，还可能是人们在浏览网站时丢失了一个会话 ID，又使用了一个新的会话 ID。一切皆有可能。

❑ **无关数据**：无关数据非常简单。由于某种原因，你可能只关心纽约市的人口信息，在这种情况下，世界上其他地方的人口数据对你来说就是无关数据。这时你要做的第一件事就是将其他数据丢弃，并对数据进行限制，只保留你真正需要的数据。

❑ **不一致的数据**：这是个严重的问题。比如写地址时，人们会将同一个地址写成多种不同的形式：可能使用街道的缩写，也可能不用缩写，甚至可能根本就不写街道。人们可能以不同的方式来组合地址，可能使用不同的拼写方式，可能使用基本的美国邮政编码或增加了 4 位号码的邮政编码。有时会写上国家，有时则不写。你需要了解这些变化，并知道如何将这些信息标准化。

❑ 再来看看关于电影的数据。一部电影在不同国家可能有不同的名称，一本书在不同国家也可能有不同的名称，但这些名称指的都是同一个事物。所以，你需要注意这种需要对数据进行标准化的情况，这时同一数据可以表示为多种形式，你需要将它们合并起来，才能得到正确的结果。

❑ **数据格式**：这也是个问题。数据的格式也可能不一样。日期就是一个例子。在美国，总是使用月日年（MM/DD/YY）这样的形式，但在其他国家，日期的形式可能是日月年（DD/MM/YY）。你应该注意这些格式上的差异。还有电话号码，其中地区码可能会被括号括起来，也可能没有括号；号码的每个部分之间可能有短划线，也可能没有。社会保障号码中可能有短划线，也可能没有。这些都是你需要注意的地方，你需要确认在处理数据时，格式上的变化不会被当成新的条目或新的分类。

所以，有很多事情需要注意，上面列出的只是一些主要的注意事项。请记住：若胡乱输入，则胡乱输出。你的模型只能与你提供给它的数据一样好，这是绝对确定无疑的！如果你提供了大量整洁的数据，那么即使是非常简单的模型也会表现得非常好，效果肯定胜过使用脏数据得到的复杂模型。

因此，请准备足够多的数据，而高质量的数据往往是成败的关键。一些现实中特别成功的算法简单得令人惊讶，它们之所以成功只是由于使用的数据质量特别高，量特别大。要想得到好的结果，并不总是需要高级的算法。很多时候，数据的质量和数量才是决定因素。

要永远对你的结果保持怀疑！不要只是在没有得到想要的结果时，才回过头来检查输入数据中的异常。如果这样做，那么就会因为追求想要的结果或者避免别人的质疑而无意中引入偏差。你应该总是质疑你的结果，以确保自己一直处在正确的轨道上，因为即使你得到了一个满意的结果，如果发现它是错的，那么它就是错的，还是会将你的企业引入歧途，总有一天会伤害到你。

8

作为例子，我建立了一个名为 No-Hate News 的网站，它是非盈利性质的，不会向你收钱。假设我想找出这个网站上最受欢迎的页面，这个问题听起来非常简单，是不是？我只需检查所有的 Web 日志，计算出每个页面的点击量，然后排序就可以了，不是吗？这有什么难的？实际上，这个问题非常困难！下面就来看看这个例子，看看它为什么很困难，也看看在真实数据的清理中会发生什么。

8.4　清理 Web 日志数据

我们来展示一下数据清理的重要性。我自己有一个小网站，上面有一些 Web 日志数据，我想找出访问量最高的网页。这个任务听起来简单，但正如你马上看到的，实际上非常困难。如果你想跟着做的话，请打开 TopPages.ipynb 文件。我们开始！

实际上，我们有一个网站访问日志，这是一个包含在随书资料中的真实 Apache HTTP 访问日志。所以，如果你想做练习，请一定将下面的路径修改为保存随书资料的路径：

```
logPath = "E:\\sundog-consult\\Packt\\DataScience\\access_log.txt"
```

8.4.1　对 Web 日志应用正则表达式

下面这段代码是从网上复制下来的，它可以将 Apache 访问日志中的行解析为一组字段：

```
format_pat= re.compile(
    r"(?P<host>[\d\.]+)\s"
    r"(?P<identity>\S*)\s"
    r"(?P<user>\S*)\s"
    r"\[(?P<time>.*?)\]\s"
    r'"(?P<request>.*?)"\s'
    r"(?P<status>\d+)\s"
    r"(?P<bytes>\S*)\s"
    r'"(?P<referer>.*?)"\s'
    r'"(?P<user_agent>.*?)"\s*'
)
```

这段代码解析的信息包括主机、用户、时间、实际页面请求、状态、来源链接和 user_agent（表示访问网页使用的浏览器）。它会建立一个所谓的正则表达式，这个正则表达式需要使用 re 库，即一种非常强大的语言，可以用来对一个大字符串做模式匹配。我们可以对访问日志中的每一行都应用这个正则表达式，它可以自动地将访问日志中的信息解析为不同的字段。运行一下这段代码。

当务之急是写一段脚本，计算并跟踪记录每个 URL 被请求的次数。然后对列表进行排序，就能找出请求次数最多的页面，不是吗？听起来真是太简单了！

所以，我们将创建一个简单的 Python 字典，即 URLCounts。打开日志文件，对其中的每一行都应用正则表达式。如果返回了我们所需模式的成功匹配，就认为这是访问日志中非常好的一行。

让我们提取出请求字段，这是实际的 HTTP 请求，其页面是真正被浏览器请求的页面。把这个字段拆分成 3 部分，包括动作（get 或 post）、实际请求的 URL 和使用的协议。拆分完毕之后，就可以检查 URL 是否已经存在于字典之中了。如果存在，就把这个 URL 被访问的次数加 1；否则，就为这个 URL 建立一个新的字典项，初始值为 1。对日志中的每一行都这样处理，然后按照 URL 计数逆序排序，并输出结果：

```
URLCounts = {}
with open(logPath, "r") as f:
    for line in (l.rstrip() for l in f):
        match= format_pat.match(line)
        if match:
            access = match.groupdict()
            request = access['request']
            (action, URL, protocol) = request.split()
            if URLCounts.has_key(URL):
                URLCounts[URL] = URLCounts[URL] + 1
            else:
                URLCounts[URL] = 1
results = sorted(URLCounts, key=lambda i: int(URLCounts[i]), reverse=True)

for result in results[:20]:
    print result + ": " + str(URLCounts[result])
```

运行结果如下。

```
----------------------------------------------------------
FileNotFoundError                         Traceback (most recent call last)
<ipython-input-2-4256a7272ddf> in <module>()
     14 URLCounts = {}
     15
---> 16 with open(logPath, "r") as f:
     17     for line in (l.rstrip() for l in f):
     18         match= format_pat.match(line)

FileNotFoundError: [Errno 2] No such file or directory: '~/Documents/6523/access_log.txt'
```

哎呦，遇到了一个错误。由上图可知，我们至少缺了 1 个值。显然，有些请求字段包含的不是动作、URL 和协议，而是另外一些东西。

来看看是什么情况。如果我们打印出所有不包含那 3 项的请求字段，那么就能知道里面是什么东西了。所以，这里要做的是编写一段和前面非常相似的代码，同样去拆分请求字段，但打印出的是没有得到所需 3 个字段的情况：

```
URLCounts = {}

with open(logPath, "r") as f:
```

```
for line in (l.rstrip() for l in f):
    match= format_pat.match(line)
    if match:
        access = match.groupdict()
        request = access['request']
        fields = request.split()
        if (len(fields) != 3):
            print fields
```

实际情况如下。

```
['_\\xb0ZP\\x07tR\\xe5']
[]
[]
[]
[]
[]
[]
[]
[]
[]
[]
```

我们有一批空字段，这是首要问题。然后上图第一个字段中全是垃圾信息，谁也不知道它们来自哪里，但显然是错误数据。好吧，下面来修改一下脚本。

8.4.2 修改 1——筛选请求字段

我们要丢弃所有不包括 3 个字段的行。这样做是合理的，因为这样的行中没有任何有用信息，它们不是在处理时丢失的数据。修改一下代码，实现这个操作。在进行处理之前添加一个 `if (len(fields) == 3)`语句。代码如下：

```
URLCounts = {}

with open(logPath, "r") as f:
    for line in (l.rstrip() for l in f):
        match= format_pat.match(line)
        if match:
            access = match.groupdict()
            request = access['request']
            fields = request.split()
            if (len(fields) == 3):
                URL = fields[1]
                if URLCounts.has_key(URL):
                    URLCounts[URL] = URLCounts[URL] + 1
                else:
                    URLCounts[URL] = 1
```

```
results = sorted(URLCounts, key=lambda i: int(URLCounts[i]), reverse=True)

for result in results[:20]:
    print result + ": " + str(URLCounts[result])
```

好的，有结果了！

```
/xmlrpc.php: 68494
/wp-login.php: 1923
/: 440
/blog/: 138
/robots.txt: 123
/sitemap_index.xml: 118
/post-sitemap.xml: 118
/category-sitemap.xml: 117
/page-sitemap.xml: 117
/orlando-headlines/: 95
/san-jose-headlines/: 85
http://51.254.206.142/httptest.php: 81
/comics-2/: 76
/travel/: 74
/entertainment/: 72
/world/: 70
/business/: 70
/weather/: 70
/national/: 70
/national-headlines/: 70
```

但是，这不像是我们网站上访问量最高的页面。请记住，这是个新闻网站，我们应该有很多 PHP 文件访问，它们是 Perl 脚本。实际情况是什么呢？点击数最高的是 xmlrpc.php 脚本，然后是 WP_login.php，接下来是主页。这没什么用处。再接下来是 robots.txt，以及一大堆 XML 文件。

当我再次查看访问日志的时候，发现网站受到了恶意攻击，有人试图强行进入网站。他们通过 xmlrpc.php 脚本试图猜出我的密码，并使用登录脚本试图登录。幸运的是，在他们得手之前我搞定了他们。

这就是恶意数据被引入我们数据流的一个例子，必须将其过滤出去。从上面的情况看，恶意攻击不仅查看了 PHP 文件，还想要运行它们。它不仅提交 get 请求，还对脚本文件提交了 post 请求，试图在我的网站上运行代码。

8.4.3　修改 2——筛选 post 请求

我们搞清楚了真正关心的数据，实际想要的就是人们在网站上访问网页的行为。所以，顺理成章，我们要在日志文件中过滤掉那些非 get 方式的请求。下面要做的是，如果已经得到了请求字段中的 3 项，则还要再检查一下，看看它的动作是不是 get。如果不是，就忽略掉这一行：

```
URLCounts = {}

with open(logPath, "r") as f:
    for line in (l.rstrip() for l in f):
        match= format_pat.match(line)
        if match:
            access = match.groupdict()
            request = access['request']
            fields = request.split()
            if (len(fields) == 3):
                (action, URL, protocol) = fields
                if (action == 'GET'):
                    if URLCounts.has_key(URL):
                        URLCounts[URL] = URLCounts[URL] + 1
                    else:
                        URLCounts[URL] = 1

results = sorted(URLCounts, key=lambda i: int(URLCounts[i]), reverse=True)

for result in results[:20]:
    print result + ": " + str(URLCounts[result])
```

我们应该离想要的结果更近了，上面代码的结果如下。

```
/: 434
/blog/: 138
/robots.txt: 123
/sitemap_index.xml: 118
/post-sitemap.xml: 118
/category-sitemap.xml: 117
/page-sitemap.xml: 117
/orlando-headlines/: 95
/san-jose-headlines/: 85
http://51.254.206.142/httptest.php: 81
/comics-2/: 76
/travel/: 74
/entertainment/: 72
/world/: 70
/business/: 70
/weather/: 70
/national/: 70
/national-headlines/: 70
/defense-sticking-head-sand/: 69
/about/: 69
```

耶！这个结果看上去顺眼多了。但是，它还是通不过健全测试。这是个新闻网站，人们到这里来的目的是阅读新闻。他们真的是来阅读我那只有几篇文章的博客的吗？我不这么认为！这有点不对劲。所以，我们再研究得细致一些，看看到底是谁在读那些博客文章。如果你打开日志文件手动检查一下，就会看到很多博客请求没有任何用户代理，在用户代理部分只有一个-，这非常不正常。

```
54.165.199.171 - - [05/Dec/2015:09:32:05 +0000] "GET /blog/ HTTP/1.0" 200 31670 "-" "-"
```

如果一个真正的用户通过真正的浏览器来访问这一页，用户代理部分就应该是 Mozilla、Internet Explorer 和 Chrome 等。所以，这些请求似乎来自于某种爬虫。同样，还有一些隐藏的恶意访问没有被识别出来。

8.4.4　修改 3——检查用户代理

或许，应该再检查一下 UserAgent，看看这些请求是否真的是由人发起的。打印出所有不同的 UserAgent。我们还是使用相似风格的代码将不同的 URL 都加总起来，这样就可以看到所有不同的 UserAgent，排序之后就可以找出日志中最常见的 user_agent 字符串了：

```
UserAgents = {}

with open(logPath, "r") as f:
    for line in (l.rstrip() for l in f):
        match= format_pat.match(line)
        if match:
            access = match.groupdict()
            agent = access['user_agent']
            if UserAgents.has_key(agent):
                UserAgents[agent] = UserAgents[agent] + 1
            else:
                UserAgents[agent] = 1

results = sorted(UserAgents, key=lambda i: int(UserAgents[i]),
reverse=True)

for result in results:
    print result + ": " + str(UserAgents[result])
```

结果如下。

```
Mozilla/4.0 (compatible: MSIE 7.0; Windows NT 6.0): 68484
-: 4035
Mozilla/4.0 (compatible; MSIE 6.0; Windows NT 5.0): 1724
W3 Total Cache/0.9.4.1: 468
Mozilla/5.0 (compatible; Googlebot/2.1; +http://www.google.com/bot.html): 248
Mozilla/5.0 (Windows NT 10.0; WOW64) AppleWebKit/537.36 (KHTML, like Gecko) Chrome/46.0.249
0.86 Safari/537.36: 158
Mozilla/5.0 (Windows NT 6.1; WOW64; rv:40.0) Gecko/20100101 Firefox/40.0: 144
Mozilla/5.0 (iPad; CPU OS 8_4 like Mac OS X) AppleWebKit/600.1.4 (KHTML, like Gecko) Versio
n/8.0 Mobile/12H143 Safari/600.1.4: 120
Mozilla/5.0 (Linux; Android 5.1.1; SM-G900T Build/LMY47X) AppleWebKit/537.36 (KHTML, like G
ecko) Chrome/46.0.2490.76 Mobile Safari/537.36: 47
Mozilla/5.0 (compatible; bingbot/2.0; +http://www.bing.com/bingbot.htm): 43
Mozilla/5.0 (compatible; MJ12bot/v1.4.5; http://www.majestic12.co.uk/bot.php?+): 41
Opera/9.80 (Windows NT 6.0) Presto/2.12.388 Version/12.14: 40
Mozilla/5.0 (compatible; YandexBot/3.0; +http://yandex.com/bots): 27
Ruby: 15
Mozilla/5.0 (Linux; Android 5.1.1; SM-G900T Build/LMY47X) AppleWebKit/537.36 (KHTML, like G
```

8

可见，多数用户代理都是正常的。所以，如果有爬虫的话（在这个例子中实际上是恶意攻击），它们也伪装成了真正的浏览器。这个短划线 user_agent 出现了很多次，我不知道它是什么，但知道它不是真正的浏览器。

还有另一个问题，很多访问都是来自于网页爬虫的，比如谷歌专门爬取网页的 Googlebot，它们只是为了搜索引擎爬取网页。我们这个分析的目的是想看看在网站上有哪些网页被真人访问，所以这些访问同样不应该计入，它们只是自动脚本产生的访问。

8.4.5　筛选爬虫与机器人

这个问题变得有些困难了。仅凭用户字符串，没有什么好办法能识别出爬虫和机器人。但我们可以采用一个合理的替代方法，就是将用户代理中包含"bot"这个词或缓存中是以前的请求页面的行都筛选掉。除此之外，还要筛选掉用户代理是一个短划线的行。所以，我们还要再次优化脚本，除去那些不合理的 UserAgent：

```
URLCounts = {}

with open(logPath, "r") as f:
    for line in (l.rstrip() for l in f):
        match= format_pat.match(line)
        if match:
            access = match.groupdict()
            agent = access['user_agent']
            if (not('bot' in agent or 'spider' in agent or
                    'Bot' in agent or 'Spider' in agent or
                    'W3 Total Cache' in agent or agent =='-')):
                request = access['request']
                fields = request.split()
                if (len(fields) == 3):
                    (action, URL, protocol) = fields
                    if (action == 'GET'):
                        if URLCounts.has_key(URL):
                            URLCounts[URL] = URLCounts[URL] + 1
                        else:
                            URLCounts[URL] = 1

results = sorted(URLCounts, key=lambda i: int(URLCounts[i]), reverse=True)

for result in results[:20]:
    print result + ": " + str(URLCounts[result])
```

结果如下。

```
/: 77
/orlando-headlines/: 36
/?page_id=34248: 28
/wp-content/cache/minify/000000/M9bPKixNLarUy00szs8D0Zl5AA.js: 27
/wp-content/cache/minify/000000/lY7dDoIwDIVfiG0KxkfxfnbdKO4HuxICTy-it8Zw15PzfSftzPCckJem-x4qUWArqBPl5mygZLEgyhdOaoxTo
GyGaiALiOfUnIz0qDLOdSZGE-nOlpc3kopDzrSyavVVt_veb5qSDVhjsQ6dHh_B_eE_z2pYIGJ7iBWKeEio_eT9UQe4xHhDll27mGRryVu_pRc.js: 27
/wp-content/cache/minify/000000/M9AvyUjVzUstLy7PLErVz8lMKkosqtTPKtYvTi7KLCgpBgA.js: 27
/wp-content/cache/minify/000000/fY45DoAwDAQ_FMvkRQgFA5ZyWLajiN9zNHR0O83MRkyt-pIctqYFJPedKyYzfHg2PzOFiENAzaD07AxcpKmTo
lORvDjZt8KEfhBUGjZYCf8Fb0fvA1TXCw.css: 25
/?author=1: 21
/wp-content/cache/minify/000000/hcrRCYAwDAXAhXyEjiQ1YKAh4SVSx3cE7_uG7ASr4M9qg3kGWyk1adklK84LHtRj_My6Y0Pfqcz-AA.js: 20
/wp-content/uploads/2014/11/nhn1.png: 19
/wp-includes/js/wp-emoji-release.min.js?ver=4.3.1: 17
/wp-content/cache/minify/000000/BcGBCQAgCATAiUSaKYSERPk3avzuht4SkBJnt4tHJdqgnPBqKldesTcNlR8.js: 17
/wp-login.php: 16
/comics-2/: 12
/world/: 12
/favicon.ico: 10
/wp-content/uploads/2014/11/babyblues.jpg: 6
/wp-content/uploads/2014/11/garfield.jpg: 6
/wp-content/uploads/2014/11/violentcrime.jpg: 6
/robots.txt: 6
```

我们看一下这个结果。前两个条目看上去非常有道理，不出所料主页是访问次数最多的。Orlando headlines 也非常受欢迎，因为我使用这个网站比其他任何人都多，我就住在奥兰多。但是，后面的那些内容根本不是网页，而是一大堆脚本和 CSS 文件。

8.4.6　修改 4——使用网站专用筛选器

我们可以应用一些与站点有关的知识，这个站点上所有合法页面的 URL 都是以斜杠结尾的。所以，下面再进行一次修改，将不是以斜杠结尾的页面都除去：

```
URLCounts = {}

with open (logPath, "r") as f:
    for line in (l.rstrip() for 1 in f):
        match= format_pat.match(line)
        if match:
            access = match.groupdict()
            agent = access['user_agent']
            if (not('bot' in agent or 'spider' in agent or
                    'Bot' in agent or 'Spider' in agent or
                    'W3 Total Cache' in agent or agent =='-')):
                request = access['request']
                fields = request.split()
                if (len(fields) == 3):
                    (action, URL, protocol) = fields
                    if (URL.endswith("/")):
                        if (action == 'GET'):
                            if URLCounts.has_key(URL):
                                URLCounts[URL] = URLCounts[URL] + 1
                            else:
                                URLCounts[URL] = 1

results = sorted(URLCounts, key=lambda i: int(URLCounts[i]), reverse=True)
```

8

```
for result in results[:20]:
    print result + ": " + str(URLCounts[result])
```

结果如下。

```
/: 77
/orlando-headlines/: 36
/world/: 12
/comics-2/: 12
/weather/: 4
/about/: 4
/australia/: 4
/national-headlines/: 3
/sample-page/feed/: 2
/feed/: 2
/technology/: 2
/science/: 2
/entertainment/: 1
/san-jose-headlines/: 1
/business/: 1
/travel/feed/: 1
```

最后，我们终于得到了合理的结果！在这个名为 No-Hate News 的小网站上，被真人访问最多的页面就是主页，其次是 Orlando headlines，然后是世界新闻，接下来是漫画，再往后是天气和关于本站。这看上去非常合理。

如果你研究得更深入一些，就会发现这个分析中还是有问题的。例如，结果中有一些 feed 页面，这是想从网站上取得 RSS 数据的机器人访问的。所以，这是个很好的例子，说明了在一个看似简单的分析中，要想取得合理的结果，需要的预处理工作和源数据清理工作有多么多。

再强调一次，必须按照原则性的方法来清理数据，不能有选择地清除那些不符合预想的数据。所以，要永远对你的结果保持怀疑，仔细检查源数据，找出里面不合理的东西。

8.4.7   Web 日志数据练习

好的，如果你想更多地练习一下，那么可以解决一下 feed 问题，从结果中删除那些 feed 页面，因为它们也不是真正的 Web 页面，这可以使你更加熟悉代码。或者，再仔细地查看一下日志文件，看看那些 feed 页面是从哪里来的。

或许还有更好、更强大的识别出网站访问的方法，你可以随心所欲地试验。但我希望你能记住：数据清理极其重要，而且特别耗费时间。

没想到吧，对于像"网站上访问量最大的页面是什么"这么一个简单的问题，要想取得合理结果居然如此困难。可以想见，如果处理这么一个简单的问题都需要如此多的数据清理工作，那么对于那些更加复杂的问题和算法，在数据未经清理的情况下，它们将会以各种各样的方式影响最后结果。

理解源数据是非常重要的，你要仔细检查数据及其有代表性的样本，确定知道将什么东西输入了系统。要永远对自己的结果持怀疑态度，结合原始数据找出问题所在。

8.5 数值型数据的标准化

这一节的内容不多，我只是想提醒你要注意数据标准化的重要性，要确认各种输入特征具有同样的规模，而且是可以比较的。这个问题有时很重要，有时又不那么重要，但你必须知道什么时候很重要。要时刻想着这个问题，因为如果不进行标准化的话，有时候会影响你的结果质量。

有时候，模型建立在一些不同的数值型属性之上。如果你还记得，在多变量模型中，我们要考虑汽车的多个属性，有些属性的单位是不能直接比较的。再举一例，假设我们要研究年龄和收入之间的关系，年龄的范围在 0 到 100 之间，而收入范围可能会在 0 到 10 亿美元之间，如果使用不同的货币单位，这个范围可能更大。对有些模型来说则没有这个问题。

如果你做回归，那么通常这不是个大问题。但是，对于其他模型，除非将所有特征都缩放到一定范围，否则效果不会太好。如果你粗心大意，则可能会使某些特征比其他特征更重要。比如，你认为未经标准化的收入和年龄在模型中是可以相比的，就会使得收入的影响远远超过年龄。

标准化可能在属性中引入偏差，这也是个问题。或许你的数据中有一部分是偏斜的，有时你需要在数据可见范围内对这种数据进行标准化，而不是在从 0 到数据最大值的范围内。对于应该采用哪种标准化方式，没有一定之规，我只能说在使用任何技术之前都要先阅读文档。

举例来说，在使用 scikit-learn 实现 PCA 方法时，有一个 whiten 选项，它可以自动对数据进行标准化。你可以使用这个参数。此外也有一些预处理模块可以自动进行标准化和数据缩放。

还要注意，有些文本数据也要转换为数值型数据或定序数据。如果数据中有 yes 和 no，那么应该将它们转换为 1 和 0，并保持一致。再次强调，要阅读文档。多数方法可以很好地使用未经标准化的原始数据，但在你第一次使用一种新技术之前，一定要阅读文档，搞清楚输入数据是否需要缩放或标准化，或者进行白化处理。如果需要，可以使用 scikit-learn 非常容易地实现，你只需记得要进行数据预处理即可。如果你对输入数据进行了缩放，那么别忘了也要对结果进行缩放。

如果你想对结果进行解释，有时候需要在处理完数据之后，将结果还原到原来的范围。如果在将数据输入模型之前，你对数据进行了缩放，甚至做了一定程度的偏斜化处理，那么请一定记得在将结果呈现给人们之前对数据进行还原。否则，人们可能根本理解不了数据的意义。再提醒一下，也是给你一个小小的忠告，在将数据传递给特定模型之前，一定要检查是否需要对数据进行标准化或白化处理。

8

本节没有练习，我只是想让你记住一些东西。我想把它说得更清楚一点。有些算法需要白化或标准化，有些则不需要。所以，一定要阅读文档！如果算法需要你对数据进行标准化，文档中通常会说明，而且会提供非常简便易行的方式。请一定注意这个问题！

8.6　检测异常值

异常值是真实数据中的一个常见问题。总有一些奇怪的用户或奇怪的代理会污染你的数据，它们行为古怪，异于常人。它们可能是合法的异常值，也可能是由真人造成的，不是某种恶意攻击或伪造数据。有时候删掉它们是合适的，有时候则不是，所以一定要负责任地做出决定。下面来看几个处理异常值的例子。

例如，在我们使用协同过滤进行电影推荐的时候，或许有一些高级用户看了所有电影并都进行了评价，他们就可以对所有其他用户的推荐造成非同一般的影响。

我们真的不想让这样的少数人在系统中有这么大的权力。所以，将他们作为异常值筛选出去是一个非常合理的选择。可以根据系统中的评价数量识别出这些人。或者，那些没有足够多评价的用户也可以被认为是异常值。

再来看一下 Web 日志文件。在前面的例子中，我们对日志文件进行了数据清理。从数据清理过程中可知，异常值可以告诉我们数据中存在比较严重的问题。可能有恶意攻击数据，可能有机器人，也可能有其他代理。这些数据都应该丢弃，因为它们不是我们想建模研究的真实人类的行为。

如果有人想知道美国人的平均收入（不是收入的中位数），那么就应该排除个别高收入者。不是因为你不喜欢他，而是因为他的亿万美元收入会拉高平均收入，尽管不会改变中位数。所以，不要通过丢弃异常值去捏造数据。但如果异常值与你的建模目的不符合，就可以丢弃它们。

那么，如何识别出异常值呢？还记得标准差吗？本书前面介绍过它。标准差是检测异常值的一个非常有用的工具。对于一个或多或少服从正态分布的数据集，你可以用一种原则性的方法先计算出它的标准差。如果有个数据与均值之间的距离超过了一个或两个标准差，你就可以认为它是个异常值。

请记住，前面还介绍过箱线图，它也是一种检测异常值并进行可视化的方法。箱线图将超过1.5 倍四分位距的值定义为异常值。

应该使用哪种方法确定异常值呢？应该应用你的常识，关于异常值没有硬性的规则。你必须先用肉眼检查数据，看一下它的分布，再看一下直方图，看看是否有明显的异常值，在丢弃异常值之前，应该研究一下它的意义。

8.6.1　处理异常值

下面通过一些示例代码来看看实际工作中是如何处理异常值的。我们来练习一下。这非常简单。先复习一下，如果你想跟着做，请打开 Outliers.ipynb 文件，我们开始：

```
import numpy as np

incomes = np.random.normal(27000, 15000, 10000)
incomes = np.append(incomes, [1000000000])

import matplotlib.pyplot as plt
plt.hist(incomes, 50)
plt.show()
```

本书在前面内容中做过和上面代码非常相似的事情，创建了一个虚构的美国人收入分布直方图。这里要创建的直方图分布的均值是 27 000 美元/年，标准差是 15 000。在这个分布中，我们创建了 10 000 个虚构的美国人。顺便说一句，本数据纯属虚构，尽管它与现实相去不远。

接下来，我们加入一个异常值，他的收入是 10 亿美元。我们把他放在数据集的最后。于是就有了一个 27 000 美元左右服从正态分布的数据集，然后我们将这个异常值加进去，放在最后。

下面绘制出直方图。

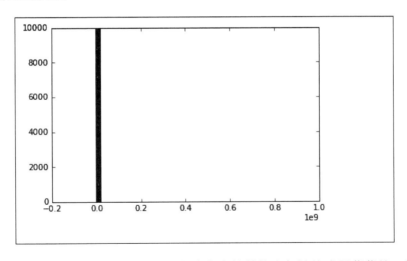

哇！这张图没什么用！在直方图中，整个分布中的其他人都被挤成了薄薄的一层，只有这个 10 亿美元收入在右边一柱擎天，碾压了所有人。

另外一个问题是，如果我们想知道普通的美国人每年能赚多少钱，想通过均值来找出答案，那么得到的就不是一个很有用的数字：

```
incomes.mean ()
```

上述代码的结果如下。

```
126892.66469341301
```

高收入者凭借一己之力将平均收入提高到了 126 000 美元，真是荒唐，因为我们知道除去这个人之后的正态分布数据的均值只有 27 000 美元。所以，正确的方法是使用中位数，而不是均值。

但是，如果出于某种原因必须使用均值，那么正确方法就是将这样的异常值排除在外。所以，我们需要知道如何找出这些人。你可以随意选择一个标准，比如"我要去掉所有收入大于 10 亿美元的人"，然而这不是一种原则性的方法。10 亿是如何来的呢？

选择哪个数字都有偶然因素。更好的方法是先计算出数据集的标准差，然后将距离均值几个标准差的值视为异常值。

下面是我写的一个能够除掉异常值的简单函数，可以称其为 reject_outliers()：

```
def reject_outliers(data):
    u = np.median(data)
    s = np.std(data)
    filtered = [e for e in data if (u - 2 * s < e < u + 2 * s)]
    return filtered

filtered = reject_outliers(incomes)

plt.hist(filtered, 50)
plt.show()
```

它接受一个数据列表，然后找出中位数，再算出这个数据集的标准差。我们只保留距离数据中位数两个标准差之内的数据点，使用这个简单好用的 reject_outliers() 函数处理收入数据，自动除去那些异常值。

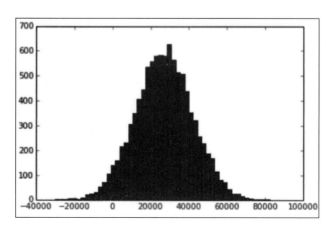

果然有效果！除去了这个异常值之后，我们只关注那些更为典型的数据，这次的图形好看多了。非常棒的结果！

这就是一个识别异常值的例子，我们自动去除了异常值，或者也可以使用任何你觉得合适的方法来去除。请记住，一定要按照原则来处理异常值，不要因为异常值很麻烦而将其丢弃。要搞清楚异常值是怎么出现的，以及它们对结果会造成什么影响。

顺便说一句，我们的均值现在更有意义了，非常接近 27 000，因为去掉了异常值。

8.6.2 异常值练习

如果你想练习一下这部分内容，那么就像我通常告诉你的那样随意去做就行了。可以尝试不同的标准差倍数，试着加入更多异常值，以及一些不那么离谱的异常值。可以再虚构一些异常数据用来练习，看看你能否成功地找出它们。

这就是异常值，一个非常简单的概念！我们给出了一个通过标准差识别异常值的例子，只要检查距离均值或中位数的标准差倍数即可。由于异常值会影响均值，因此中位数是更好的选择。使用标准差是一种非常好的识别异常值的方法，比选择一个随意的标准更有原则性。你需要确定如何正确处理异常值。实际要测量的是什么？丢弃异常值是否合适？一定要注意！

8.7 小结

本章首先介绍了在偏差和方差之间做权衡和误差最小化的重要性。然后介绍了 k 折交叉验证的概念，以及如何在 Python 中实现 k 折交叉验证以防止过拟合。接下来学习了在数据处理之前进行数据清理和标准化的重要性。最后研究了一个确定网站上最受欢迎网页的例子。下一章将介绍如何使用 Apache Spark 在大数据上进行机器学习。

8

第 9 章

Apache Spark——大数据上的机器学习

迄今为止，本书介绍了很多常用的数据挖掘和机器学习技术，作为数据科学工作者，你会经常使用这些技术。但是，它们都是在桌面上运行的，单机使用的是像 Python 和 scikit-learn 这样的技术，你处理的数据不能超过它们的能力。

现在，每个人都在谈论大数据，你所在的公司也可能确实有大数据需要处理。大数据意味着你不可能完全控制数据处理过程，也不能在一个系统中处理所有数据。要处理大数据，你需要使用整个云系统或计算集群的资源。这就是为什么要使用 Apache Spark。Apache Spark 是一个功能非常强大的工具，它可以管理大数据，并在大数据集上进行机器学习。学习完本章之后，你会对以下内容有深刻的理解：

❑ 安装与使用 Spark；
❑ 弹性分布式数据集（RDD）；
❑ MLlib（机器学习库）；
❑ Spark 中的决策树；
❑ Spark 中的 k 均值聚类。

9.1 安装 Spark

本节要为使用 Apache Spark 做好准备，并展示几个使用 Apache Spark 解决问题的例子，这些问题在本书前面已经使用单机技术解决过了。我们要做的第一件事是将 Spark 安装在你的计算机上。接下来的几个小节将详细地介绍如何安装 Spark，它的安装过程非常简单直接，但也有一些陷阱。所以，不要跳过这些小节，要想成功运行 Spark，有些事情需要特别注意，尤其是在 Windows 系统中。下面开始在系统上安装 Apache Spark，你可以跟着一起做。

现在我们只是在自己的桌面上运行 Spark，但是本章提供的程序也完全可以运行在实际的 Hadoop 集群中。对于在本章中编写的脚本，你可以在桌面上以本地化的方式在 Spark 的 standalone

模式下运行，也可以从一个 Hadoop 集群中的主节点运行。然后，可以对其进行扩展，使它可以利用 Hadoop 集群的全部能力处理大规模数据集。尽管我们准备在自己的计算机上以本地化的方式运行，但请记住，同样的概念可以扩展到在集群中运行。

9.1.1　在 Windows 系统中安装 Spark

在 Windows 系统中安装 Spark 需要几个步骤，我们将会进行详细介绍。随后，我们会简单地介绍一下在其他操作系统上的安装。如果你已经非常熟悉在机器上安装系统并设置环境变量，那么可以按照下面的快速说明进行安装。如果你不熟悉 Windows 内部功能，我会在后面的小节中对每一步都进行详细介绍。下面是给那些 Windows 高手准备的快速安装步骤。

(1) **安装 JDK**：你首先要安装 JDK，也就是 Java Development Kit。可以去 Sun 的网站上下载并安装。我们需要 JDK，尽管在本书中是使用 Python 进行开发，但是在底层 Python 会被转换为 Scala 代码，Spark 本身就是用 Scala 开发的，而 Scala 是运行在 Java 解释器上的。所以，为了运行 Python 代码，你需要 Scala，它是作为 Spark 的一部分默认安装的。同样，要运行 Scala 代码，你也需要 Java，更精确地说，是 Java 解释器。这就像一个夹心蛋糕。

(2) **安装 Python**：显然，你还需要 Python，但如果你认真学习了本书，那么肯定已经安装好了 Python 环境，希望是 Enthought Canopy。所以，我们可以跳过这一步。

(3) **安装 Hadoop 系统上的 Spark 预编译版本**：幸运的是，Apache 网站上提供了开箱即用的 Spark 预编译版本，它针对最新版的 Hadoop 进行了预编译。你无须设置任何东西，只要将它下载到计算机上，保存在合适的位置，大多数情况下是没有问题的。

(4) **创建 conf/log4j.properties 文件**：我们要进行一些系统设置，其中之一就是调整警告级别，这样当我们在努力工作时，就不会收到大量垃圾警告信息了。我们会简单地介绍一下如何设置。一般情况下，你需要重命名一个属性文件，然后调整里面的错误设置。

(5) **添加 `SPARK_HOME` 环境变量**：接下来需要建立一些环境变量来确保可以从任何路径运行 Spark。我们要添加一个 `SPARK_HOME` 环境变量，指向 Spark 的安装路径。然后在系统路径中添加 `%SPARK_HOME%\bin`。这样，当我们运行 Spark 的 Submit、PySpark 或其他 Spark 命令时，Windows 便会知道去哪里找到它们。

(6) **设置 `HADOOP_HOME` 变量**：在 Windows 系统中，我们还要做另外一件事，就是设置 `HADOOP_HOME` 变量，因为即使在 standalone 系统中你不会用到 Hadoop，Spark 也希望能找到 Hadoop 的一些痕迹。

(7) **安装 winutils.exe**：最后，我们需要安装 winutils.exe 文件。本书资源中有个链接指向了 winutils.exe 文件。

如果你想更详细地了解这些步骤，可以参考以下各个小节。

9.1.2   在其他操作系统上安装 Spark

在其他操作系统上安装 Spark 时，所需的步骤和前面基本一样，主要区别在于如何在系统上设置环境变量。设置了环境变量后，就可以在每次登录后自动应用这些变量了。不同的系统有不同的环境变量。macOS 及各种版本的 Linux 都有不同的环境变量，所以你应该熟悉一种 Unix 命令行工具，并知道如何在系统中设置环境变量。多数使用 macOS 或 Linux 进行开发的用户都应该已经掌握这种基本技能了。当然，如果不使用 Windows 系统，也就不再需要 winutils.exe 了。这就是在不同操作系统上安装 Spark 的主要区别。

9.1.3   安装 Java Development Kit

要安装 Java Development Kit，请回到浏览器，打开一个新标签页，然后搜索 JDK（Java Development Kit 的缩写）。这会将你带到 Oracle 网站，从这里可以下载 Java。

在 Oracle 网站上，点击 JDK DOWNLOAD。接下来，点击 Accept License Agreement，然后选择适合你的操作系统的下载选项。

我要选择的是 64 位的 Windows，需要下载的文件大小是 198 M。

Java SE Development Kit 8u131

You must accept the Oracle Binary Code License Agreement for Java SE to download this software.
Thank you for accepting the Oracle Binary Code License Agreement for Java SE; you may now download this software.

Product / File Description	File Size	Download
Linux ARM 32 Hard Float ABI	77.87 MB	jdk-8u131-linux-arm32-vfp-hflt.tar.gz
Linux ARM 64 Hard Float ABI	74.81 MB	jdk-8u131-linux-arm64-vfp-hflt.tar.gz
Linux x86	164.66 MB	jdk-8u131-linux-i586.rpm
Linux x86	179.39 MB	jdk-8u131-linux-i586.tar.gz
Linux x64	162.11 MB	jdk-8u131-linux-x64.rpm
Linux x64	176.95 MB	jdk-8u131-linux-x64.tar.gz
Mac OS X	226.57 MB	jdk-8u131-macosx-x64.dmg
Solaris SPARC 64-bit	139.79 MB	jdk-8u131-solaris-sparcv9.tar.Z
Solaris SPARC 64-bit	99.13 MB	jdk-8u131-solaris-sparcv9.tar.gz
Solaris x64	140.51 MB	jdk-8u131-solaris-x64.tar.Z
Solaris x64	96.96 MB	jdk-8u131-solaris-x64.tar.gz
Windows x86	191.22 MB	jdk-8u131-windows-i586.exe
Windows x64	198.03 MB	jdk-8u131-windows-x64.exe

9

下载完成之后，找到安装文件开始安装。请注意，在 Windows 系统上安装时，不能全部接受默认设置。这是在 Windows 系统上安装时的特别注意事项。当我写作本书时，Spark 的版本是 2.1.1，人们发现 Windows 系统上的 Spark 2.1.1 和 Java 之间存在问题。这个问题就是，如果 Java 的安装路径中有空格，它就会失效，所以必须确保将 Java 安装在没有空格的路径中。这意味着你不能跳过这一步，即使已经安装了 Java。下面我们展示一下正确的做法。在安装程序中，点击 **Next**，如下图所示，你会看到不管是哪个版本，安装程序都试图将 JDK 安装在默认的 C：\Program Files\Java\jdk 目录中。

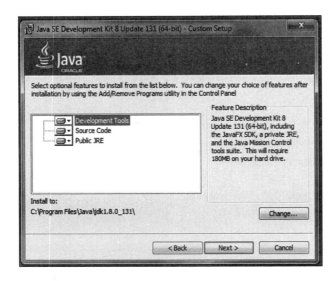

Program Files 中的空格会带来麻烦，所以我们点击 **Change...**按钮，将其安装在 c:\jdk 中，这是一个非常简单的路径，既没有空格，也容易记忆。

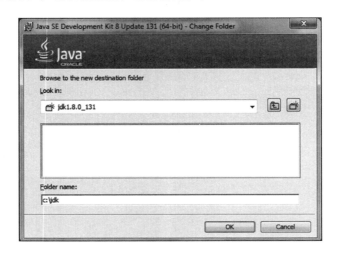

然后，安装程序要安装 Java 运行时环境，为安全起见，我们也将它安装在没有空格的路径中。

在 JDK 安装的第二步，应该会看到下面这个界面。

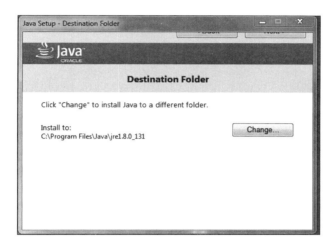

我们还是要改变一下目标文件夹，建立一个新文件夹，名为 c:\jre。

好了，安装成功！

现在，你需要记住 JDK 的安装路径，在我们这个例子中，其安装路径是 C:\jdk。还需要几个步骤。下面，我们要安装 Spark。

9.1.4　安装 Spark

打开一个新的浏览器标签页，访问 spark.apache.org，点击 Download Spark 按钮。

9

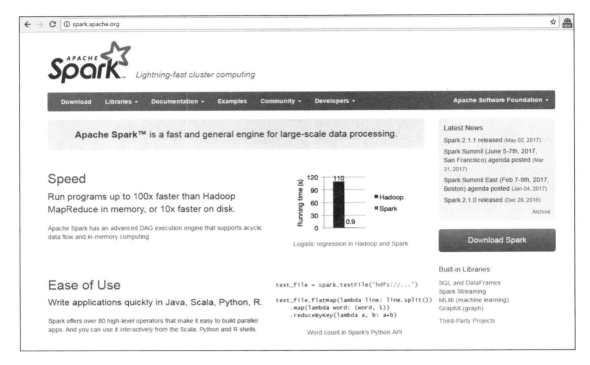

本书中使用的是 Spark 2.1.1，但任何高于 2.0 版的版本都可以运行得很好。

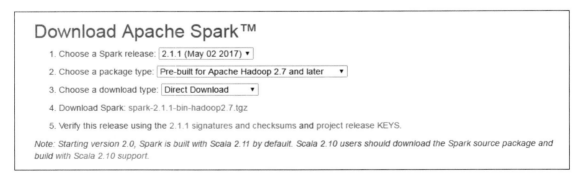

确定你下载的是预编译版本，选择 Direct Download 选项，接受所有默认设置，然后点击第 4 条指示后面的链接下载程序包。①

这样，我们就下载了一个 TGZ（Tar in GZip）文件，你可能对这种类型的文件不是太熟悉。说实话，Windows 不是 Spark 的首选操作系统，因为在 Windows 中没有能够解压 TGZ 文件的内

_____

① 实际上，现在的 Spark 下载页面上已经没有 Direct Download 选项了，直接点击第 3 条指示中的链接下载即可。

——译者注

置应用，这意味着你需要安装一个能解压 TGZ 文件的应用软件。我使用的软件是 WinRAR，你可以到 www.rarlab.com 去下载。如果需要，找到 Downloads 页，根据你的操作系统下载 32 位或64 位的 WinRAR 安装程序。安装完 WinRAR 之后，就可以在 Windows 中解压 TGZ 文件了。

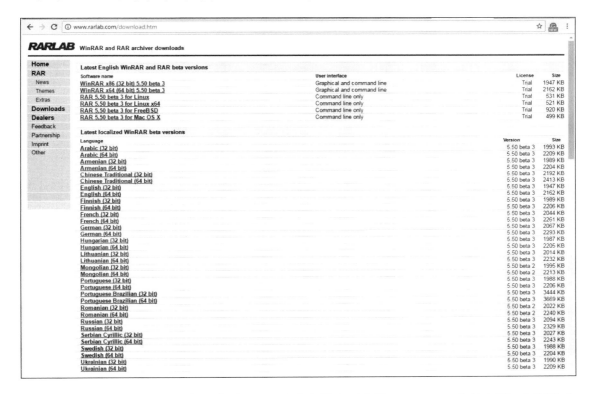

下面解压 TGZ 文件。我把下载的 Spark 程序包放在了我的 Downloads 文件夹下，打开这个文件夹，在压缩文件上点击鼠标右键，将文件解压到指定的文件夹中。我还是把它放在了Downloads 文件夹中。WinRAR 可以帮助我们完成这个任务。

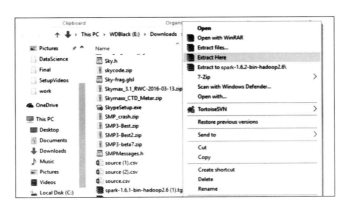

于是，在 Downloads 文件夹中就有了 Spark 程序包中的文件。打开 Spark 文件夹，就可以看到如下图所示的内容。所以，应该把 Spark 安装在你能记住的地方。

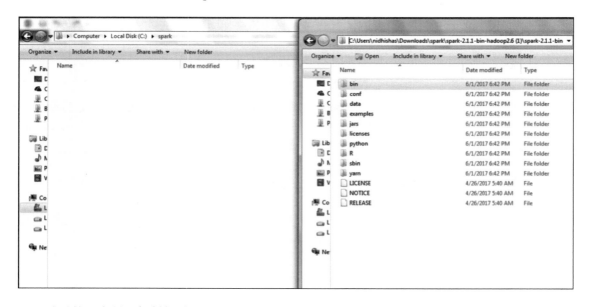

显然，你不想把它们放在 Downloads 文件夹中，所以，我们打开一个新的资源管理器窗口，在 C 盘中创建一个新目录，命名为 Spark。于是，我们的 Spark 将要安装在 C:\spark 文件夹中，非常简单易记。打开这个文件夹，再回到下载 Spark 的文件夹，使用 Ctrl+A 选择所有文件，再用 Ctrl+C 进行复制，然后回到 C:\spark，使用 Ctrl+V 粘贴文件。

重要的一点是，复制粘贴的是 spark 文件夹中的内容，而不是 spark 文件夹本身。这样，在 C 盘的 spark 文件夹中，就有了 Spark 发行版中的所有内容。

还需要做一些设置。在 C:\spark 文件夹中，打开 conf 文件夹，为了不被日志消息淹没，我们要修改一下日志级别。在 log4j.properties.template 文件上点击鼠标右键，然后选择 Rename。

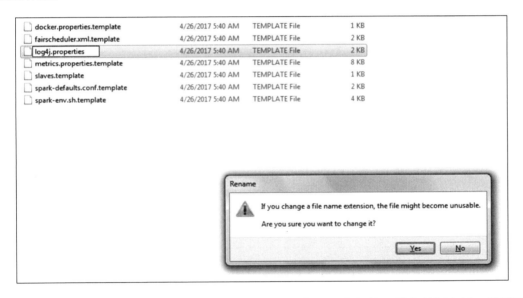

删除文件名中的.template，使它成为一个实际的 log4j.properties 文件。Spark 会使用这个文件来配置日志。

使用文本编辑器打开这个文件。在 Windows 中，你可以在文件上单击鼠标右键，然后选择 Open with，再选择 WordPad。在文件中找到 log4j.rootCategory=INFO 这一行。

```
18    # Set everything to be logged to the console
19    log4j.rootCategory=INFO, console
20    log4j.appender.console=org.apache.log4j.ConsoleAppender
21    log4j.appender.console.target=System.err
22    log4j.appender.console.layout=org.apache.log4j.PatternLayout
23    log4j.appender.console.layout.ConversionPattern=%d{yy/MM/dd HH:mm:ss} %p %c{1}: %m%n
```

将这一行修改为 log4j.rootCategory=ERROR，这样的话，当运行程序时，就不会出现那些乱七八糟的无用信息了。保存文件，关闭文本编辑器。

至此，我们安装了 Python、Java 和 Spark。下一件要做的事情是安装一个欺骗电脑的小程序，让你的电脑以为 Hadoop 是存在的。这一步骤也只是在 Windows 中才需要，如果你使用的是 Mac 或 Linux，那么可以跳过这一步。

我可以提供这种小程序。请访问 http://media.sundog-soft.com/winutils.exe，下载 winutils.exe 文件，这是一个可执行文件，用来欺骗 Spark，让它认为你已经有了 Hadoop。

因为我们要在桌面上运行脚本，对性能要求不高，所以不用真的安装 Hadoop。这只是在 Windows 中运行 Spark 的一个小技巧。下载完毕之后，在 Downloads 文件夹中找到这个程序，使用 Ctrl+C 复制，然后在 C 盘给它建个文件夹。

Z	ZA_Connect	5/31/2017 1:14 PM	Application	477 KB
Z	ZA_Connect (2)	5/31/2017 4:44 PM	Application	477 KB
Z	ZA_Connect (1)	5/31/2017 4:34 PM	Application	477 KB
	winzip21	3/29/2017 6:36 PM	Application	2 KB
	winutils	5/31/2017 2:15 PM	Application	2 KB
	winrar-x64-55b3	5/31/2017 1:05 PM	Application	2 KB

还是在 C 盘根目录下创建新文件夹，命名为 winutils。

SparkCourse	6/1/2017 12:27 PM	File folder	
Users	3/9/2017 3:10 PM	File folder	
Windows	3/10/2017 9:56 AM	File folder	
winutils	5/31/2017 2:16 PM	File folder	
FoxitReaderPrinterProfile	5/9/2017 4:16 PM	XML Document	0 KB

打开 winutils 文件夹，在其中创建一个 bin 文件夹。

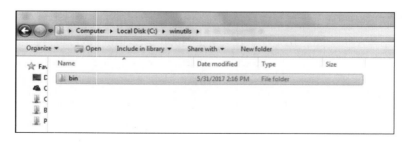

在 bin 文件夹中，粘贴下载的 winutils.exe 文件。这样，我们就有了 C:\winutils\bin 文件夹和 winutils.exe 文件。

　　下面的步骤只在某些系统中才需要，但为了安全起见，需要打开一个 Windows 命令行窗口。你可以打开开始菜单，找到 Windows System，然后点击 Command Prompt。在命令行窗口中输入 cd c:\winutils\bin，来到我们存放 winutils.exe 文件的目录。如果使用 dir 命令，就可以看到这个文件。输入 winutils.exe chmod 777 \tmp\hive，这样可以保证所有运行 Spark 所需文件的权限是正确的。做完这一步之后，就可以关掉命令行窗口了。不管你信不信，我们马上就要做好了。

　　下面，我们要设置一些环境变量，我会告诉你在 Windows 中该怎么做。在 Windows 10 中，你需要打开开始菜单，找到 Windows System|Control Panel，打开 Control Panel。

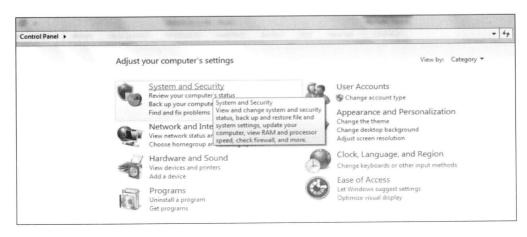

在 Control Panel 中，点击 System and Security。

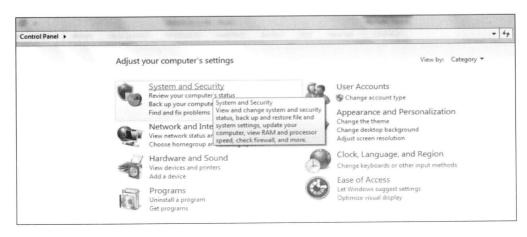

然后，点击 System。

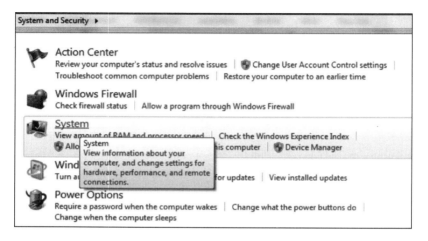

接下来，在左侧列表中点击 Advanced system settings。

在下图所示界面中，点击 Environment Variables...

可以看到有以下选项。

这是典型的 Windows 设置环境变量的方式。在其他操作系统中会使用不同的方式，所以你要看看相应的 Spark 安装方法。下面，我们要设置几个新的用户变量。点击第一个 New...按钮，建立一个名为 SPARK_HOME 的新用户变量，如下所示，所有字母都大写。这个变量指向 Spark 的安装目录，即 C:\spark，在 Variable value 中输入这个值，然后点击 OK。

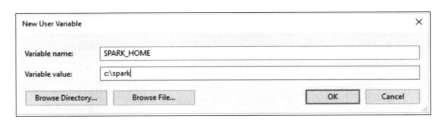

我们也需要建立一个 JAVA_HOME 用户变量。再点击一次 New...，在 Variable name 中输入 JAVA_HOME，它要指向 Java 的安装目录，也就是 c:\jdk。

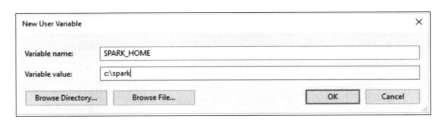

还需要建立一个 `HADOOP_HOME` 用户变量，这是我们安装 winutils 包的地方，所以要指向 c:\winutils。

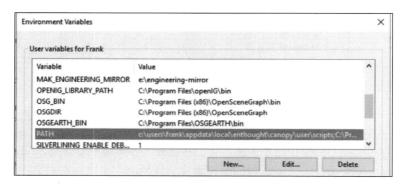

迄今为止一切正常。我们要做的最后一件事是修改路径，这里应该有一个 `PATH` 环境变量。

点击 `PATH`，然后点击 **Edit...**，添加一个新路径，这个新路径是%SPARK_HOME%\bin，再添加一个%JAVA_HOME%\bin。

一般来说，这样就可以在 Windows 系统的任何地方使用 Spark 的所有二进制可执行文件了。点击这个界面和前两个界面中的 OK 按钮。我们终于完成了所有准备工作。

9.2　Spark 简介

我们从一个比较高的层次上介绍 Apache Spark，看看它的定义、适用范围和工作原理。

什么是 Spark？如果你去 Spark 网站看一下，他们会给出一个非常高级但又相当难懂的定义：一个用于大规模数据处理的快速通用引擎。它可以做数据切片、数据切块和数据清洗。不完全是这样，它还是一个编写能够处理海量数据的作业或脚本的框架，还可以将数据处理分布到计算集群上并进行管理。一般情况下，Spark 通过将数据加载到 RDD（一个大对象，称为弹性分布式数据集）上才能开始工作，它可以基于 RDD 自动执行像转换和新建这样的操作，你可以认为 RDD 就是个巨大的数据框。

Spark 的优点是如果你有一个集群可用的话，它可以自动地、最优地将处理过程分散到整个计算机集群中。你将不再受到单机计算能力和内存大小的限制，可以充分利用一个计算机集群的所有计算能力和存储能力。如今计算成本非常低廉，你可以租用像 Amazon Elastic MapReduce 这样的集群服务。租用完整计算机集群一段时间只需要几美元，却可以完成在你自己的电脑上不可能完成的任务。

9.2.1　可伸缩

Spark 如何实现可伸缩？下面来更加详细地了解一下它的工作原理。

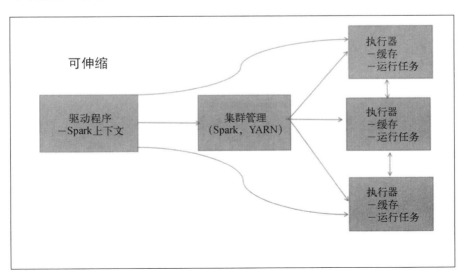

Spark 的工作方式是这样的，你要先写一个驱动程序，也就是与普通 Python 脚本无异的一小段代码，只是代码中要使用 Spark 库。在 Spark 库中，你要定义一个 Spark 上下文，也就是你进行 Spark 开发时使用的根对象。

然后，Spark 框架就会接管并分发数据处理任务。如果你在自己的电脑上以 standalone 模式运行 Spark，就像我们在随后几节中做的那样，那么显然 Spark 还是在你的电脑上运行。但是，如果 Spark 运行在一个集群管理器上，它就能识别出并自动利用集群。Spark 本身有内建的集群管理器，即使没有安装 Hadoop，你也可以使用这个集群管理器，但如果你有 Hadoop 集群，则可以使用 Hadoop 集群管理器。

Hadoop 不仅仅是 MapReduce，它还有一个叫作 YARN 的组件，其可以分离出 Hadoop 的全部集群管理功能。Spark 可以与 YARN 通过接口连接，通过它以最优的方式将数据处理过程的各个环节分布到 Hadoop 集群提供的各种资源中。

在集群内部，运行着多个独立的执行器任务。这些执行器可能运行在不同的主机上，也可能运行在同一主机的不同 CPU 内核上。每个执行器都有专属于自己的缓存和运行任务。驱动程序、Spark 上下文与集群管理器一起对这些执行器进行协调管理，并返回最终结果。

这种方式的优点在于，你的工作仅限于编写初始的一小段脚本，即驱动程序，它使用 Spark 上下文在一个较高的层次上描述你想要对数据进行的处理。Spark 与你使用的集群管理器一起确定任务的划分和分布方式，你不用关心其中的具体细节。如果出现问题，你可能得进行故障处理，确定是否有足够的资源来完成当前任务，理论上这种情况是不太可能出现的。

9.2.2　速度快

Spark 的最大优点是什么？我的意思是，既然有很多非常相似的技术，比如 MapReduce，为什么还需要 Spark？Spark 速度非常快。在 Spark 网站上，开发者们宣称"当在内存中执行一项作业时，它的速度可以达到 MapReduce 的 100 倍，如果在磁盘上，则可以达到 10 倍。"这里的关键词是"可以达到"，显然这个速度是可以变化的。实际上，我从来没有见过比 MapReduce 快那么多的系统。一些精心编写的 MapReduce 代码实际上是非常有效率的。但我要说，Spark 确实使很多常用操作更容易完成。MapReduce 强迫你将作业分成映射器和归约器，Spark 的层次则要更高一些。在 Spark 中，你不需要总是考虑那么多。

Spark 如此快速的原因还部分在于它有一个 DAG 引擎，这是一个有向无环图。哇，又是一个时髦名词，什么意思呢？Spark 的工作方式是，你编写一段脚本来描述如何处理数据，并且有一个类似数据框的 RDD，你可能要在 RDD 上做某种转换（transformation）操作，也可能做某种执行（action）操作。但在对数据进行执行操作之前，实际上什么事情都不会发生。当进行执行操作时，Spark 是这样想的："嗯，这是你想要的数据最终结果，要想得到这个最终结果，我还需要做什么事情呢？得到这个结果的最优策略是什么呢？"所以，在幕后，Spark 会确定分解处理过程的最佳方式，并将这种信息分发出去以得到最终结果。因此，最关键的一点是，Spark 一直在等待，直到你告诉它要生成最终结果时，它才开始运行起来，确定如何生成最终结果。这种做法非常棒，这就是 Spark 速度如此之快的最主要原因。

9.2.3　充满活力

Spark 是一项非常热门的技术，而且出现的时间不是很长，还在快速发展和变化中。但是，很多著名公司都在使用 Spark，比如 Amazon 已经宣称使用了 Spark，eBay、NASA 喷气动力实验室、Groupon、TripAdvisor、Yahoo 等也都在使用 Spark。我相信还有很多公司虽然没有公开承认，但也在使用它，你可以去 Spark Apache Wiki 网页看一下。

这个网页上有一个使用 Spark 解决实际数据问题的知名公司列表。如果你担心使用 Spark 这种新技术会有很大的风险，那么这种担心完全没必要，因为很多具有优秀人才的著名公司都在使用 Spark 解决实际的数据问题。Spark 现在已经非常稳定了。

9.2.4　易于使用

Spark 并不难，在编程语言的选择上，你可以使用 Python、Java 或 Scala，它们都围绕着前面描述过的一个理念来工作，那就是 RDD。在后面的章节中，我们会详细介绍 RDD。

9.2.5　Spark 组件

Spark 中有多个组件。通过核心组件中的功能，你几乎能完成任何任务，但其他组件也非常有用。

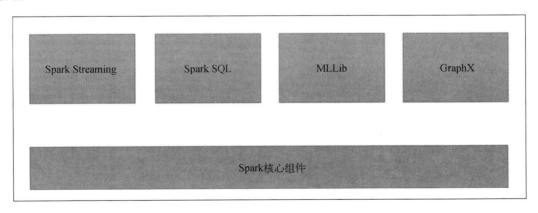

☐ **Spark Streaming**：Spark Streaming 是一个可以实时处理数据的库。数据（比如 Web 日志数据）可以连续不断地流入一个服务器，Spark Streaming 可以帮助你持续且实时地处理这些数据。

- **Spark SQL**：它可以让你像在 SQL 数据库中那样处理数据，并可以发起 SQL 查询。如果你对 SQL 已经很熟悉了，那么这是一个很棒的工具。
- **MLlib**：这是本节要重点介绍的。它是一个机器学习程序库，可以让你执行常用的机器学习算法，在底层由 Spark 将处理过程分布到一个集群上。你可以在更大规模的数据集上执行机器学习，这是其他方式不能实现的。
- **GraphX**：不是用来制作美观的图形与图表，这里的图指的是网络理论中的图。比如社交网络，就是这种图的一个例子。GraphX 中提供了几个函数，用于分析信息图的特性。

9.2.6   在 Spark 中使用 Python 还是 Scala

当我做 Apache Spark 培训时，确实建议过大家使用 Python，我这样做是有原因的。在编写 Spark 代码时，很多人使用 Scala，这是真的，因为 Spark 就是用 Scala 开发的。所以，如果强制 Spark 将 Python 代码转换成 Scala，并最终转换成 Java 解释器命令，就会产生一些额外的开销。

然而，使用 Python 编写代码要容易得多，而且不需要编译，程序依赖性管理也更容易。你可以减少在程序构建、运行和编译这些不相关步骤上花费的时间，而将更多时间集中在算法和任务上。此外，本书至此使用的都是 Python，所以也应该坚持使用我们学过的知识，一直使用 Python。下面是这两种语言优点和缺点的简单总结。

Python	Scala
• 无须编译，容易管理依赖性等	• 可能更多使用 Spark 的人会选择 Scala
• 较少的代码转换开销	• Spark 是使用 Scala 开发的，所以 Scala 代码可以与 Spark 无缝对接
• 我们已经学习了 Python	• 新特性和新的库文件会首先支持 Scala
• 可以让我们将精力放在概念上，而不是再学习一门新语言	

但是，如果你在实际工作中进行 Spark 编程，那么就非常有可能遇到使用 Scala 的人。尽管如此，你也不必过分担心，因为在 Spark 中，Python 和 Scala 的代码是非常相似的，它们都围绕 RDD 这个概念进行编程。它们的语法有一点不同，但差别不大。如果你知道如何使用 Python 操作 Spark，那么使用 Scala 操作 Spark 则完全不是问题。下面是使用两种语言完成同样操作的一个简单例子。

```
对数据集中数据进行平方运算的Python代码：

nums = sc.parallelize([1, 2, 3, 4])
squared = nums.map(lambda x: x * x).collect()


对数据集中数据进行平方运算的Scala代码：

val nums = sc.parallelize(List(1, 2, 3, 4))
val squared = nums.map(x => x * x).collect()
```

这就是 Spark 的基本概念，以及它如此重要的原因。Spark 功能强大，可以让我们在超大规模的数据集上运行机器学习算法。下面，我们详细介绍一下 Spark 的功能实现，以及弹性分布式数据集的核心概念。

9.3　Spark 和弹性分布式数据集

我们再深入介绍一下 Spark 的工作原理。先介绍一下弹性分布式数据集，也就是 RDD，它是在 Spark 中编程所使用的核心对象。我们要编写一些简单的代码，实现在 Spark 中的编程。本节是 Apache Spark 的一个快速教程，其中的内容要比随后的几节难一些，但我会把例子中需要理解的基本概念解释清楚，希望能为你打下一个良好的基础，并指明正确的方向。

正如前面提到的，Spark 中最基本的对象称为 RDD。你就是使用这个对象来加载和转换数据，并得到想要的数据处理结果的。这是一个你需要了解的重要概念。RDD 中的最后一个字母表示数据集。实际上 RDD 就是个数据集，它由很多信息行组成，这些行中几乎可以包括任意类型的数据。但是，RDD 的关键在于 R 和第一个 D。

- ❑ 弹性（Resilent）：RDD 中弹性的意思是，当 RDD 运行在集群上而集群中有一点坏掉时，Spark 可以保证自动恢复 RDD，并进行重新计算。眼下，弹性就是这个意思。如果没有足够资源去完成你想运行的一项作业，它还是会失败，你必须添加更多的资源。Spark 只能从当前资源中进行恢复，对给定作业的重试次数也是有限的。但 Spark 确实做了最大努力，来确保在面对一个不稳定集群和不稳定网络的情况下，尽量顺畅地完成任务。
- ❑ 分布式（Distributed）：显然，RDD 是分布式的。使用 Spark 的全部意义就在于可以处理大数据问题，你可以将处理过程分布在一个计算机集群的全部 CPU 和内存上面，充分发挥它们的能力。Spark 可以实现横向分布，对于一个特定问题，你可以添加尽量多的计算机。问题规模越大，需要的计算机就越多，它的数量没有上界。

9.3.1　SparkContext 对象

在开始 Spark 脚本时，总是要建立一个 SparkContext 对象，这个对象包含了 Spark 中的全部内容。它可以建立 RDD 供你进行处理，还可以生成在处理过程中要用到的各种对象。

在编写 Spark 程序时，其实不用对 SparkContext 考虑太多，实际上它是运行在 Spark 底层的一种对象。如果你在 Spark 的交互式环境中运行，那么它会自动建立一个名为 sc 的 SparkContext 对象，你可以使用这个对象建立 RDD。但是，在独立的脚本中，你必须显式地创建 SparkContext 对象，并且要注意使用的参数，因为你要告诉 SparkContext 如何分布任务。是否要使用现有的每一个 CPU 内核？是在集群上运行，还是在本地计算机上以 standalone 模式运行？所以，SparkContext 对象就是用来设置 Spark 运行方式的基本参数的。

9

9.3.2 创建 RDD

我们来看几个实际创建 RDD 的代码片段，通过这些代码，你会对 Spark 有更多了解。

1. 使用 Python 列表创建 RDD

下面是一个非常简单的例子：

```
nums = parallelize([1, 2, 3, 4])
```

如果想通过普通的 Python 列表创建 RDD，可以调用 Spark 的 `parallelize()` 函数，这个函数可以将列表中的内容（这里是数值 1、2、3、4）转换为一个名为 nums 的 RDD 对象。

这是最简单的创建 RDD 的方式，即通过一个固定列表来创建。列表可以是任何形式，不一定是固定的，但这违反了大数据的初衷。我的意思是，如果使用一个数据集创建 RDD 之前，要将它整个加载到内存的话，就没有什么意义了。

2. 从文本文件加载 RDD

还可以从文本文件加载 RDD，文本文件可以在任意位置。

```
sc.textFile("file:///c:/users/frank/gobs-o-text.txt")
```

在这个例子中，我有一个巨大的文本文件，比如一整本百科全书或其他什么东西。我们从本地磁盘上读取文件，但如果我将这个文件放在分布式的 AmazonS3 存储上时，就可以使用一个 s3n 路径。或者，如果想访问保存在分布式 HDFS（Hadoop Distributed File System，Hadoop 分布式文件系统）集群上的数据时，就要使用 hdfs 路径。如果你在处理大数据，并且使用的是 Hadoop 集群，那么数据通常都保存在 HDFS 文件系统中。

这行代码会将文本文件中的每一行转换为 RDD 中的一行。所以，你可以认为 RDD 是个行式数据库。在这个例子中，代码将文本文件载入一个 RDD，RDD 的每一行都包含一行文本。然后，我们可以在 RDD 中进行更深层次的处理，解析或提取数据中的分隔符。但首先要加载数据。

还记得本书前面讨论过的 ETL 和 ELT 吗？这就是一个非常好的例子，你要将原始数据加载到一个系统中，然后在系统中进行数据转换，这个系统也是用来查询数据的系统。你可以将未经处理的原始文本数据加载到 RDD 中，然后使用 Spark 的强大功能来将其转换为结构化数据。

Spark 还可以和 Hive 连接起来。因此，如果你的公司已经有了一个 Hive 数据库，你就可以基于 Spark 上下文创建一个 Hive 上下文了。这很棒吧？看一下示例代码：

```
hiveCtx = HiveContext(sc)
rows = hiveCtx.sql("SELECT name, age FROM users")
```

你可以创建一个 RDD，在这个例子中的名称是 rows，它是在你的 Hive 数据库中执行了一个 SQL 查询而生成的。

9.3.3　更多创建 RDD 的方法

还有很多创建 RDD 的方法，比如可以通过一个 JDBC 连接创建 RDD。一般来说，所有支持 JDBC 的数据库都可以连接 Spark 并创建 RDD。Cassandra、HBase、Elasticsearch、JSON 文件、CSV 文件、序列化文件，以及像 ORC 这样的多种压缩文件都可以用来创建 RDD。我们不想对这些文件详细介绍，如果需要的话，你可以找相关书学习一下。重点是要知道根据数据创建一个 RDD 是非常容易的，不论数据存储在本地文件系统上，还是分布式数据库上。

RDD 只是加载和维护超大规模数据并进行实时跟踪的一种方式。从脚本中的概念上来看，RDD 只是包含大量数据的一个对象，你不用考虑数据的规模，因为 Spark 都替你处理好了。

9.3.4　RDD 操作

现在，在 RDD 中你可以进行两种操作，即转换和执行。

1.转换

先介绍转换操作。顾名思义，转换操作就是接受一个 RDD 并将其中每一行按照指定函数转换为新值的一种方式。下面来看一下可以使用哪些函数。

❏ map() 和 flatmap()：map 和 flatmap 是最常见的转换函数，它们都可以接受你能想到的任何函数，这个函数将 RDD 中的一行作为输入，再输出转换后的行。例如，你可以从一个 CSV 文件接受初始输入，map 操作就可以接受这个输入，然后基于逗号分隔符将其分解为多个独立的字段，并返回一个 Python 列表，列表中是更加结构化的数据，可以供你进一步处理。你可以将 map 操作链接起来，这样一个 map 操作的输出会产生一个新 RDD，你可以继续对这个 RDD 进行另一种转换，以此类推。再说一次，关键是 Spark 可以将这些转换操作分布到集群中，所以你的 RDD 可能部分在一台机器上进行转换，另一部分则在另一台机器上进行转换。

正如我所说的，map 和 flatmap 是最常见的转换操作。二者之间的唯一区别是，map 只对每一行输出一个值，而 flatmap 允许你对一个给定的行输出多个新行。所以使用 flatmap 你可以创建一个比原来更大或更小的 RDD。

❏ filter()：如果你想创建一个布尔函数来确定 RDD 中的某一行是否应该保留，那么可以使用 filter() 函数。

❏ distinct()：distinct 是一个不常用的转换函数，它仅返回 RDD 中唯一不同的值。

❏ sample()：这个函数可以让你对 RDD 进行随机抽样。

❏ union()、intersection()、subtract() 和 Cartesian()：你可以在 RDD 中执行集合操作，比如并集、交集、差集和笛卡儿积。

9

● 使用 map()

下面是一个在工作中如何使用 map 函数的小例子：

```
rdd = sc.parallelize([1, 2, 3, 4])
rdd.map(lambda x: x*x)
```

如果我根据列表 1、2、3、4 创建了一个 RDD，那么接下来就可以使用 x 的 lambda 函数接受每一行（也就是 RDD 的每一个值）作为输入，把它当作 x，然后使用 x 乘以 x 计算出 x 的平方来调用 rdd.map() 了。如果查看一下这个 RDD 的输出结果，就会看到 1、4、9、16，因为 map 函数接受了 RDD 的每一个值并进行了平方，然后保存到了新 RDD 中。

本书前面介绍过 lambda 函数，如果你不记得了，我们来复习一下。lambda 函数就是行内的函数快速定义。rdd.map(lambda x: x*x) 完全等价于一个独立函数定义 def squareIt(x): return x*x 和 rdd.map(squareIt)。

lambda 函数就是一个简单函数的快速定义，你可以使用它进行数据转换。它不需声明一个命名函数。这是函数式编程的理念。你可以顺便声称自己懂得了函数式编程。但实际上，lambda 函数只是一种在行内定义函数的简单形式，它可以作为 map() 函数参数的一部分，实现数据转换。

2. 执行

当你想得到结果时，可以在 RDD 上进行执行操作。下面是一些执行操作的例子。

❑ collect()：你可以在 RDD 上调用 collect() 函数，它会返回一个普通的 Python 对象，可以在这个对象中迭代，打印出最终结果，也可以保存到文件中，或者执行其他想要的操作。

❑ count()：你还可以调用 count() 函数，它会返回 RDD 当前状态下的条目数量。

❑ countByValue()：这个函数会返回 RDD 中每个唯一值的数量。

❑ take()：你还可以使用 take() 从 RDD 中抽样，这个函数会从 RDD 中随机抽取一定数量的条目。

❑ top()：如果出于调试的目的，你只是想看看 RDD 中最前面的几个条目，那么可以使用这个函数。

❑ reduce()：最强大的执行操作就是 reduce()，它可以将具有相同键的值组合在一起。你也可以用键–值对的方式来使用 RDD。reduce() 函数可以让你定义一种方式，将具有特定键的所有值组合起来。这种思想与 MapReduce 非常相似。reduce() 类似于 MapReduce 中的 reducer()，map() 则类似于 mapper()。所以，使用这些函数，可以非常轻松地将 MapReduce 作业转换为 Spark 作业。

请注意，直到调用一个执行函数，Spark 中实际什么都没有发生。一旦你调用了上面的某个执行函数，Spark 就开始发动，然后通过有向无环图计算出得到所需结果的最优方式。但请记住，直到执行操作，什么都没有发生。所以，在编写 Spark 脚本时，你有时会受到困扰，比如写了一个打印语句，希望输出一个结果，但实际上不会输出任何结果，直到进行了执行操作。

这就是 Spark 的简单介绍，它们都是 Spark 编程所需的基础知识。总的说来就是 RDD 的概念和能在上面执行的操作。如果你掌握了这些概念，就可以编写一些 Spark 代码了。下面我们要介绍 MLlib 和 Spark 中的一些具体功能，让你可以使用 Spark 运行机器学习算法。

9.4 MLlib 简介

幸运的是，要在 Spark 中进行机器学习并不是很困难的事情。Spark 有一个内置组件，叫作 MLlib，它运行在 Spark 内核之上。MLlib 可以非常容易地在大规模数据集上执行复杂的机器学习算法，并将学习过程分布在整个计算机集群上。这是非常激动人心的事情。下面来学习一下 MLlib 的更多功能。

9.4.1 MLlib 功能

MLlib 可以做些什么呢？它的功能之一就是特征提取。

MLlib 的一项主要用途是实现词频与逆向文件频率方法，这种方法可以创建供搜索使用的索引。本章后面会介绍一个这样的例子。MLlib 的主要用途还包括可以在集群上使用大规模数据集来完成任务，所以，你可以使用这种方法来建立自己的 Web 搜索引擎。MLlib 中不仅提供了一些基本的统计函数，比如卡方检验、皮尔逊相关系数和斯皮尔曼相关系数，还提供了一些简单的函数，比如最小值、最大值、均值和方差。这些函数本身不足为奇，但激动人心的是你可以计算出超大规模数据集的方差、均值、相关系数，以及一些其他统计量。而且，如果需要的话，MLlib 还可以将大数据集分解为不同的数据段，在整个集群上运行。

所以，即使这些操作本身并不是很有趣，但其规模非常有价值。MLlib 还可以支持线性回归和逻辑回归，如果你需要对大数据集拟合一个函数并用来预测，那么也是可以实现的。MLlib 还支持 SVM 方法。我们介绍了一些比较高级的方法，有些方法可以通过 Spark MLlib 扩展到大规模数据集上。MLlib 中内置了朴素贝叶斯分类器，还记得本书前面建立的垃圾邮件分类器吗？你可以使用 Spark 实现这个分类器，并扩展到任何你想要的规模。

Spark 也支持我最喜欢的机器学习方法——决策树，本章后面将会给出一个实际例子。我们还会介绍 k 均值聚类，使用 Spark 和 MLlib 也可以支持 k 均值方法，在大规模数据集上进行聚类。使用 Spark 甚至能实现主成分分析和奇异值分解，我们也会介绍一个这样的例子。最后，MLlib 中有一个内置的推荐算法，称为 Alternating Least Squares。个人意见，这个算法会导致一些混淆的结果，而且它太像一个黑盒了，作为一个推荐系统专家，我对这个算法持保留态度。

9

9.4.2 MLlib 特殊数据类型

MLlib 的使用通常比较简单，只要调用程序库中的函数就可以了。但是，MLlib 引入了几种新数据类型，这是你需要掌握的，其中之一就是向量。

1. 向量数据类型

还记得本书前面我们计算了电影相似度并进行了电影推荐吗？特定用户评价过的电影列表就是向量的一个例子。向量可分两类，稀疏向量和密集向量，我们来分别举一个例子。世界上的电影千千万万，密集向量就可以表示所有电影数据，不管一个用户是否看过这些电影。例如，如果有一个用户看过《玩具总动员》，显然我要把他对《玩具总动员》的评价保存下来，但如果他没有看过《星球大战》，我也要把他没有对《星球大战》打分这一事实保存下来。所以，我要使用一个密集向量为这些缺失值提供存储空间。稀疏向量只保存实际存在的数据，它不在缺失值上浪费内存空间。所以，稀疏向量是内部向量表示的一种更紧凑的形式，当然，这会在数据处理时增加一些复杂性。所以，如果你知道向量会有很多缺失值时，那么稀疏向量是一种很好的节省内存的方式。

2. 标记点数据类型

MLlib 中还有一种 `LabeledPoint` 数据类型，它也真的名副其实，就是一个带有某种标记的点，标记以人类能够理解的词语表示出数据的含义。

3. 评价数据类型

最后，如果你在 MLlib 中使用推荐方法，还会遇到 `Rating` 数据类型。这种数据类型可以表示评价值，它可以表示两种星级评价，取值范围分别是 1~5 和 1~10，并可以自动进行产品推荐。

这就是你需要的所有入门知识。下面我们来看一些真正的 MLlib 代码，由此你可以更加熟练掌握 MLlib。

9.5 在 Spark 中使用 MLlib 实现决策树

让我们使用 Spark 和 MLlib 实际建立一些决策树，这部分内容非常有趣。找到你保存本书随书文件的文件夹，彻底关闭 Canopy 或其他你正在使用的 Python 开发环境，因为我要保证你从这个目录开始。找到 `SparkDecisionTree` 脚本，双击这个脚本并打开 Canopy。

```
SparkDecisionTree.py
 1 from pyspark.mllib.regression import LabeledPoint
 2 from pyspark.mllib.tree import DecisionTree
 3 from pyspark import SparkConf, SparkContext
 4 from numpy import array
 5
 6 # Boilerplate Spark stuff:
 7 conf = SparkConf().setMaster("local").setAppName("SparkDecisionTree")
 8 sc = SparkContext(conf = conf)
 9
10 # Some functions that convert our CSV input data into numerical
11 # features for each job candidate
12 def binary(YN):
13     if (YN == 'Y'):
14         return 1
15     else:
16         return 0
17
18 def mapEducation(degree):
19     if (degree == 'BS'):
20         return 1
21     elif (degree =='MS'):
22         return 2
23     elif (degree == 'PhD'):
24         return 3
25     else:
26         return 0
27
```

直到现在，我们一直使用 IPython Notebook 来编写代码，但在 Spark 中这种方式的效果不好。对于 Spark 脚本，你需要将其提交到 Spark 基础设施中，并以一种非常特殊的方式去运行，我们马上就能看到这种方式。

决策树代码详解

下面看一下这个纯 Python 脚本，里面没有 IPython Notebook 中那些常用的修饰。我们详细地解释一下它。

```
SparkDecisionTree.py
 1 from pyspark.mllib.regression import LabeledPoint
 2 from pyspark.mllib.tree import DecisionTree
 3 from pyspark import SparkConf, SparkContext
 4 from numpy import array
 5
 6 # Boilerplate Spark stuff:
 7 conf = SparkConf().setMaster("local").setAppName("SparkDecisionTree")
 8 sc = SparkContext(conf = conf)
 9
10 # Some functions that convert our CSV input data into numerical
11 # features for each job candidate
12 def binary(YN):
13     if (YN == 'Y'):
14         return 1
15     else:
16         return 0
17
18 def mapEducation(degree):
19     if (degree == 'BS'):
20         return 1
21     elif (degree =='MS'):
22         return 2
23     elif (degree == 'PhD'):
24         return 3
25     else:
26         return 0
27
```

9

因为这是本书中第一个 Spark 脚本，所以我们慢慢地解释。

首先，从 pyspark.mllib 导入在 Spark 中进行机器学习所需的模块。

```
from pyspark.mllib.regression import LabeledPoint
from pyspark.mllib.tree import DecisionTree
```

我们需要 LabeledPoint 类，这是 DecisionTree 类所需的数据类型，DecisionTree 类则是从 mllib.tree 导入的。

然后，这是一行几乎所有 Spark 脚本都要包括的代码，导入 SparkConf 和 SparkContext：

```
from pyspark import SparkConf, SparkContext
```

要创建 SparkContext 对象，就需要这行代码。SparkContext 是在 Spark 中做所有事情都需要的根对象。

最后，还要从 numpy 导入 array 库：

```
from numpy import array
```

是的，你仍然可以使用 NumPy 和 scikit-learn。重要的是需要确定使用的所有机器上都安装了这些库。

如果使用的是一个集群，那么你需要确定上面那些 Python 程序库都安装好了。你还需要了解的是，Spark 不能使 scikit-learn 中的方法具有可伸缩性。你可以在一个 map 函数中调用这些函数，但它只能运行在一台机器上的一个进程中。所以不要给这种函数过于繁重的任务，对于简单的任务，比如管理数组，它们还是完全能够胜任的。

1. 创建 SparkContext

下面开始创建 SparkContext，并通过 SparkConf 给它一个配置。

```
conf = SparkConf().setMaster("local").setAppName("SparkDecisionTree")
```

这个配置对象的含义是，要将主节点设置为"local"，这意味着我们只是在本地桌面上运行 Spark。实际上我根本没有在集群上运行，只是运行在了一个进程中。我们还设置了一个应用名称 "SparkDecisionTree"，随便你叫它什么，Fred、Bob、Tim，都可以，以后你在 Spark 控制台中将会看到这个作业。

然后，使用这个配置创建 SparkContext 对象：

```
sc = SparkContext(conf = conf)
```

这行代码返回一个 sc 对象，可以用来创建 RDD。

下一步，我们定义了很多函数：

```
# 以下几个函数用于将CSV输入数据转换为工作候选人的数值型特征
def binary(YN):
    if (YN == 'Y'):
        return 1
    else:
        return 0

def mapEducation(degree):
    if (degree == 'BS'):
        return 1
    elif (degree =='MS'):
        return 2
    elif (degree == 'PhD'):
        return 3
    else:
        return 0

# 将CSV文件中的原始字段列表转换为MLLib能够使用的LabeledPoint数据。所有数据都必须是数值型的
def createLabeledPoints(fields):
    yearsExperience = int(fields[0])
    employed = binary(fields[1])
    previousEmployers = int(fields[2])
    educationLevel = mapEducation(fields[3])
    topTier = binary(fields[4])
    interned = binary(fields[5])
    hired = binary(fields[6])

    return LabeledPoint(hired, array([yearsExperience, employed,
        previousEmployers, educationLevel, topTier, interned]))
```

先把这些函数放在一边,晚些时候我们会回来解释它们。

2. 导入与清洗数据

来看一下这个脚本中的第一段实际工作代码。

```
43 rawData = sc.textFile("e:/sundog-consult/udemy/datascience/PastHires.csv")
44 header = rawData.first()
45 rawData = rawData.filter(lambda x:x != header)
46
47 # Split each line into a list based on the comma delimiters
48 csvData = rawData.map(lambda x: x.split(","))
49
50 # Convert these lists to LabeledPoints
51 trainingData = csvData.map(createLabeledPoints)
52
53 # Create a test candidate, with 10 years of experience, currently employed,
54 # 3 previous employers, a BS degree, but from a non-top-tier school where
55 # he or she did not do an internship. You could of course load up a whole
56 # huge RDD of test candidates from disk, too.
57 testCandidates = [ array([10, 1, 3, 1, 0, 0])]
58 testData = sc.parallelize(testCandidates)
```

我们要做的第一件事情是加载 PastHires.csv 文件,这也是本书前面做决策树练习时使用的文件。

回忆一下这个文件的内容。如果你还记得的话，文件中是求职者的多个属性值，以及是否录用了他们。我们要做的是建立一棵决策树，来预测具有某种属性的人能否被录用。

下面快速检查一下 PastHires.csv 文件，可以用 Excel 打开它。

	A	B	C	D	E	F	G
1	Years Exp	Employed	Previous	Level of E	Top-tier s	Interned	Hired
2	10	Y	4	BS	N	N	Y
3	0	N	0	BS	Y	Y	Y
4	7	N	6	BS	N	N	N
5	2	Y	1	MS	Y	N	Y
6	20	N	2	PhD	Y	N	N
7	0	N	0	PhD	Y	Y	Y
8	5	Y	2	MS	N	Y	Y
9	3	N	1	BS	N	Y	Y
10	15	Y	5	BS	N	N	Y
11	0	N	0	BS	N	N	N
12	1	N	1	PhD	Y	N	N
13	4	Y	1	BS	N	Y	Y
14	0	N	0	PhD	Y	N	Y

可以看到，Excel 将数据导入成了一个表格，但如果查看一下原始文本文件的话，就可以知道它是由逗号分隔的值组成的。

第一行是每列的列标题，包括工作经验、是否在职、前雇主数、教育程度、是否名校毕业、是否有实习经历，最后是要预测的目标变量，最终是否被录用。现在需要将这些信息读入到 RDD 中进行一些处理。

回到我们的脚本：

```
rawData = sc.textFile("e:/sundog-consult/udemy/datascience/PastHires.csv")
header = rawData.first()
rawData = rawData.filter(lambda x:x != header)
```

首先，读入 CSV 文件中的数据，并丢弃第一行，因为它是列标题。这里有一个小技巧，我们先将这个文件的所有行都导入保存原始数据的 RDD 中，然后可以给它起个喜欢的名字，我们称它为 sc.textFile。SparkContext 有一个 textFile 函数，它可以读入文本文件并创建一个新 RDD，其中每个条目（也就是 RDD 中的每一行）包括输入中的一行数据。

确定你将路径修改成了文字所在的路径，否则这段代码不会工作。

现在，我们要提取出 RDD 中的第一行数据，可以通过 first 函数完成这个任务。那么 headerRDD 就会包含一个条目，也就是列标题行。接下来，看看代码是怎么做的。我们对包含 CSV 文件中所有信息的原始数据使用 filter 函数，并定义 filter 函数的功能是只保留那些与列标题不相同的行。这段代码的功能就是，读入原始 CSV 文件，并除去第一行，方法是只允许保留与第一行不相同的行，并将结果重新返回给 rawData RDD 变量。所以，我们读入了 rawData，筛选掉了第一行，并创建了一个只包含数据的新的 rawData。能跟上我的解释吧？这并不复杂。

下面，我们要使用一个 map 函数，然后要做的是将数据变得更加结构化。现在，RDD 中的每一行都是一行由逗号分隔开的文本，但它仍然只是一个巨大的文本行，我们要将这个逗号分隔值拆分为多个独立的字段。最后，我们希望将 RDD 从包含大量信息、以逗号分隔的文本转换为 Python 列表，其中每列都是独立的字段。这就是下面的 lambda 函数的作用：

```
csvData = rawData.map(lambda x: x.split(","))
```

这行代码调用了 Python 内置函数 split，它将会输入一行，然后使用逗号进行拆分，将行分解为一个列表，其中每个列表元素都是由逗号分隔的字段。

在 map 函数中，使用 lambda 函数将每一行按照逗号拆分为多个字段，最后输出一个新 RDD，名为 csvData。这时的 csvData 每行都是一个列表，列表中的每个元素都是来自于源数据的列。这样，我们取得了很大进展。

要使用 MLlib 实现决策树，需要几个条件。首先，输入应该是标记点数据类型，而且实质应该是数值型。所以，要将原始数据转换为 MLlib 能够使用的数据类型，这是前面跳过的 createLabeledPoints 函数要做的事情。我们在这里要调用它：

```
trainingData = csvData.map(createLabeledPoints)
```

在 csvData 上调用 map 函数，并将它传递给 createLabeledPoints 函数，这个函数会将所有输入的行转换为我们需要的形式。下面来看一下 createLabeledPoints 函数都做了些什么：

```
def createLabeledPoints(fields):
    yearsExperience = int(fields[0])
    employed = binary(fields[1])
    previousEmployers = int(fields[2])
    educationLevel = mapEducation(fields[3])
    topTier = binary(fields[4])
    interned = binary(fields[5])
    hired = binary(fields[6])

    return LabeledPoint(hired, array([yearsExperience, employed,
        previousEmployers, educationLevel, topTier, interned]))
```

这段代码输入了一个字段列表，为了让你能回忆起都有哪些字段，再来看一下 .csv 文件。

9

	A	B	C	D	E	F	G
1	Years Expe	Employed	Previous e	Level of Ei	Top-tier se	Interned	Hired
2	10	Y		4	BS	N	N	Y
3	0	N		0	BS	Y	Y	Y
4	7	N		6	BS	N	N	N
5	2	Y		1	MS	Y	N	Y
6	20	N		2	PhD	Y	N	Y
7	0	N		0	PhD	Y	Y	Y
8	5	Y		2	MS	N	Y	Y
9	3	N		1	BS	N	Y	Y
10	15	Y		5	BS	N	N	Y
11	0	N		0	BS	N	N	N
12	1	N		1	PhD	Y	N	N
13	4	Y		1	BS	N	N	Y
14	0	N		0	PhD	Y	N	Y

这时候，每个 RDD 条目都有一个字段，它是一个 Python 列表，其中第一个元素是工作经验，第二个元素是是否在职，以此类推。现在的问题是，我们想把这个列表转换为标记点，而且所有数据都应该是数值型的。所以，这些 Y 和 N 都应该转换为 1 和 0。教育程度应该从学位名称转换为定序的数值。例如，可以用 0 表示未受教育，1 表示学士，2 表示硕士，3 表示博士。再说一次，所有 Y 和 N 都应该转换为 1 和 0，因为最后输入决策树的都是数值型数据。这就是 `createLabeledPoints` 要做的事情。下面我们看一下它的代码，然后详细解释一下：

```
def createLabeledPoints(fields):
    yearsExperience = int(fields[0])
    employed = binary(fields[1])
    previousEmployers = int(fields[2])
    educationLevel = mapEducation(fields[3])
    topTier = binary(fields[4])
    interned = binary(fields[5])
    hired = binary(fields[6])

    return LabeledPoint(hired, array([yearsExperience, employed,
        previousEmployers, educationLevel, topTier, interned]))
```

首先，它要将 `StringFields` 列表转换为 `LabeledPoints`，标记就是目标变量的值，也就是这个求职者是否被录用。这个标记点是 0 或 1，后面跟着一个数组，数组中是我们所关心的属性字段。这就是创建 `LabeledPoints` 数据的方法，`DecisionTree MLlib` 类处理的就是这种数据。在上面的代码中，你可以看到我们将工作经验从字符串转换成了整数值，对于所有 Y/N 字段，都调用了 `binary` 函数，这个函数是在脚本最上方定义的，之前还没有介绍过：

```
def binary(YN):
    if (YN == 'Y'):
        return 1
    else:
        return 0
```

它的作用是将字符 Y 转换成 1，否则就返回 0。所以，Y 会被变成 1，N 会被变成 0。同理，再看一下 mapEducation 函数：

```
def mapEducation(degree):
    if (degree == 'BS'):
        return 1
    elif (degree =='MS'):
        return 2
    elif (degree == 'PhD'):
        return 3
    else:
        return 0
```

正如前面讨论过的，这段代码将各种学位转换为定序数值，方法与 Y/N 字段的转换是一样的。

再提示一下，下面这段代码可以让我们运行这些函数：

```
trainingData = csvData.map(createLabeledPoints)
```

这样，在对 RDD 使用 createLabeledPoints 函数进行了映射之后，我们得到了一个名为 trainingData 的 RDD，这就是 MLlib 构建决策树所需的。

3. 创建测试求值者并建立决策树

创建一个简单的测试求职者，这样就可以使用模型来预测一个新人是否能被录用了。我们要创建一个表示测试求职者的数组，这个数组中的值与 CSV 文件中的字段是一样的：

```
testCandidates = [ array([10, 1, 3, 1, 0, 0])]
```

将这行代码与 CSV 文件比较一下，这样你就可以知道数组中每个值的意义了。

	A	B	C	D	E	F	G
1	Years Exp	Employed	Previous	Level of E	Top-tier s	Interned	Hired
2	10	Y		4	BS	N	N	Y
3	0	N		0	BS	Y	Y	Y

再来看一下每个值所对应的列，10、1、3、1、0、0 表示 10 年工作经验、现在在职、3 个前雇主、学士学位、非名校毕业和无实习经历。我们可以创建一个包含多个测试求职者的 RDD，但现在一个就够了。

然后，使用 parallelize 函数将列表转换为 RDD：

```
testData = sc.parallelize(testCandidates)
```

一切正常。好的，下面是见证奇迹的时刻：

```
model = DecisionTree.trainClassifier(trainingData, numClasses=2,
                categoricalFeaturesInfo={1:2, 3:4, 4:2, 5:2},
                impurity='gini', maxDepth=5, maxBins=32)
```

9

我们要调用 `DecisionTree.trainClassifier` 函数，它就是建立决策树的函数。传入 `trainingData`，这是一个包含 `LabeledPoint` 数组的 RDD。设定 `numClasses = 2`，因为要做的预测是 yes 或 no，即这个人能否被录用。下一个参数是 `categoricalFeaturesInfo`，这是一个 Python 字典，可以将字段映射为其中的分类编号。如果一个字段的取值范围是连续的，比如工作经验，那就不需要设定这个值。如果字段是分类变量，比如教育水平，也就是 ID 为 3 的字段，那么它有 4 种可能的值：未受教育、学士、硕士和博士。对于所有 yes/no 字段，都映射为 2 个可能分类，转换为 1 或 0。

继续看 `DecisionTree.trainClassifier` 函数的调用，在测量熵时，我们要使用 `'gini'` 不纯度。`maxDepth` 的值为 5，这是决策树层数的上界，如果需要你可以设个更大的值。最后，`maxBins` 是最大划分数，是一种调整计算能力开销的方式，至少应该设定为所有特征中分类的最大数目。请记住，在你进行执行操作之前，什么都不会发生，所以，我们要使用这个模型对测试求职者做一个预测。

`DecisionTree` 模型包含了一棵使用训练数据训练出的决策树,要用它对测试数据进行预测：

```
predictions = model.predict(testData)
print ('Hire prediction:')
results = predictions.collect()
for result in results:
    print (result)
```

我们会得到一个可迭代的预测列表。`predict` 返回一个普通 Python 对象,可以进行 `collect` 执行操作。重新表述一下，`collect` 会返回模型预测出的一个 Python 对象,我们可以在这个列表中迭代，并打印出预测结果。

通过 `toDebugString` 方法也可以打印出决策树本身：

```
print('Learned classification tree model:')
print(model.toDebugString())
```

这会打印出决策树的一个简单表示，你可以在头脑中想象一下，也会是一种很棒的体验。

4. 运行脚本

好的，你可以再钻研一下这个脚本，如果准备好了，就运行一下。你不能直接在 Canopy 中运行。在 Tools 菜单中打开一个 Canopy 命令行窗口，这会打开一个 Windows 命令行窗口并准备好在 Canopy 中运行 Python 的所有必备条件。还要确定工作目录是你安装了课程资料的目录。

我们要做的是调用 `spark-submit`，这个脚本可以让你从 Python 中运行 Spark 脚本，然后是脚本名称，即 SparkDecisionTree.py。这就是我们需要做的。

```
spark-submit SparkDecisionTree.py
```

按回车键即可运行。如果在集群上运行并创建了相应的 `SparkConf` 对象，运行过程就会分布在整个集群上。但眼下只是在单机上运行。运行结束后，可以看到以下结果。

```
Hire prediction:
1.0
Learned classification tree model:
DecisionTreeModel classifier of depth 4 with 9 nodes
  If (feature 1 in {0.0})
   If (feature 5 in {0.0})
    If (feature 0 <= 0.0)
     If (feature 3 in {1.0})
      Predict: 0.0
     Else (feature 3 not in {1.0})
      Predict: 1.0
    Else (feature 0 > 0.0)
     Predict: 0.0
   Else (feature 5 not in {0.0})
    Predict: 1.0
  Else (feature 1 not in {0.0})
   Predict: 1.0
```

由上图可知，我们对测试求职者的预测是他被录用了，而且还输出了决策树本身，非常棒。下面，再用 Excel 打开 CSV 文件，与输出做一下比较。

```
Hire prediction:
1.0
Learned classification tree model:
DecisionTreeModel classifier of depth 4 with 9 nodes
  If (feature 1 in {0.0})
   If (feature 5 in {0.0})
    If (feature 0 <= 0.0)
     If (feature 3 in {1.0})
      Predict: 0.0
     Else (feature 3 not in {1.0})
      Predict: 1.0
    Else (feature 0 > 0.0)
     Predict: 0.0
   Else (feature 5 not in {0.0})
    Predict: 1.0
  Else (feature 1 not in {0.0})
   Predict: 1.0
```

	A	B	C	D	E	F	G
1	Years Expe	Employed	Previous e	Level of Ec	Top-tier s	Interned	Hired
2	10	Y		4	BS	N	N	Y
3	0	N		0	BS	Y	Y	Y
4	7	N		6	BS	N	N	N
5	2	Y		1	MS	Y	N	Y
6	20	N		2	PhD	Y	N	Y
7	0	N		0	PhD	Y	Y	Y
8	5	Y		2	MS	N	Y	Y
9	3	N		1	BS	N	Y	Y
10	15	Y		5	BS	N	N	Y
11	0	N		0	BS	N	N	N
12	1	N		1	PhD	Y	N	Y
13	4	Y		1	BS	N	Y	Y
14	0	N		0	PhD	Y	N	Y
15							

仔细看一下这棵树。在输出的决策树中，有 4 层 9 个节点。如果我们能记得这些字段的意义，那么可以这样来解释这棵决策树：如果特征 1 是 0，这就表示求职者现在不在职，然后看特征 5。特征列表是从 0 开始的，所以特征 5 是是否有实习经历。可以这样解释：这个人现在不在职，没有实习经历，没有工作经验，具有学士学位，我们不会录用他。然后来看 else 子句。如果这个人有高级学位，那么根据训练数据，就可以录用他。根据原始数据，你可以找出这些特征 ID 表示哪个字段，还记得吗，计数是从 0 开始的。请注意列表中所有分类特征都用布尔值表示可能的分类，连续型数据则表示为数值的大于或小于关系。

这就是使用 Spark 和 MLlib 构建的一棵决策树，它可以工作，而且非常有效。多么棒的工作。

9.6 在 Spark 中实现 k 均值聚类

再看一个在 Spark 中使用 MLlib 的例子——k 均值聚类。和我们在决策树中所做的一样，这个例子与使用 scikit-learn 实现的是一样的，只是要在 Spark 中实现，使得它可以扩展到大规模数

据集上。同样，确保关掉所有其他窗口，然后找到本书资料所在的文件夹，打开 SparkKMeans
脚本，仔细研究一下里面的内容。

```
 7 K = 5
 8
 9 # Boilerplate Spark stuff:
10 conf = SparkConf().setMaster("local").setAppName("SparkKMeans")
11 sc = SparkContext(conf = conf)
12
13 #Create fake income/age clusters for N people in k clusters
14 def createClusteredData(N, k):
15     random.seed(10)
16     pointsPerCluster = float(N)/k
17     X = []
18     for i in range (k):
19         incomeCentroid = random.uniform(20000.0, 200000.0)
20         ageCentroid = random.uniform(20.0, 70.0)
21         for j in range(int(pointsPerCluster)):
22             X.append([random.normal(incomeCentroid, 10000.0), random.normal(ageCentroid, 2.0)])
23     X = array(X)
```

还是从一些模板化的内容开始。

```
from pyspark.mllib.clustering import KMeans
from numpy import array, random
from math import sqrt
from pyspark import SparkConf, SparkContext
from sklearn.preprocessing import scale
```

我们要从 MLlib 的 clustering 包中导入 KMeans 包，以及从 numpy 中导入 array 和
random，因为这归根结底是个 Python 脚本，MLlib 经常使用 numpy 数组作为输入。我们要导
入 sqrt 函数和常见的模板内容，几乎每次都要从 pyspark 导入 SparkConf 和 SparkContext。
我们也要从 scikit-learn 中导入 scale 函数。同样，你可以使用 scikit-learn，只要保证
在每一台运行作业的计算机上都安装了 scikit-learn。不要一厢情愿地认为 scikit-learn
因为运行在 Spark 上就可以自动扩展。但是，因为我们只使用缩放函数，所以没问题。好的，继
续做一些设置工作。

先创建一个全局变量：

```
K=5
```

在这个例子中，设定 k 值为 5，以此来运行 k 均值聚类，也就是说我们需要 5 个簇。然后建立一
个 SparkConf 对象，设定脚本仅在桌面上运行：

```
conf = SparkConf().setMaster("local").setAppName("SparkKMeans")
sc = SparkContext(conf = conf)
```

设定应用的名称为 SparkKMeans，并创建一个 SparkContext 对象，用来创建在本机运行
的 RDD。先跳过 createClusteredData 函数，直接来到第一行运行代码。

```
data = sc.parallelize(scale(createClusteredData(100, K)))
```

(1) 我们首先要做的事情是通过 parallelize 函数使用虚拟出的数据来创建 RDD，create-ClusteredData 函数的作用就是创建虚拟数据。通常，可以创建 100 个数据点，围绕在 k 个中心点附近，这与本书前面练习 k 均值聚类时使用的代码非常相似。如果你想复习一下，就回去看看那一章。基本上，我们的做法就是先创建几个随机的中心点，然后围绕中心点创建服从正态分布的年龄和收入数据。所以，我们要做的就是基于年龄和收入对人员进行聚类，而聚类使用的数据是虚构的。这行代码会返回一个 numpy 数组，其中包含我们的虚构数据。

(2) 如果 createClusteredData 返回了结果，就对这个结果调用 scale 函数，这可以保证年龄和收入数据在规模上是可以比较的。还记得我们学习过的数据标准化那部分吗？这就是一个能说明数据标准化重要性的例子。我们使用 scale 对数据进行标准化，以便能得到一个更好的 k 均值聚类结果。

(3) 最后，使用 parallelize 函数对上一步的数组列表进行并行化，生成 RDD。我们的数据 RDD 包含了所有虚构数据，我们需要做的甚至比决策树还要简单，就是在训练数据上调用 KMeans.train。

```
clusters = KMeans.train(data, K, maxIterations=10,
        initializationMode="random")
```

我们传入想要的簇的个数，也就是 k 的值。还要传入表示最大迭代次数的参数，然后告诉函数使用 k 均值聚类的默认初始化模式，即随机选取簇的初始中心点，再开始迭代。它的返回值就是我们需要的模型，我们称其为 clusters。

好了，可以练习聚类了。

先打印出每个点所在的簇。所以，要将原始数据使用 lambda 函数进行一下转换：

```
resultRDD = data.map(lambda point: clusters.predict(point)).cache()
```

这个函数将每个点都转换为根据模型预测出的簇编号。我们在包含数据点的 RDD 上调用 clusters.predict 函数，确定 k 均值模型为每个数据点分配了哪个簇，然后将结果保存在 resultRDD 中。下面解释一下上面代码中对 cache 函数的调用。

在使用 Spark 时，一个重要的事情就是，每次在一个 RDD 上调用多个执行操作时，都要先对 RDD 进行缓存。这非常重要，因为当你在 RDD 上调用一个执行操作时，Spark 就会全速运转，找出这个操作的 DAG，并确定如何最优地得到结果。

Spark 会全速运转并调动一切资源去得到结果。所以，如果你在同一个 RDD 上调用了两个不同的执行操作，Spark 就会对 RDD 求值两次。如果想避免这种多余的工作，则可以将 RDD 缓存，确保不会对它进行多次重新计算。

通过上面的操作，我们确信下面两个操作可以顺利进行：

```
print ("Counts by value:")
counts = resultRDD.countByValue()
print (counts)

print ("Cluster assignments:")
results = resultRDD.collect()
print (results)
```

为了得到一个实际的结果，我们要调用 countByValue 函数，它的作用是返回一个表示每个簇中有多少个点的 RDD。还记得吗，现在的 resultRDD 将每个数据点映射成了其所在的簇，所以我们可以使用 countByValue 计算出每个簇 ID 对应多少个点。然后就可以轻松打印出这个列表了。通过对 RDD 调用 collect 函数，也可以看到 RDD 中原本的结果，这样就可以知道每个数据点属于哪个簇，我们将这个结果也打印出来。

集合内误差平方和

如何来度量聚类的效果呢？有一个指标称为集合内误差平方和（Within Set Sum Of Squared Error），哇，听起来真气派！这个名称太长了，所以我们使用它的缩写，即 WSSSE。先找出数据集中每个数据点到它所在簇的最终中心点的距离，计算出数据点与中心点之间的误差，再进行平方，最后加总起来，就可以求出整个数据集的 WSSSE。这是个衡量每个数据点到中心点远近的指标。显然，如果模型中有很多误差，数据点就会离中心点比较远，我们就可能需要一个更大的 k 值。可以使用以下代码计算出 WSSSE 并打印出来：

```
def error(point):
    center = clusters.centers[clusters.predict(point)]
    return sqrt(sum([x**2 for x in (point - center)]))

WSSSE = data.map(lambda point: error(point)).reduce(lambda x, y: x + y)
print("Within Set Sum of Squared Error = " + str(WSSSE))
```

先定义 error 函数，计算每个点的误差平方。它计算出每个簇中的点到中心点的距离，并加总起来。要算出 WSSSE，我们要对源数据调用一个 lambda 函数，算出它到每个中心点的误差，然后就可以进行一系列操作了。

首先，调用 map 函数计算出每个点的误差，然后，为了得到表示整个数据集误差的最后总和，对前面的结果调用 reduce 函数，也就是说，我们使用 data.map 计算出每个点的误差，然后使用 reduce 将所有误差加在一起。这就是那个简单的 lambda 函数的作用。基本上就是如下说法的一个时髦表述："我要把 RDD 中的所有内容加起来得到一个最终结果"。reduce 会处理整个 RDD，每次处理其中两个条目，使用我们提供的函数将这两个条目组合起来。我们提供的函数是"将我们要组合在一起的两行直接加起来"。

如果对 RDD 中每个条目都这样处理，就能得到一个最终的总和。要得到多个值的总和，这种方法似乎太复杂了。但是，如果需要的话，通过这种方法，我们可以保证将这个操作分布出去。

我们可以在一台机器上计算一部分数据的总和，在另一台机器上计算另一部分数据的总和，然后将这两个总和组合在一起得到最终结果。reduce 函数要知道的是，如何能得到这个操作的任意两个中间结果，再把它们组合起来？

再一次，稍停片刻，仔细琢磨一下。这部分没什么新奇的内容，但有几个重点：

❑ 如果你想确保在对一个 RDD 使用多次时避免不必要的重复计算，就可以引入缓存；
❑ 引入了 reduce 函数的使用；
❑ 使用了很多有趣的映射器函数，你可以从这个例子中学到很多。

归根结底，我们是要做 k 均值聚类，所以下面来运行一下代码。

运行代码

在 Tools 菜单中点击 Canopy Command Prompt 菜单项，输入以下命令：

```
spark-submit SparkKMeans.py
```

按一下回车，松开后运行代码。在这种情况下，你需要等待一段时间才能看见结果出现在你面前，但应该能看到下面的输出。

```
(Canopy 64bit) E:\sundog-consult\Udemy\DataScience>spark-submit SparkKMeans.py
Counts by value:
defaultdict(<type 'int'>, {0: 21, 1: 20, 2: 20, 3: 20, 4: 19})
Cluster assignments:
[3, 3, 3, 3, 3, 3, 3, 3, 3, 3, 3, 3, 3, 3, 3, 3, 3, 3, 3, 3, 1, 1, 1, 1, 1, 1,
 1, 1, 1, 1, 1, 1, 1, 1, 1, 1, 1, 1, 1, 4, 4, 4, 4, 4, 4, 4, 4, 4, 4, 4, 4,
 4, 4, 4, 4, 4, 4, 0, 2, 2, 2, 2, 2, 2, 2, 2, 2, 2, 2, 2, 2, 2, 2, 4, 4, 0,
 0, 0, 0, 0, 0, 0, 0, 0, 0, 0, 0, 0, 0, 0, 0, 0, 0, 0, 0, 0, 0, 0, 0]
Within Set Sum of Squared Error = 19.9732765798

(Canopy 64bit) E:\sundog-consult\Udemy\DataScience>_
```

成功了，太棒了！想一下我们想要的输出。首先应该是每个簇中数据点的数量。结果告诉我们，簇 0 中有 21 个点，簇 1 中有 20 个点，以此类推。这个结果分布相当均匀，是个好现象。

然后，我们打印出了为每个数据点分配的簇。如果你还记得的话，我们构造的原始数据是按照一定顺序的，所以，当看到所有的 3 都在一起，所有的 1 都在一起，所有的 4 都在一起时，我们非常满意。尽管 0 和 2 有一些混淆，但总体来看，这个结果还是很不错的，它找出了我们在构造原始数据时建立的簇。

最后，我们计算出了 WSSSE，在这个例子中，它是 19.97。如果你想更多地练习一下，我非常鼓励你去做。可以看一下，如果增加或减小 k 值，误差指标会有什么变化，再思考一下为什么会有这种变化。还可以试验一下，如果不进行数据标准化会怎么样，数据标准化真的对结果有显著影响吗？它真的很重要吗？你也可以修改一下模型中的 maxIteration 参数，好好体会一下它对模型最终结果的影响以及它的重要性。所以，尽情去练习吧。这就是使用 MLlib 和 Spark 以可伸缩方式实现的 k 均值聚类，非常棒的内容。

9.7　TF-IDF

最后一个 MLib 例子是 TF-IDF，也就是词频–逆向文档频率，它是很多搜索算法的基础。依然如故，这个名词听起来复杂，实际却没有那么难。

首先，我们介绍一下 TF-IDF 的概念，以及如何使用它来解决搜索问题。我们要用 TF-IDF 做的事情是使用 Apache Spark 创建一个最基本的维基百科搜索引擎。多棒的事情，马上开始。

TF-IDF（Term Frequency-Inverse Document Frequency）表示词频–逆向文档频率，这是两个紧密关联的指标，用来在大量文档中进行搜索以及确定特定词语与文档之间的关系。例如，维基百科上的每一篇文章都可以关联一个词频；为了表示每个词出现在文档中的次数，互联网上的每个页面也可以关联一个词频。听起来挺高级，但实际上是相当简单的概念。

- ❑ **词频**表示一个特定词语在特定文档中出现的频率。在一个 Web 页面中，在一篇维基百科文章中，一个特定词语在文档中出现的有多频繁？这个词语的出现次数占整个文档词语总数的比例是多少？这就是词频要解决的问题。
- ❑ **文档频率**的意义也差不多，但它表示词语在整个语料库中出现的频率，即一个词语在我们的所有文档中、所有 Web 页面中，以及所有维基百科文章中出现的有多频繁。例如，像 "a" "the" 这样的常用词会有一个非常高的文档频率，可以预见它们也应该有一个非常高的词频，但这并不一定意味着它们与文档相关。

你可以看到我们是如何使用这两个指标的。如果我们有一个特定的词语，它有一个非常高的词频和一个非常低的文档频率，那么这两个频率的比值就可以为我们提供一个指标，来衡量这个词语与文档之间的相关性。如果我们看到一个词语在特定文档中出现的频率非常高，但在整个文档空间中出现的不是很频繁，那么就可以知道，这个词语可能表达了这篇特定文章的特殊意义，可能这就是这篇文章实际要表达的意义。

所以，这就是 TF-IDF，它表示词频–逆向文档频率，只是词频除以文档频率的一种时髦说法，只是与出现在整个文档库中的频率相比，出现在某个文档中的频率有多频繁的一种时髦说法。非常简单。

9.7.1　TF-IDF 实战

在实际工作中，TF-IDF 的用法与前面有些差别。例如，我们使用的是逆向文档频率的对数值，而不是原始值，这是因为实际中的词频差不多是指数分布的。所以，在给定整体词语数量时，通过取对数，可以更好地表示词语权重。显然，这种方法也有一些局限性，其中之一就是我们假设文档是一个词袋，词语本身之间没有联系。实际上显然不是这样的，词语的解析是一种非常重要的工作，因为你必须处理同义词、不同时态、缩写、大小写、拼写错误等情况。这又说明了这个问题：作为一名数据科学家，数据清理占据了工作的大部分时间，特别是在进行自然语言处理时。幸运的是，现在有一些现成的程序可以帮助你来做这些事，但数据清理仍然是个问题，它还是会影响结果的质量。

另一个使用 TF-IDF 的技巧是，为了节省空间和提高效率，不存储带有词频和逆向文档频率的词语字符串，而是将每个词语都映射为一个数值，称为散列值。做法是使用一个函数去处理任意的词语，根据词语字母的不同，以一种非常均匀的方式为词语分配一组一定范围内的数字。这样，对于 "represented" 这个词，可以给它分配一个散列值 10，从此以后，就可以用 10 来表示 "represented"。如果散列值的空间不够大，就会出现不同词语用同一数值表示的情况。这事听起来很严重，实际不然，你要确定有一个非常大的散列空间，这样就基本不会发生这种情况。上述情况称为散列碰撞。它确实会引起问题，但实际上，英语中人们常用的词就是那么多，100 000 个值的散列空间就够用了。

大规模搜索是非常困难的，如果你想搜索整个维基百科，那么就应该在集群上运行。为了便于讨论，我们只使用维基百科数据的一个小样本在桌面上运行。

9.7.2 使用 TF-IDF

怎样把它变成实际的搜索问题呢？如果我们有了 TF-IDF，就有了衡量每个词语和每个文档之间关联度的指标。能使用它做什么呢？我们能做的是，计算出整个文档库中每一个词语的 TF-IDF，然后对特定名词和特定词语进行搜索。比如要搜索 "What Wikipedia article in my set of Wikipedia articles is most relevant to Gettysburg?" 我们可以按照所有文档与 Gettysburg 这个词之间的 TF-IDF 分数对文档进行排序，然后取最上面的结果，作为对 Gettysburg 这个词的搜索结果。确定搜索关键词，计算 TF-IDF，取最上面的结果，就是这样。

显然，现实世界中的搜索要复杂得多。Google 有一个专门负责搜索的团队，他们的方法更加复杂。我们这里的确能给你一个有效的搜索引擎算法，并能得到合理的结果。下面来看看它是如何实现的。

9.8 使用 Spark MLlib 搜索维基百科

我们要使用 Apache Spark 和 MLlib 建立一个实际有效的搜索算法来搜索部分维基百科。要完成这个任务，所需代码不超过 50 行。这是本书中最激动人心的工作！

进入课程资料目录，用 Canopy 打开 TF-IDF.py 文件，代码如下。

9

```
File Edit View Search Run Tools Window Help

TF-IDF.py
 1 from pyspark import SparkConf, SparkContext
 2 from pyspark.mllib.feature import HashingTF
 3 from pyspark.mllib.feature import IDF
 4
 5 # Boilerplate Spark stuff:
 6 conf = SparkConf().setMaster("local").setAppName("SparkTFIDF")
 7 sc = SparkContext(conf = conf)
 8
 9 # Load documents (one per line).
10 rawData = sc.textFile("e:/sundog-consult/Udemy/DataScience/subset-small.tsv")
11 fields = rawData.map(lambda x: x.split("\t"))
12 documents = fields.map(lambda x: x[3].split(" "))
13
14 # Store the document names for later:
15 documentNames = fields.map(lambda x: x[1])
16
17 # Now hash the words in each document to their term frequencies:
18 hashingTF = HashingTF(100000)  #100K hash buckets just to save some memory
19 tf = hashingTF.transform(documents)
20
21 # At this point we have an RDD of sparse vectors representing each document,
22 # where each value maps to the term frequency of each unique hash value.
23
24 # Let's compute the TF*IDF of each term in each document:
25 tf.cache()
26 idf = IDF(minDocFreq=2).fit(tf)
27 tfidf = idf.transform(tf)
```

先暂停，再重申一下，我们要建立一个实际有效的搜索算法，包括几个使用算法的例子在内，不到 50 行代码，并且是可伸缩的。我们可以在集群上运行这个算法。真是激动人心，下面来仔细看一下代码。

9.8.1　导入语句

首先导入 SparkConf 和 SparkContext 程序库，因为在 Python 中运行任何 Spark 脚本都需要这两个库。然后导入 HashingTF 库和 IDF 库。代码如下。

```
from pyspark import SparkConf, SparkContext
from pyspark.mllib.feature import HashingTF
from pyspark.mllib.feature import IDF
```

以上内容是用来计算文档库中词频（TF）和逆向文档频率（IDF）的。

9.8.2　创建初始 RDD

从模板化的 Spark 内容开始，创建一个本地 SparkConfiguration 对象和 SparkContext 对象，然后创建初始 RDD。

```
conf = SparkConf().setMaster("local").setAppName("SparkTFIDF")
sc = SparkContext(conf = conf)
```

接下来，根据 subset-small.tsv 文件使用 `SparkContext` 对象创建一个 RDD。

```
rawData = sc.textFile("e:/sundog-consult/Udemy/DataScience/subset-small.tsv")
```

这个文件中是由制表符分隔的值，它是维基百科文章的一个小规模抽样。同样，你需要修改上面代码中的路径，将其改为本书资料所在的目录。

这段代码会返回一个 RDD，其中每一行都是一个文档。TSV 文件中每一行都是一篇完整的维基百科文档，每篇文档都被制表符分成了多个字段，字段中还有每篇文章的元数据。

下一步，拆分文档：

```
fields = rawData.map(lambda x: x.split("\t"))
```

我们要按照制表符分隔符将每篇文档拆分成一个 Python 列表，并创建一个新的 RDD，名为 `fields`，其中不是原始的输入数据，而是由输入数据中的字段组成的 Python 列表。

最后，我们要对数据进行映射，接受每个字段列表，提取出索引为 3 的字段 `x[3]`，这个字段就是文章主体，也就是实际的文章文本，我们逐次使用空格对其进行拆分：

```
documents = fields.map(lambda x: x[3].split(" "))
```

`x[3]` 提取出每篇维基百科文章的主体，并将其拆分为一个词语列表。`documents` 是一个新 RDD，其中每个条目都是一篇文档，包含的是出现在该文档中的词语列表。当要得出最后结果时，我们就知道如何来调用这些文档了。

还要创建一个新 RDD 来保存这些文档的名称：

```
documentNames = fields.map(lambda x: x[1])
```

这行代码使用同样的 RDD，即 `fields`，并使用 map 函数提取文档名称，即索引值为 1 的字段。

于是，我们创建了两个 RDD，一个是 `documents`，其包含了出现在每篇文章中的词语列表；另一个是 `documentNames`，其包含了每篇文档的名称。而且，这两个 RDD 的顺序是相同的，所以，以后我们可以将它们合并，查看一个特定文档的名称。

9.8.3　创建并转换 HashingTF 对象

下面是见证奇迹的时刻。我们要做的第一件事情是创建一个 `HashingTF` 对象，使用的参数是 100 000。这意味着要对每个词语都进行散列变换，将其转换为 100 000 个数值型数据之一：

```
hashingTF = HashingTF(100000)
```

我们没有将词语表示为字符串（这样做效率太低），而是尽可能均匀地为每个词语分配了一个散列值。我们使用 100 000 个散列值以供选择。一般来说，这样就可以将词语映射为数值了。

9

然后，调用 hashingTF 的 transform 函数，参数为包含词语列表的 RDD，也就是 documents：

```
tf = hashingTF.transform(documents)
```

这行代码会将每篇文档的词语列表转换为一个散列值列表，这是一个数值列表，每个数值代表一个词语。

这实际上是将文档表示成了一个稀疏向量，以节约更多空间。所以，我们不仅将所有词语转换成了数值，还除掉了缺失数据。如果一个词语没有出现在一篇文档中，那么我们不保存这种情况，这样更节约空间。

9.8.4 计算 TF-IDF 得分

要实际计算出每个词语在每篇文档中的 TF-IDF 得分，首先要缓存 tf 这个 RDD。

```
tf.cache()
```

这样做是因为我们要多次使用它。然后，使用 IDF(minDocFreq=2)，它的含义是要忽略掉出现次数不足两次的任何词语：

```
idf = IDF(minDocFreq=2).fit(tf)
```

对 tf 调用 fit，然后在下一行代码中，对 tf 调用 transform：

```
tfidf = idf.transform(tf)
```

这样，就得到了一个 RDD，其内容是每个词语在每篇文档中的 TF-IDF 得分。

9.8.5 使用维基百科搜索引擎算法

我们试着使用一下这个算法，搜索与 Gettysburg 这个词语最匹配的文章。如果你不熟悉美国历史，那么我告诉你，亚伯拉罕·林肯在此做了一个著名的演讲。可以使用以下代码将 Gettysburg 转换为一个散列值：

```
gettysburgTF = hashingTF.transform(["Gettysburg"])
gettysburgHashValue = int(gettysburgTF.indices[0])
```

然后，提取出这个散列值与每篇文档的 TF-IDF 得分，保存在一个新的 RDD 中：

```
gettysburgRelevance = tfidf.map(lambda x: x[gettysburgHashValue])
```

这行代码的作用是，提取出 Gettysburg 所映射的散列值与每篇文档的 TF-IDF 得分，并保存在一个名为 gettysburgRelevance 的新 RDD 中。

接下来，把它与 documentNames 结合一下，以便我们理解结果：

```
zippedResults = gettysburgRelevance.zip(documentNames)
```

最后，打印出答案：

```
print ("Best document for Gettysburg is:")
print (zippedResults.max())
```

9.8.6 运行算法

运行一下代码，看看结果如何。通常，要运行 Spark 脚本，我们不使用点击运行图标的方法，而是使用 **Tools>Canopy Command Prompt** 菜单项。打开命令行窗口后，输入 `spark-submit TF-IDF.py`，然后运行。

我们只是取了一小部分数据，尽管它是维基百科的一个小样本，但数据量还是很大，所以要等待一段时间。下面来看看最后与 Gettysburg 最为匹配的文档是什么，什么样的文档具有最高的 TF-IDF 得分？

就是亚伯拉罕·林肯！这不是很奇妙吗？我们刚刚建立了一个实际的搜索引擎，而且非常奏效，只用了几行代码。

使用 Spark、MLlib 以及 TF-IDF，我们完成了一个实际有效的搜索引擎，可以搜索一部分维基百科数据。亮点就是如果我们需要，如果我们有足够大的集群去运行算法，那么可以将它扩展到全部维基数据上。

希望我引起了你对 Spark 的兴趣，你可以看到，它是如何被用来以分布式的方式解决一个非常复杂的机器学习问题的。所以，它是一种非常重要的工具，我不想当你学习完这本数据科学书后，还对如何使用 Spark 解决大数据问题缺乏概念。当你的需求不能被一台计算机实现时，请记住，还有 Spark 随时待命。

9.9 使用 Spark 2.0 中的 MLlib 数据框 API

这一章本来是为 Spark 1 所写的，下面介绍一下 Spark 2 中有哪些新特性，以及 MLlib 中有哪些新功能。

Spark 2 的主要特点就是将 Dataframe 和 Dataset 变得越来越统一，有时候二者可以互换使用。从技术角度看，Dataframe 就是一个行对象的 Dataset，它有些像 RDD，唯一区别是 RDD 可以包含非结构化数据，而 Dataset 有一个定义好的模式。

Dataset 事先清楚地知道每行中有哪些列，以及每个列的类型。因为事先知道 Dataset 的确切结构，所以 Spark 可以更加有效地进行优化。我们还可以将 Dataset 看作一个微型数据库，当然，如果它运行在集群上，就是一个大型数据库，这意味着我们可以对其进行 SQL 查询或类似的操作。

Spark 提供了更高级的 API，以供我们查询和分析其集群上的大规模数据集。这是非常强大的功能，它速度更快，优化机会更多，而且更容易使用。

Spark 2.0 MLlib 如何工作

在升级到 Spark 2.0 时，MLlib 将数据框作为了基本 API。这是待实现的方法，下面来看一下它是如何工作的。请打开 SparkLinearRegression.py 文件，如下图所示，我们分析一下。

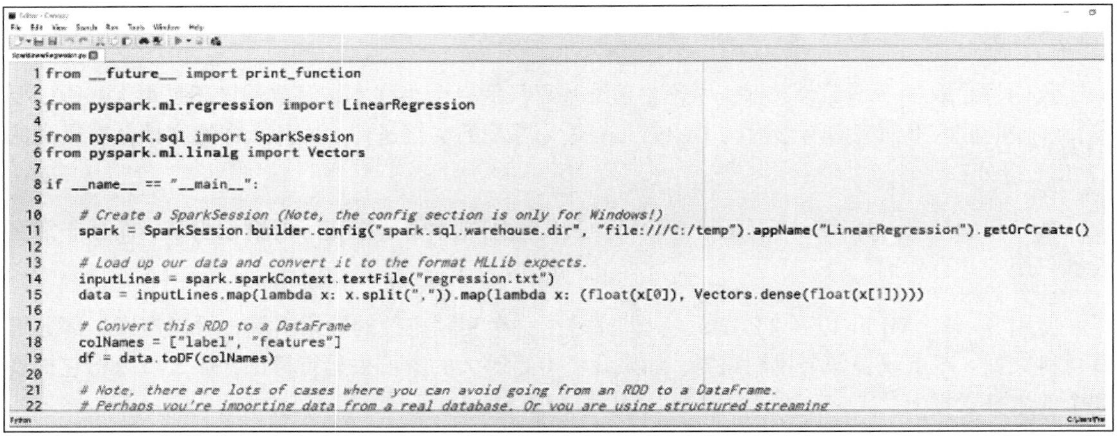

如你所见，这里使用 ml 代替了 MLlib，因为有了基于数据框的新 API。

实现线性回归

在这个例子中，我们要实现线性回归，这是一种用数据集合拟合直线的方法。在这个练习中，我们要虚构一些二维的数据，并使用线性模型拟合一条直线。

我们要将数据分成两个集合，一个用来构建模型，另一个用来评价模型，还要看看这个线性模型预测真实值的实际效果。首先，在 Spark 2 中，如果你使用 SparkSQL 接口和 Dataset，就要使用 SparkSession 对象，而不是 SparkContext。要建立 SparkSession，可以使用以下代码：

```
spark = SparkSession.builder.config("spark.sql.warehouse.dir",
"file:///C:/temp").appName("LinearRegression").getOrCreate()
```

请注意，中间的代码只是在 Windows 和 Spark 2.0 中才需要。老实讲，这只是一种解决缺陷的权宜之计。如果你使用的是 Windows 操作系统，那么请一定建立一个 C:\temp 文件夹。如果你想运行代码，现在就去建立这个文件夹吧。如果你使用的不是 Windows 操作系统，则可以删掉中间的部分，只保留：spark = SparkSession. builder.appName("LinearRegression").getOrCreate()。

好的，我们建立了一个 spark 会话，并设定了 appName 和 getOrCreate() 方法。

非常有趣，因为一旦建立了 Spark 会话，如果它非正常终止，那么你可以在下次运行时恢复它。所以，如果我们有一个检查点目录，就可以使用 getOrCreate 从中断之处重新开始。

下面，我们使用课程资料中的 regression.txt 文件：

```
inputLines = spark.sparkContext.textFile("regression.txt")
```

这是个文本文件，包含两列用逗号分隔的数据，这两列数据是线性相关的，带有一点随机性。你可以随便认为它们表示什么东西。例如，可以假设它们表示身高和体重，这时，第一列就表示身高，第二列就表示体重。

在机器学习的术语中，我们经常使用标记和特征。标记通常是指努力去预测的事情；特征是数据的一组已知属性，用来进行预测。

在这个例子中，身高可以是标记，特征就是体重。我们要根据体重来预测身高。怎样都可以，这并不重要。它们都是进行了标准化的数据，范围在-1 和 1 之间。这些数据没有实际意义的单位，你可以将它们看作任意数据。

要在 MLlib 中使用这些数据，需要进行一下格式转换：

```
data = inputLines.map(lambda x: x.split(",")).map(lambda x: (float(x[0]),
Vectors.dense(float(x[1]))))
```

第一件要做的事情就是使用 map 函数拆分数据，将每一行拆分成列表中的两个不同的值。然后，再将它们映射为 MLlib 需要的格式。标记是浮点型的，特征数据是一个密集向量。

这个例子中只有一个特征数据，就是体重，所以向量中只有一个值，尽管这样，MLlib 线性回归模型也要求密集向量。这就像旧版 API 中的 labeledPoint，只是我们必须自己去实现。

下一步，要给这两列赋予一个名称。实现这个操作的语法如下：

```
colNames = ["label", "features"]
df = data.toDF(colNames)
```

我们要告诉 MLlib，生成的 RDD 中的两列分别对应着标记和特征，然后，将 RDD 转换为 DataFrame 对象。这时，我们有了一个数据框，如果你愿意，也可称其为包含两列的 Dataset。这两列就是标记和特征，标记是浮点型的身高，特征列是一个浮点型密集向量，表示体重。这就是 MLlib 要求的格式，MLlib 对于类型的要求非常严格，所以一定要注意数据类型。

下面，就像前面说的，把数据分成两半。

```
trainTest = df.randomSplit([0.5, 0.5])
trainingDF = trainTest[0]
testDF = trainTest[1]
```

我们进行一个 50 / 50 的训练数据与测试数据划分。代码会返回两个数据框，一个用来创建模型，另一个用来评价模型。

下面用几个标准参数创建实际的线性回归模型。

```
lir = LinearRegression(maxIter=10, regParam=0.3, elasticNetParam=0.8)
```

用 `lir = LinearRegression` 创建一个模型，然后使用训练数据拟合模型：

```
model = lir.fit(trainingDF)
```

这样就得到了一个可以用来预测的模型。

进行一下预测。

```
fullPredictions = model.transform(testDF).cache()
```

我们要使用 `model.transform(testDF)` 进行预测，在测试数据集上根据体重预测身高。标记已经有了，就是实际的、正确的身高。这行代码会在数据框中添加一个新列，名为 `predictions`，这就是基于线性模型预测出的值。

我们要把这些结果缓存起来，现在可以将它们提取出来做一个对比。我们要取出预测列，就像在 SQL 中使用 `select` 操作一样。然后对数据框进行转换，从中取出 RDD，并映射为一个普通旧版 RDD，其中包含的都是浮点型的身高数据：

```
predictions = fullPredictions.select("prediction").rdd.map(lambda x: x[0])
```

这些是身高的预测值。接下来，我们从标记列中取出身高的实际值：

```
labels = fullPredictions.select("label").rdd.map(lambda x: x[0])
```

最后，把预测值和实际值打包在一起，并列地打印出来，看看预测的效果：

```
predictionAndLabel = predictions.zip(labels).collect()

for prediction in predictionAndLabel:
    print(prediction)

spark.stop()
```

这种方法有些复杂了，我这样做是要和前一个例子保持一致。一个更简单的方法是将预测和标记一起选取到一个 RDD 中，然后同时映射这两个列，这样就不用进行打包操作了。这两种方法都是可以的。你还要注意，在代码结束时要停止 Spark 会话。

来看一下模型是否有效。进入 Tools 菜单，选择 Canopy Command Prompt 菜单项，输入 `spark-submit SparkLinearRegression.py`，看看会发生什么。

运行 Dataset 的 API 有一个稍长的准备时间，不过一旦准备好了，速度就非常快。好的，有结果了。

```
(0.8643234408131227, 1.2)
(0.9571202568137612, 1.31)
(0.9428438235828938, 1.34)
(1.0499170728143994, 1.36)
(0.9571202568137612, 1.38)
(1.057055289429833, 1.41)
(0.9142909571211588, 1.44)
(0.9285673903520263, 1.47)
(1.1212992389687366, 1.5)
(0.8928763072748577, 1.5)
(1.2569253546619772, 1.53)
(1.135575672199604, 1.53)
(1.1070228057378693, 1.53)
(1.2355107048156762, 1.54)
(1.1498521054304716, 1.55)
(1.164128538661339, 1.56)
(1.135575672199604, 1.59)
(1.1784049718922063, 1.61)
(1.3925514703555218, 1.78)
(1.214096054969375, 1.8)
(1.264063571277411, 1.82)
(1.342583954047182, 1.86)
(1.4924865029712902, 2.09)
```

我们将实际值和预测值并列地放在了一起，可以看出这个结果还不算太糟糕。实际值和预测值大概差不多。这就是 Spark 2.0 完成的线性回归模型，使用的是基于数据框的新 MLlib API。随着 Spark 和 MLlib 的发展，你会越来越多地用到这些 API，所以，如果可能的话，要尽可能地使用这种 API。好的，这就是 Spark 中的 MLlib，一种为了在大数据集上进行机器学习而将大规模计算任务实际地分布到整个集群中的方法。这是一种非常强大的技术。

9.10 小结

本章首先介绍了 Spark 的安装方法，然后深入介绍了 Spark 与 RDD 是如何工作的，还详细讨论了在进行各种操作时不同的 RDD 创建方法。之后介绍了 MLlib，并以在 Spark 中实现决策树和 k 均值聚类为例，详细介绍了 MLlib 的使用方法。接下来主要介绍了如何使用 TF-IDF 仅仅通过几行代码实现一个搜索引擎。最后介绍了 Spark 2.0 的一些新功能。

下一章将介绍 A/B 测试和实验设计。

## 第 10 章

测试与实验设计

10

本章将学习 A/B 测试的概念，还将介绍 t 检验、t 统计量和 p 值，这些都是非常有用的工具，可以用来确定结果是真实的还是因随机变动而产生的。我们将介绍一些实际的例子，并动手编写 Python 代码来计算 t 统计量和 p 值。

在此之后，我们将研究一下你应该花多少时间做实验才能得出一个结论。最后会讨论一些潜在问题，它们可以损害你的实验结果，导致你得出错误的结论。

本章将介绍以下内容：

❏ A/B 测试的概念；
❏ t 检验和 p 值；
❏ 使用 Python 计算 t 统计量和 p 值；
❏ 确定实验的时间；
❏ A/B 测试的一些问题。

10.1　A/B 测试的概念

如果你在一家互联网公司从事数据科学工作，那么很可能会被要求花些时间来分析 A/B 测试的结果。A/B 测试基本上就是一个网站上的受控实验，以用来测量特定变化的影响效果。下面我们就介绍一下 A/B 测试的概念和工作原理。

10.1.1　A/B 测试

如果你是一家大型互联网科技公司的数据科学家，那么一定会做 A/B 测试，因为人们需要在网站上进行各种实验并度量实验的结果，而这种实验并不像想象的那么简单。

什么是 A/B 测试呢？它是一种受控实验，经常在网站上进行。它也可以在其他环境中进行，但通常我们讨论的都是网站上的实验，要测试的是对网站做出某种改变后的效果，并和改变以前进行对比。

你应该有一批人作为对照组，查看旧网站，还要有一批人作为测试组，查看修改后的网站。A/B 测试的主要思想就是度量这两组人员之间的行为差异，并使用行为数据确定修改是否有益。

例如，我有一个商业网站，我在这个网站上出售软件许可。现在我的网页上有一个美观友好的橙色按钮，人们点击这个按钮就可以购买许可，如左图所示。如果我把这个按钮的颜色改为蓝色，如右图所示，会怎么样呢？

在这个例子中，如果我想知道蓝色按钮是不是更好，应该怎么做？

直觉上说，蓝色可能会更加吸引人们的注意力，但人们也可能比较习惯橙色按钮而更容易去点击它，这两种情况都说得通，不是吗？所以，我们自己的偏好和成见并不重要，真正重要的是人们对这种网站上的修改的反应，这就是 A/B 测试要完成的任务。

A/B 测试会将人们分为查看橙色按钮的人和查看蓝色按钮的人，然后我们就可以测量这两组人的行为以及他们之间的差别，再根据这些数据决定使用哪种颜色的按钮。

你可以使用 A/B 测试测试以下内容。

❑ 设计的调整：可以是按钮颜色、按钮位置以及页面布局的变化。
❑ UI 流：或许你要修改一下网站上的购买流程和付款流程，然后测量实际的效果。
❑ 算法的调整：考虑第 6 章中电影推荐的例子，或许可以测试一下一种算法与另一种算法之间的差别。在测试时，我们不依赖于误差指标和训练/测试方法，真正关心的是提高购买量、租金或其他网站行为。

　　■ A/B 测试可以让我们直接测量出算法对我们所关心的最终结果的影响，而不仅仅是我们预测他人看过的电影的能力。
　　■ 一切能影响用户与网站交互方式的事情都值得测试，比如能使网站速度更快的方法，或其他任何事情。

❑ 定价调整：这个事情是有争议的。理论上，你可以使用 A/B 测试去试验不同的价格，看看它是否真的能够提高销售量以抵消价格之间的差异，但是，这种测试使用时要非常小心。

■ 如果客户知道了其他人员在没有合理原因的情况下获得了比自己更好的价格，那么他们会对你非常不爽。请注意，进行价格测试可能会得到一个非常负面的反应，你绝对不想让自己处于那种境地。

10.1.2 A/B 测试的转化效果测量

当在网站上设计一个实验时，首先要确定的是，你要优化的目标是什么？促使你做出改动的真正原因是什么？这些问题不是一直都有明确答案的。或许是为了提高人们的消费额，即我们的总收入。说起消费额，就要涉及方差这个问题，但是如果你有足够的数据，那么还是能够多次收敛到这个指标的。

然而，总收入或许不是你要优化的目标。你可能只是为了获取市场份额，正在故意亏本销售一些产品，这时的定价策略就比只追求总收入要复杂得多。

或许你真正想测量的是利润，而利润测量可能是非常复杂的，因为很多事情都要归结于一件商品能赚多少钱，有时候这个问题是不确定的。如果为了市场份额降价出售，那么在实验时你还要对这种方式可能的效果进行折算。或者你只关心网站上的广告点击率，也可能为了降低方差而关心订单数量，这些都是很正常的。

 最重要的一点是，必须与要进行测试的领域内的企业所有者进行讨论，确定他们的优化目标。他们的评价方式是什么？界定成功的标准是什么？关键绩效指标是什么？要确定我们测量的确实是对他们非常重要的东西。

你可以一次测量多个指标，不用只选一种，并同时通报多个不同指标的效果：

❑ 收入；
❑ 利润；
❑ 点击率；
❑ 广告浏览量。

如果这些指标都向好的方向变化，那就是一个强烈的信号，说明这种修改具有多方面的积极效果。为什么要局限于一个指标呢？一定要事先确定在实验成功的标准中哪一项是最重要的。

如何归结转化效果

另一个需要注意的问题是如何归结下游改变所造成的转化效果。如果你做出的改变对要测试的用户行为没有造成立竿见影的效果，那么问题就有些复杂了。

假设我们修改了网页 A 的一个按钮的颜色，然后用户去了网页 B 做了一些事情，最终在网页 C 买了一些东西。

那么这个购买行为应归功于谁呢？网页 A，网页 B，还是它们之间的某些东西？应该按照用户完成转化动作所需的点击数来折算对这个转化的贡献吗？应该将看到改变之后没有立刻发生的转化动作都丢弃掉吗？这些事情都非常复杂，很难说清楚转化事实在多大程度上是由我们要测量的改变所引起的，这非常容易产生具有误导性的结果。

10.1.3　小心方差

另一件需要注意的事情是，在进行 A/B 测试时一定要小心方差。

如果不懂数据科学，人们就会经常犯这样一个错误。他们在网页上进行一个测试，例如比较蓝色按钮和橙色按钮，在运行了一个星期之后，计算出每个组的平均消费额。然后，他们就说："看！使用蓝色按钮的人比使用橙色按钮的人平均多花了 1 美元，蓝色更好，我喜欢蓝色，我要把网址全部换成蓝色按钮！"

但实际上，他们所见到的可能都仅仅是购买行为的随机变动。他们没有足够的样本，因为人们的购买行为不会很多。网站的浏览量虽然很大，但购买行为没有那么多，而且购买金额的方差非常大，因为不同产品的价格也不一样。

所以，如果不理解这些结果中方差的作用，你就非常容易得出错误结论，导致企业长期内资金的浪费，而不是获取利润。本章后面将会介绍测量和解释方差的一些主要方法。

 你一定要让企业所有者明白，在根据 A/B 测试或任何网上实验做出企业决策之前，搞清楚方差的作用并对其进行量化是非常重要的。

有时候，你需要选择一个方差较小的转化指标。像收入或支出这些指标，它们的方差非常大，要想得到一个显著的结果，你的实验花费的时间可能要以年计。

如果你想考虑多个自身方差比较小的指标，比如订单总额和订单数量，那么相对于收入，从订单数量中更容易发现有用的信息。说到底，还是要靠个人的判断。如果你看到订单数量有一个显著的提升，收入的提升却不是那么明显，你就会想："嗯，可能确实有些有利的事情发生了。"

但是，统计学和数据量能告诉你的唯一一件事就是一项效果为真实的概率。最后还要靠你自己去决定这项效果是否是真实的。下面我们将对此做更详细的讨论。

本节的关键知识点就是，仅看均值之间的差异是不够的。当你试图评价一项实验的结果时，不但要考虑均值，还要考虑方差。

10.2　t 检验与 p 值

如果经过 A/B 测试我们进行了一项修改，那么如何确定后来的效果是由修改造成的，还是随机变动呢？有两种统计学工具可以帮助解决这个问题，它们是 t 检验（或称 t 统计量）和 p 值。

下面来学习一下关于这两个工具的更多知识，以及如何使用它们确定一项实验的结果是否令人满意。

我们的目标是确定结果是否真实。这个结果是数据本身内在的随机变动造成的，还是对照组和测试组行为之间实际的、统计显著的改变造成的？t 检验和 p 值就是回答这些问题的一种方法。

 请记住，统计显著并没有什么特殊含义，说到底，它就是一种个人判断。你可以选择一个概率作为接受一个结果是否真实的标准。但结果总有一定概率是随机变动造成的，你一定要让利益相关人明白这一点。

10.2.1 t 统计量或 t 检验

我们从 t 统计量开始。t 统计量也称 t 检验，它是对照组和实验组之间行为差异的一种度量方式，以标准误差为单位进行表示。t 统计量是基于标准误差的，标准误差解释了数据本身内在的变动。通过标准误差对数据进行标准化，我们就可以得到考虑了方差的两组人员之间行为变化的某种度量方式。

t 统计量的解释方法是，较高的 t 统计量值意味着两个组之间可能存在真正的差异，较低的 t 统计量值则意味着差别不大。你必须确定能否接受这种差异的阈值。t 统计量的符号可以告诉你差异是正向的还是负向的。

如果你比较了对照组和实验组，并得到了一个负的 t 统计量，那么就说明这是一个糟糕的修改。我们希望 t 统计量的绝对值尽量大，那应该有多大呢？这很难说，随后我们会通过几个例子来说明这个问题。

t 统计量要假设数据服从正态分布，当研究人们在网站上的消费额时，这个假设是可以满足的，人们的花费基本服从正态分布。

然而，在一些特殊情况下，我们可能会使用 t 统计量的优化版本。例如，当研究点击率时，会使用**费舍尔精确检验**；当研究每个用户的交易量时，比如他们看了多少个网页，会使用 E 检验；当研究订单数量时，则经常使用**卡方检验**。有时候，你会在一个特定实验中检查所有这些统计量，然后选出真正适合你需要的那个。

10.2.2 p 值

p 值比 t 统计量简单得多，因为你不用考虑有多少个标准差，也不用考虑实际值的意义。p 值对于人们更容易理解，它是与企业利益相关人员沟通实验结果时更好的一种工具。

p 值是实验结果满足原假设的概率，也就是对照组和实验组的行为没有真正差别的概率。如果 p 值很小，那么改动没有效果的概率就很低。这种说法就像负负得正，有点违背直觉，但你只要这样理解就行了：很小的 *p* 值意味着你的修改真正有效果的概率非常高。

我们希望看到高 *t* 统计量和低 *p* 值，这意味着一个非常显著的结果。在开始实验之前，你需要确定实验成功的阈值，也就是说要和企业决策者确定成功的阈值。

那么，你能接受多大的 *p* 值作为成功标准呢？1%，还是 5%？同样，这也是没有真正效果、结果只是因为随机变动而产生的概率。这实际上也是一种个人选择。人们很多时候使用 1%，如果觉得 1% 过于冒险，有时候也使用 5%。但因为有随机数据的存在，所以你的结果总是有虚假的可能。

然而，你可以选择一个能够接受的概率，在这个概率水平上你就可以认为效果是足够真实的，这是一种比较实际的做法。

实验结束后（后面会介绍应该何时宣布实验结束），你就计算出 *p* 值。如果 *p* 值小于你选定的阈值，就可以拒绝原假设，宣布"这种修改有非常高的可能性产生积极的或消极的结果。"

如果是个积极的结果，你就可以在整个站点上执行这种更改，它也不再是一种实验，而是成为了网站的一部分，有望随着时间的推移给你带来滚滚财源。如果是个消极的结果，你就可以停止这种修改，以防浪费更多金钱。

请注意，当你的实验得到消极结果时，A/B 测试就成为了一种实际的成本。所以，不要运行 A/B 测试太长时间，因为可能会造成资金上的损失。

这就是我们要每天监测实验结果的原因。如果出现了修改会对网站造成恶劣影响的早期迹象，比如修改中有程序缺陷或其他严重问题，那么必要时就可以提前终止这种修改，将损害控制在一定范围内。

下面举一个实际的例子来看看如何使用 Python 计算 *t* 统计量和 *p* 值。

10.3　使用 Python 计算 *t* 统计量和 *p* 值

虚构一些实验数据，然后使用 *t* 统计量和 *p* 值确定实验结果是否具有真实的效果。我们将使用虚构的实验数据计算 *t* 统计量和 *p* 值，看看它们的用法以及在 Python 中计算它们的方法。

10.3.1　使用实验数据进行 A/B 测试

假设我们要在一个网站上进行 A/B 测试，并且已经将用户随机地分成了两个组，A 组和 B 组。A 组是实验组，作为对照组，B 组将按照原来的方式使用网站。使用以下代码进行数据准备：

```python
import numpy as np
from scipy import stats
```

```
A = np.random.normal(25.0, 5.0, 10000)
B = np.random.normal(26.0, 5.0, 10000)

stats.ttest_ind(A, B)
```

在这段示例代码中，实验组（A 组）会有一个随机分布的购买行为，每笔交易的平均值是 25 美元，标准差是 5 美元，有 10 000 个样本。而在之前的网站上，每笔交易的平均值是 26 美元，标准差和样本量都不变。可以看出，这个实验应该有一个消极的结果。要计算出 t 统计量和 p 值，使用 scipy 中的 stats.ttest_ind 方法就可以了。只要将实验组和对照组的数据传入这个函数，就能得到以下结果。

```
Out[1]: Ttest_indResult(statistic=-14.075196812141339, pvalue=8.8277957363196977e-45)
```

在这个例子中，t 统计量是-14。负号说明了这是个消极的修改，效果非常差。p 值非常非常小，意味着这个结果由随机因素产生的可能性极其微小。

    请注意，要宣布结果是显著的需要高 t 统计量和低 p 值。

我们的结果就是这样的，t 统计量的值为-14，绝对值非常高，但负号说明了这是一个非常糟糕的改动。p 值非常小，告诉我们这个结果几乎不可能是由随机变动产生的。

如果在实际工作中得到这样的结果，那么你应该尽快结束这个实验。

当两个组之间没有真正差别时

为了进行合理性检查，我们把问题修改一下，使得两个组之间没有真正的差别。我们要修改 B 组，也就是对照组，让它与实验组相同，均值也是 25，标准差和样本量都不变，如下所示：

```
B = np.random.normal(25.0, 5.0, 10000)

stats.ttest_ind(A, B)
```

再运行一下代码，可以看到如下的 t 检验结果。

```
Out[2]: Ttest_indResult(statistic=0.088886198511817435, pvalue=0.92917324220169051)
```

请注意 t 统计量是以标准差为单位的，所以这个结果说明修改没有什么真正效果，除非有更高的 p 值，即超过 30%。

这些仍然是相当高的数值。随机变动还是一个潜在的问题，这就是你应该事先确定能接受的 p 值范围的原因。

在看到这个结果之后，你可能会说："30%的概率，还不算太糟糕，我们可以接受。"但是不行，在实际工作中，p 值应该小于 5%，最好小于 1%，30%这个值意味着结果真的不是很好。所以，不要进行事后解释了，知道了阈值，就去做实验吧。

10.3.2 样本量有关系吗

修改一下样本量，在相同条件下创建数据集，看看提高样本量之后会不会出现行为差异。

1. 将样本量提高到 6 位数

将样本量从 10 000 提高到 100 000，如下所示：

```
A = np.random.normal(25.0, 5.0, 100000)
B = np.random.normal(25.0, 5.0, 100000)

stats.ttest_ind(A, B)
```

在下面的输出结果中，你可以看到 p 值变小了一些，t 统计量则变大了一些，但还不足以宣布两组数据之间有真正的差异。事情并没有向你希望的方向发展，很有趣吧?!

```
Out[6]:  Ttest_indResult(statistic=0.20964627681745385, pvalue=0.83394397202032966)
```

这两个值还是比较高。同样，可能是随机变动的作用，而且它的作用比你想象的还要大，特别是在研究网站订单总额的时候。

2. 将样本量提高到 7 位数

将样本量提高到 1 000 000，如下所示：

```
A = np.random.normal(25.0, 5.0, 1000000)
B = np.random.normal(25.0, 5.0, 1000000)

stats.ttest_ind(A, B)
```

结果如下。

```
Out[1]:  Ttest_indResult(statistic=0.4064966106696687, pvalue=0.684377790317007)
```

怎么搞的？t 统计量的值还是在 1 以下，p 值则在 35%左右[1]。

由此可知，当增加样本量时，结果可以向任一方向波动。这说明样本量从 10 000 到 100 000 再到 1 000 000 根本不会改变你的结果。运行这样的实验是一种非常好的方法，它能让你对实验

---

[1] 上图中的 p 值与此处不符。——译者注

10

需要多长时间有一个直觉上的把握。要得到一个显著的结果，需要多少样本呢？如果你事先对数据分布有所了解，就可以像这样运行模型。

3. A/A 测试

如果数据集和自己比较，则称为 A/A 测试，示例代码如下：

```
stats.ttest_ind(A, A)
```

在下面的输出结果中可以看到，t 统计量为 0，p 值为 1.0，因为这两个数据集之间实际上没有任何区别。

```
Out[10]: Ttest_indResult(statistic=0.0, pvalue=1.0)
```

如果使用网站真实数据进行 A/A 测试，测试同一个人却得到了和上面不同的结果，这就说明测试的系统出了问题。但归根结底，就像前面说过的，这都是个人判断。

自己去练习一下吧，看看不同的标准差对初始数据集会有什么影响，再看看不同的均值和样本量。我希望你动手去做，在不同的数据集上进行试验，并实际运行一下，看看对 t 统计量和 p 值有什么影响。希望这样可以让你对如何解释结果有更深的理解。

再强调一下，我们要的是高 t 统计量和低 p 值。p 值可能会成为你与企业进行沟通时的内容。请记住，p 值越小越好，希望它只有一位，最好在 1% 以下。

本章余下内容中会再讨论一下 A/B 测试。给定一组数据，使用 SciPy 可以非常容易地计算出 t 统计量和 p 值，所以，你可以非常容易地比较对照组和实验组之间的行为，并测量效果是真实的还是由于随机变动而产生的概率。在进行比较时，一定要将主要精力放在这些指标和你所关心的转化指标上。

10.4   确定实验持续时间

你的实验应该持续多长时间？需要多久才能得到一个实际结果？应该在什么时候放弃这个实验？下面来更详细地讨论一下这些问题。

如果公司里有人开发了一项新实验来测试他们进行的一项新修改，那他们肯定乐于看到实验成功。因为投入了大量精力和时间，所以当然希望实验成功了。或许测试进行了几个星期之后，还是得不到一个显著的结果，不管是积极的还是消极的。你知道，开发人员肯定强烈希望继续进行实验，并希望最终有个积极的结果。但决定实验持续多长时间的还是你自己。

如何知道什么时候结束 A/B 测试呢？我的意思是，在得到一个显著结果之前，我们很难预测实验要花多少时间。但如果得到了显著的结果，如果 p 值小于 1%、5% 或你选定的某个阈值，那么实验就可以结束了。

这时结束实验。如果结果积极，就大面积地推广这种修改；如果结果消极，就取消修改。你可以告诉开发人员，回过头去再试一次，根据在实验中学习到的知识，将修改做得更好一些。

还有一种可能，就是实验结果根本不会收敛。如果随着时间的变化，p 值根本看不出什么趋势，那么就充分说明实验结果永远不会收敛。不管实验持续多长时间，都不会对行为产生可以测量的影响。

在这种情况下，你应该每天都把实验的 p 值和 t 统计量（或能确定实验成功的其他指标）记录在一张图上，如果实验有希望成功，你就会看到 p 值随着时间的推移逐步下行。实验获得的数据越多，得到的结果就越显著。

但是，如果你看到一条平行的直线或一条乱七八糟的折线，它们则说明不了 p 值的任何趋势。这时不管实验的时间有多长，都不会得到什么结果。你们需要事先达成一致，即在这种看不出 p 值趋势的情况下，实验持续的最长时间是多久。两周？还是一个月？

 另外需要注意的一个问题是，如果网站上同时进行的实验不止一项，那么它们的结果可能会混在一起。

时光一去不复返，实验时间是非常宝贵的。一年时间内，你应该尽量多做几次实验。所以，如果在结果没有希望收敛的实验上花费太多时间的话，那么这种时间的浪费就会让你错过进行另一项更有价值的实验的机会。

一定要确定实验的时间期限，因为在网站上进行 A/B 测试时，时间是非常宝贵的资源，特别是当你的想法很多，但时间不够用的时候就更是这样。一定要先确定花费在某项实验上的最长时间，然后才能开始实验，如果看不到 p 值有令人鼓舞的趋势，就应该果断结束实验。

10.5　A/B 测试中的陷阱

我要强调的一点是，即使你使用了像 p 值这种原则性的度量方法，A/B 测试的结果也不一定是完全正确的。有很多因素可以使实验结果出现偏差，导致你做出错误的结论。下面我们就介绍几种 A/B 测试中的陷阱，并告诉你如何去避免它们。

p 值为 1% 意味着实验结果不真实或由随机因素造成的可能性只有 1%，这是一种冠冕堂皇的说法。p 值并不是判定实验是否成功的唯一标准。需要加以注意的是，有很多因素可以使实验结果发生偏离和混淆。即使得到了一个非常令人振奋的 p 值，实验结果还是可以向你说谎，你需要了解发生这种情况的原因，避免做出错误决策。

请记住，相关性并不意味着因果关系。

即使一个设计非常精巧的实验，也只能告诉你最后的效果只是在某种概率上是由所做的修改引发的。

归根结底，不真实效果的可能性总是存在，有时甚至会测量出错误的效果。随机因素不可避免，还会有一些其他的影响因素，你的责任就是让企业所有者明白，实验结果是需要解释的，这也是决策的一部分。

但实验结果不能作为决策的唯一依据，因为结果中有误差空间，有很多因素可以影响实验结果。如果这些修改不只是为了提高短期收益，还有更长远的企业目标，那么也应当把这个因素考虑在内。

10.5.1　新奇性效应

一个问题就是新奇性效应。A/B 测试的阿喀琉斯之踵是基本上都是运行在一个短期期限内，这会引起一系列问题。最重要的问题是，修改会有长期的效应，但 A/B 测试没有考虑到这一点，而且，网站上的修改起到的作用也是有限的。

举个例子，或许你的客户已经习惯于在网站上看到橙色按钮，如果突然出现了一个蓝色按钮，确实会吸引他们的注意力，但这只是因为颜色不同。然而，对于以前没有来过网站的新客户来说，他们不会注意到这种变化，而且随着时间的推移，老客户也会习惯新按钮。如果一年后这个实验还在持续，那么非常有可能看不出任何差别，甚至会变为完全相反的效果。

在测试橙色按钮和蓝色按钮的区别时，非常有可能出现这种情况：在前两个星期内，蓝色按钮胜出，人们使用蓝色按钮购买的更多，因为它与以前不同，更吸引注意力。但一年以后，我们进行另一项网站实验，将蓝色按钮换成橙色按钮，很可能橙色按钮会胜出，仅仅因为橙色按钮是新奇的，能吸引人们的眼球。

因为这个原因，如果你进行了可能有争议的修改，那么一个非常好的做法就是以后再运行一次实验，看看能否重复之前的结果。这是我所知道的唯一能克服新奇性效应的方法，也就是在新奇性过去之后，在这项修改不仅仅因为与之前不同才吸引人们注意的时候，再测量一次。

绝对不能低估新奇性效应的重要性，它确实能够使很多实验结果出现偏差，会让你对一些改变做出虚假的正面评价，实际上正面效果根本不存在。就其本身而言，改变不一定就是好事，至少在本书中如此。

10.5.2 季节性效应

如果你的实验时间中经历了圣诞节，那么人们在圣诞节的行为会和一年中其余时间明显不同。人们在圣诞节期间的消费方式和平时非常不一样，他们会花更多时间在家里陪伴家人，基本上与工作脱离开，所以思维方式会有些改变。

季节性效应中甚至会包括天气因素。在夏季，人们的行为会发生变化，因为天气炎热，人们会感到慵懒，经常会出去度假。如果你做实验的时候，正好某个人口密集地区发生了暴风雨，那么这也会使结果发生偏离。

要意识到潜在的季节性效应，假期是需要注意的一个大问题，如果在有季节性效应的时间内做实验，一定要对实验结果持怀疑态度。

你可以对季节性效应进行量化，方法是使用那些确定实验是否成功的指标，也就是转换度指标，检查一下去年同一时期这个指标的表现。每年都会有季节性的波动吗？如果有，就要尽量避免在波峰或波谷时期进行实验。

10.5.3 选择性偏差

另一个会影响实验结果的潜在问题是选择性偏差。客户应该被随机地分配到对照组和实验组，也就是 A 组和 B 组中，这非常重要。

但是，由于一些微妙的因素，随机分配其实不随机。例如，在通过对客户 ID 进行散列化的方法将客户分配到某个组中的时候，散列函数在处理低值客户 ID 时会和处理高值客户 ID 时有些微妙的偏差。这样产生的效果就是，更容易将长期的、忠实的客户分配到对照组中，而将那些不熟悉的新客户分配到实验组中。

这样，你度量的其实就是老客户和新客户之间的行为差异。所以，对系统的审核非常重要，要确定在将人们分配到对照组和实验组中时，没有选择性偏差。

还要保证这种分配具有一定的稳定性。如果你正在测量一项修改在一个完整时期内的效果，那么要测量的是人们是否看到了网页 A 的变化。但是，确实有一些效果是通过网页 C 转化过来的，这时你就要确定在点击过程中，人们没有更换分组。所以，你要保证在一个特定时期内人们的分组是不变的，而且如何定义时期也没有一个明确的标准。

现在,已经有一些成熟的现成框架可以解决这些问题,比如 Google Experiments 或 Optimizely,你不需要"重新发明轮子"。如果你的公司有自己的内部解决方案，不愿意和其他公司分享数据，那么就需要好好审核一下，看看是否有选择性偏差。

10

审核选择性偏差

审核选择性偏差的一种方法是进行 A/A 测试，这种方法我们在前面介绍过。如果一项实验确实在实验组和对照组之间没有任何区别，那么实验结果肯定看不出什么差别。在比较这样两个分组时，他们的行为不会有任何改变。

A/A 测试是测试 A/B 测试框架本身的一种好方法，它可以确定 A/B 测试框架中没有内部偏差或其他需要明确的问题，比如因果关系倒转，等等。

10.5.4　数据污染

另一个严重问题是数据污染。我们已经充分讨论了对输入数据进行清理的重要性，而在 A/B 测试中，数据清理尤为重要。如果有一个机器人，即一个不断爬取网页数据的恶意爬虫，产生了大量不真实的交易数据，那会造成什么影响？如果这个机器人被分配到实验组或对照组中，那该怎么办？

这个机器人会给你的实验结果带来偏差。在进行实验时，非常重要的一件事就是研究它的输入，要找出异常值，然后分析异常值的性质，确定是否应该将异常值排除掉。你实际测量过机器人产生的数据吗？它们影响了你的实验结果吗？这都是司空见惯的事情，一定要意识到这个问题。

可能有一些恶意机器人，也可能有人试图入侵你的网站，还可能有一些为搜索引擎爬取网站的无恶意爬虫。网站上的行为千奇百怪，你应该对这些行为进行筛选，找出那些真正的客户，而不是自动脚本。数据污染是一个非常有挑战性的问题，也是我们选择使用像 Google Analytics 这种现成框架的另一个原因。

10.5.5　归因错误

前面简单介绍过归因错误。当你考虑一个来自下游的修改行为时，它的效果是非常不明确的。

你必须知道如果计量这些来自下游的转化，你可以使用一个函数，它基于与你的修改之间的距离来计算某种下游行为的效果，关于如何计量这种效果，你应该事先和企业所有者达成一致。当同时进行多个实验时，你也需要小心。它们彼此会发生冲突吗？在某个网页流的同一会话中会同时有两个不同实验存在的情况吗？

如果有，就会出现问题，你必须凭借自己的判断来确定这些修改是否会互相干涉，并在某种程度上影响客户的行为。你需要对这样的实验结果持怀疑态度。有许多因素可以影响实验结果，必须加以注意。此外，你还应该确保企业所有者也知道 A/B 测试的这些局限性。

如果你在一项实验上没有投入足够的时间和精力，那么也应该对实验结果持怀疑态度，最好以后再找个时间重新测试一下。

10.6 小结

本章介绍了 A/B 测试的概念和存在的问题。通过几个实际的例子，说明了如何使用 t 统计量和 p 值来度量方差的作用，并使用 Python 代码计算出了 t 检验的结果。然后，讨论了 A/B 测试的短期性本质以及它的一些局限性，比如新奇性效应和季节性效应。

本书内容到此结束，能将本书学完真是一项了不起的成就! 祝贺你，你应该为自己感到骄傲。本书介绍了大量内容，希望你至少理解了当今数据科学中常用技术的概念，并获得了一些实用的经验。数据科学博大精深，你已经对它有了一个全面的了解，再次祝贺你!

如果想在这个领域更进一步，那么建议你和你的老板谈一谈。如果你在公司里能接触到一些有趣的数据，那就看看能否处理这些数据。当然，在和老板谈话之前，不要使用公司的任何数据，因为会有一些隐私方面的限制。你需要确定不会侵犯公司客户的隐私权，这意味着你只能在工作场所的一个可控环境中使用和查看这些数据。所以，一定要小心。

如果获得了授权，那么建议你在工作之余花上几天或一周时间，好好地研究一下这些数据集，看看能使用它们做些什么。不但要表现出想成为更优秀雇员的渴望，还要发现一些确实对公司有价值的东西，这会使你看起来出类拔萃，从此在公司中平步青云。

我最常被问到的问题是："我是一名工程师，想更多地参与数据科学，该怎么做呢?"如果你想得到一些职业建议，那么学习数据科学的最好方式就是动手去做，比如实际参加一些业余项目，表现出你在数据科学方面的能力，并展示一些从数据中获取的有意义的结果。把这些能力展示给你的老板，然后看看它们能给你带来什么。祝你好运!

10

版 权 声 明

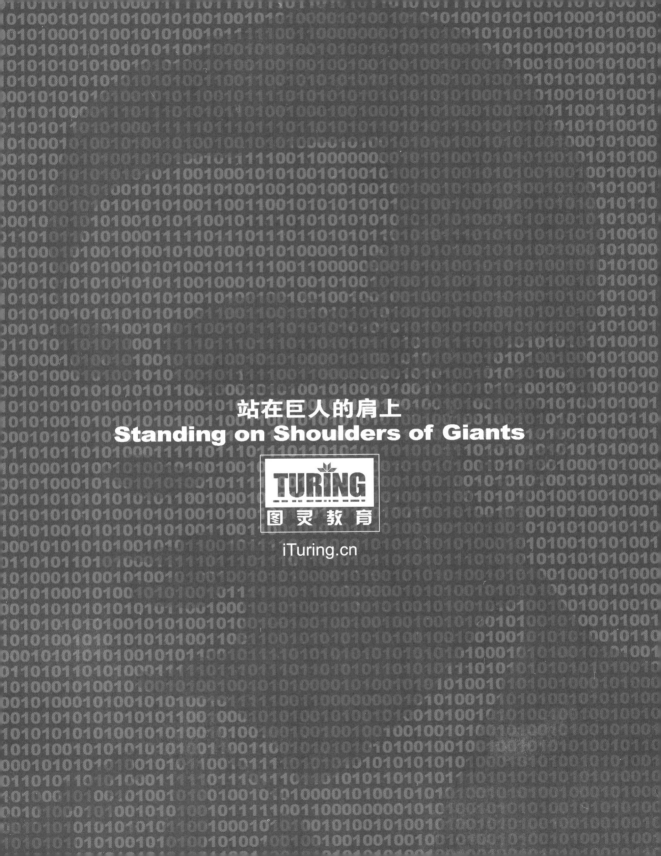

站在巨人的肩上
Standing on Shoulders of Giants

iTuring.cn

站在巨人的肩上
Standing on Shoulders of Giants

TURING
图灵教育

iTuring.cn